单片机技术入门

高 华 主编
热娜·吐尔地 副主编

+

DANPIANJI
JISHU RUMEN

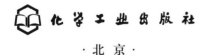

·北京·

内容简介

本书主要内容包括：单片机应用系统的组成及各组成部分的主要功能；系统开发的主要过程，以及开发环境的构建；MCS-51单片机引脚输出状态的控制、输入状态的判断方法；常见程序结构及其汇编语言和C51语言的实现；单片机应用系统硬件设计说明书的编写和程序流程图的绘制训练；单片机中内、外部事件中断；单片机中定时器、按键、串行通信及系统的扩展等。

本书可作为高等职业院校电类相关专业学生的教材，也可供单片机开发爱好者、科研工作者参考。

图书在版编目（CIP）数据

单片机技术入门/高华主编；热娜·吐尔地副主编. —北京：化学工业出版社，2021.10
ISBN 978-7-122-40185-4

Ⅰ.①单⋯ Ⅱ.①高⋯ ②热⋯ Ⅲ.①单片微型计算机 Ⅳ.①TP368.1

中国版本图书馆CIP数据核字（2021）第215905号

责任编辑：郝英华　赵玉清　　　　　　文字编辑：林　丹　师明远
责任校对：田睿涵　　　　　　　　　　装帧设计：史利平

出版发行：化学工业出版社（北京市东城区青年湖南街13号　邮政编码100011）
印　　装：河北鑫兆源印刷有限公司
787mm×1092mm　1/16　印张16　字数401千字　2022年4月北京第1版第1次印刷

购书咨询：010-64518888　　　　　　　　　售后服务：010-64518899
网　　址：http://www.cip.com.cn
凡购买本书，如有缺损质量问题，本社销售中心负责调换。

定　价：49.00元　　　　　　　　　　　　　　　　　版权所有　违者必究

前 言

单片机以其相对较强的控制功能和小巧的体积、低廉的价格等诸多优势在社会生产、生活领域得到了极为广泛的应用。尤其是随着物联网应用的不断普及,单片机必将得到更为广泛的应用,从而带来对单片机应用相关技术技能型人才的巨大需求。

本书主要面向职业院校学生和零基础有意学习单片机的爱好者。全书从单片机应用系统开发的视角,以实际单片机应用系统的开发为载体,以案例项目功能不断完善的实际过程为主线,以应用广泛、入门相对容易的 MCS-51 系列单片机为案例型号,学科知识和过程知识并重,细化操作技能讲解,介绍单片机应用系统开发的相关知识和技能。全书共分 10 个学习项目,项目一主要介绍单片机的广泛应用,以及单片机应用系统开发的主要过程;项目二主要介绍 MCS-51 系列单片机应用的主要引脚功能和存储器使用的基础知识;项目三以点亮一盏工作指示灯的简单项目为载体,讲解实际单片机应用系统开发的具体过程;项目四主要讲解和训练单片机应用系统开发过程的需求分析、硬件电路设计、控制程序流程图绘制等相关知识和技能,以及 MCS-51 单片机应用系统中引脚输出状态的控制、循环程序的编制、汇编语言中子程序的定义和使用等相关知识和技能;项目五主要讲解单片机应用系统中引脚输入状态的判断方法,以及控制程序中分支程序的实现方法;项目六讲解单片机应用系统中断的概念,以及 MCS-51 单片机中断功能的使用,具体包括使用单片机外部中断的硬件连线设计以及系统控制程序中中断的初始化、中断响应程序的编写和调试;项目七讲解和训练单片机应用系统中硬件定时器使用和数字显示的相关知识和技能,包括数码管和简单液晶显示器使用的硬件连线设计以及控制程序编写;项目八讲解和训练单片机应用系统中按键使用的相关知识和技能;项目九讲解和训练单片机应用系统中远程通信的相关知识和技能,包括串行通信的基础知识, MCS-51 系列单片机串行通信口使用的硬件连线设计、控制程序的编写和调试等;项目十讲解和训练单片机应用系统中系统扩展、输入信号 A/D 转换的知识和技能。同时,将 MCS-51 单片机使用过程中的常用信息,以附录的形式附在全书最后,方便读者查询。

本书由浅入深,后续项目均是在已完成学习项目的基础上,适当增加新的学习内容,以降低项目的学习难度;在完成相关知识学习和技能训练的同时,着力培养读者精益求精的工匠精神。对于每一个教学项目,尤其注重单片机应用开发过程的知识讲解和技能训练,同时讲解 MCS-51 单片机汇编语言和 C51 语言控制程序的编写和调试方法,方便读者在学习过程中参阅其他学习资料。项目三至项目十配套有二维码链接的硬件设计参考方案、对应的汇编语言和 C51 语言控制程序,并设计有拓展学习项目,便于教师开展分层教学,培养读者的探索精神,每个项目都配有自测练习,并可扫码直接查询答案。在超星学习通在线教学平台上,配套有完整的包含课件、微课视频、练习题库等在内的线上教学资源,非常方便职业院校作为教材开展课程教学。

本书由浙江交通职业技术学院的高华老师担任主编并统稿,新疆交通职业技术学院的热娜·吐尔地老师担任副主编,并负责教学项目 C51 语言控制程序的编写,浙江交通职业技术学院的唐建雄老师和浙江长征职业技术学院的丁慧琼老师负责实验验证校核,在此一并表示感谢。

由于作者水平有限,书中难免存在不足之处,恳请广大读者批评指正。

编 者
2021 年 7 月于杭州

全书资源

目录

项目一 做好学习单片机的准备工作 1

任务一 单片机的初步了解 /1
一、什么是单片机? /1
二、单片机有哪些主要特点? /3
三、单片机有什么用? /4
四、如何学好单片机? /7

任务二 初步熟悉单片机应用系统的开发过程 /9
一、单片机应用系统通常由哪些部分组成? /9
二、单片机应用系统是如何设计开发出来的? /12
三、单片机应用系统的硬件电路板是如何制作出来的? /13
四、单片机应用系统的控制程序是如何编写出来的? /16
五、学会单片机能干什么? /18

自测练习 /19

项目二 初步了解 MCS-51 系列单片机 22

任务一 MCS-51 系列单片机的总体了解 /22

任务二 初步熟悉 MCS-51 系列单片机的硬件基础知识 /23
一、MCS-51 系列单片机的内部资源 /23
二、MCS-51 系列单片机的外部引脚 /24
三、MCS-51 系列单片机的最小系统 /30

任务三 初步熟悉 MCS-51 系列单片机的控制程序编写 /31
一、MCS-51 系列单片机的存储空间 /31
二、MCS-51 系列单片机的常用寄存器 /34
三、MCS-51 系列单片机的汇编语言程序书写规范 /38
四、C51 语言的基础知识 /39
五、单片机中的程序是如何执行的? /40

任务四 构建 MCS-51 系列单片机开发环境 /41
一、了解开发环境的组成 /41
二、构建可用的 MCS-51 单片机开发学习环境 /42

自测练习 /43

项目三 点亮一盏指示灯 45

任务一 系统总体方案设计 /46
一、项目需求分析 /46
二、总体方案设计 /46

任务二 系统硬件电路设计 /46
一、单片机 I/O 引脚的使用 /46
二、单片机应用系统硬件设计说明书的编写 /47

任务三 系统控制程序编写 /48
一、MCS-51 单片机汇编语言控制程序的基本结构 /48
二、MCS-51 单片机相关指令及其使用 /48
三、C51 语言控制程序的基本结构 /50
四、单片机单个引脚输出状态的控制 /50
五、MCS-51 单片机的位操作指令及其使用 /51
六、单片机引脚状态控制的 C51 语言编程实现 /52
七、系统控制程序的编程实现 /52

任务四 系统的软、硬件联合调试 /53
一、控制程序的输入 /53
二、控制程序的编译 /56
三、程序的仿真调试 /58
四、软、硬件的联合调试 /60

任务五 使指示灯闪烁起来（教学拓展任务） /63
一、如何让单片机引脚输出状态保持一段时间？ /63
二、利用单片机指令执行时间实现延时的方法 /63
三、如何熄灭指示灯？ /64
四、控制指示灯闪烁的参考程序 /65

自测练习 /65

项目四 顺序点亮多盏交通灯 67

任务一 系统总体方案设计 /68
一、项目需求分析 /68
二、总体方案设计 /68

任务二 系统硬件电路设计 /68
一、单片机 I/O 引脚的确定 /69
二、单片机应用系统硬件设计说明书的编写 /70

任务三 系统控制程序编写 /70
一、程序流程图的绘制 /70
二、交通灯控制器控制程序的编写分析 /71

三、项目控制程序实现的关键知识学习 /72

【拓展知识1】 MCS-51单片机的MOV指令及其使用 /73

【拓展知识2】 逻辑运算的初步了解 /76

【拓展知识3】 MCS-51单片机转移指令及其使用 /79

四、项目汇编语言控制程序编写 /82

五、项目C51语言控制程序的编写 /86

任务四 项目控制程序的调试和完善 /87

任务五 人行横道交通灯的控制（教学拓展任务） /89

自测练习 /90

项目五 具有夜间通行模式交通灯控制器的实现 91

任务一 系统总体方案设计 /92

一、项目需求分析 /92

二、总体方案设计 /92

任务二 系统硬件电路设计 /92

一、单片机I/O引脚的确定 /92

二、系统硬件电路设计 /92

任务三 系统控制程序编写 /93

一、分支程序流程图的绘制 /93

二、系统控制程序编写分析 /94

三、项目控制程序实现的关键知识学习 /94

四、项目控制程序的编程实现 /97

任务四 系统控制程序的调试 /97

一、分支程序的调试内容和调试方法 /97

二、分支程序的调试 /99

任务五 添加人行横道灯的控制程序（教学拓展任务） /102

自测练习 /102

项目六 交通灯控制器紧急通行模式的实现 104

任务一 系统总体方案设计 /105

一、项目需求分析 /105

二、计算机对内、外部事件的响应机制学习 /105

三、MCS-51单片机的中断及其管理 /108

四、总体方案设计 /114

任务二 系统硬件电路设计 /114

一、MCS-51单片机外部中断的使用 /114

二、项目硬件电路设计 /114

任务三 系统控制程序编写 /115

　　　　　一、系统控制程序的编写分析　/115

　　　　　二、系统控制程序实现的关键知识学习　/115

　　　　　三、MCS-51单片机汇编语言中断控制程序的实现　/116

　　【拓展知识1】　普通子程序和中断服务子程序有什么相同和
　　　　　　　　　　不同之处?　/116

　　【拓展知识2】　子程序的嵌套调用　/117

　　任务四　单片机中断控制程序的调试　/121

　　　　　一、Keil平台下中断程序的仿真调试　/121

　　　　　二、中断程序调试时的排障思路　/122

　　任务五　项目C51控制程序的编写和调试(教学拓展任务)　/123

　　　　　一、中断服务函数及其定义　/124

　　　　　二、C51语言中断应用程序示例　/124

　　　　　三、系统C51语言控制程序的实现　/125

　自测练习　/125

项目七　交通灯控制器通行时间倒计时显示的实现　128

　　任务一　系统总体方案设计　/129

　　　　　一、项目需求分析　/129

　　　　　二、单片机应用系统中精确定时的实现　/129

　　　　　三、单片机应用系统中数字显示的实现　/129

　　　　　四、项目系统总体方案设计　/131

　　任务二　系统硬件实现方案设计　/131

　　　　　一、深入了解数码管　/131

　　【拓展知识1】　数字的BCD编码表示　/134

　　　　　二、多位数码管与单片机信号连线设计　/136

　　　　　三、系统硬件电路的设计　/138

　　任务三　系统控制程序编写　/138

　　　　　一、系统控制程序的编写分析　/138

　　　　　二、系统控制程序实现的关键知识学习　/138

　　【拓展知识2】　所要定时的时间超过定时器一次定时的最大
　　　　　　　　　　时间怎么办?　/143

　　　　　三、数码管软件译码程序的实现　/148

　　【拓展知识3】　MCS-51单片机汇编语言程序中查表程序的实现　/149

　　　　　四、数码管动态刷新程序的编写　/154

　　　　　五、项目控制程序的编写　/155

　　任务四　系统控制程序的调试　/156

　　任务五　使用液晶显示器显示简单信息(教学拓展任务)　/157

　　　　　一、单片机应用系统中常用液晶显示器件了解　/157

二、MCS-51单片机应用系统中液晶显示的实现 /157

自测练习 /161

项目八 交通灯控制器通行时间的现场手动设置　　163

任务一　系统总体方案设计　/164
  一、项目需求分析　/164
  二、单片机应用系统中信息输入接口的实现　/164

【拓展知识1】　电子系统中开关和按键的比较　/166
  三、系统总体方案设计　/166

任务二　系统硬件电路设计　/167
  一、单片机应用系统中的按键使用　/167

【拓展知识2】　单片机应用系统中数字输入按键的实现方式　/171
  二、系统硬件电路设计　/172

任务三　系统控制程序编写　/172
  一、系统控制程序的编写分析　/172
  二、系统控制程序实现的关键知识学习　/172
  三、系统控制程序的编写　/177

任务四　系统控制程序的调试　/177

任务五　通行时间设置的矩阵式键盘实现（教学拓展任务）　/177

自测练习　/178

项目九 交通灯控制器通行时间的远程设置　　180

任务一　系统总体方案设计　/181
  一、项目需求分析　/181
  二、单片机应用系统中远程通信接口的实现　/181

【拓展知识1】　几个通信的基础概念　/183
  三、系统总体方案设计　/186

任务二　系统硬件电路设计　/186
  一、MCS-51单片机串行通信口的深入了解　/187

【拓展知识2】　USB接口的相关基础知识　/188
  二、项目硬件电路设计　/191

任务三　系统控制程序的编写　/191
  一、系统控制程序的编写分析　/191
  二、系统控制程序实现的关键知识学习　/192

【拓展知识3】　单片机之间的多机通信　/196
  三、系统控制程序的编写　/200

任务四　项目控制程序的调试　/203

自测练习　/210

项目十 交通灯控制器通行时间的自动设置 212

    任务一　系统总体方案设计　/213

        一、项目需求分析　/213

        二、单片机应用系统中输入信号的 A/D 转换　/213

        三、单片机应用系统中的 I/O 口扩展　/214

        四、总体方案设计　/214

    任务二　系统硬件电路设计　/215

        一、常用的 A/D 转换芯片及其和单片机的硬件连接　/215

        二、常用的并行口扩展芯片及其和单片机的硬件连接　/219

        三、单片机 I/O 引脚数量的确定　/222

        四、系统硬件电路设计　/224

    任务三　系统控制程序的编写　/224

        一、项目控制程序流程图的绘制　/224

        二、交通灯控制器控制程序的编写分析　/225

        三、项目控制程序实现的关键知识学习　/225

    【拓展知识】　MCS-51 单片机外部扩展芯片地址的确定　/227

        四、项目汇编语言控制程序编写　/235

    任务四　系统控制程序的调试　/235

    自测练习　/236

附录 238

    附录 1　MCS-51 系列单片机汇编指令一览表　/238

    附录 2　MCS-51 单片机引脚定义一览表　/242

    附录 3　MCS-51 系列单片机中断资源一览表　/243

    附录 4　MCS-51 系列单片机常用特殊功能寄存器功能定义一览表　/244

    附录 5　Keil 平台下程序编译常见错误信息一览表　/244

    参考文献　/245

欢迎一起学习单片机！我们学习单片机的目的在于做好单片机应用系统的开发工作，在实际动手开始单片机应用系统的开发之前，首先需要做一些准备工作，那就是先对单片机及其应用系统开发过程有个初步的了解，以便提高后续学习的效率。

项目描述

阅读本项目的相关学习内容，了解单片机的相关概念，以及单片机应用系统的开发过程。

学习目标

① 了解单片机的概念、特点、用途。
② 了解单片机应用系统的开发过程。
③ 激发对单片机相关知识的学习兴趣。

任务一　单片机的初步了解

一、什么是单片机？

首先，来了解一下什么是"单片机"。

顾名思义，单片机就是一种由单块芯片构成的计算机，简单地说，单片机就是一种计算机。提到计算机，大家可能会马上想到常见的个人计算机（包括台式机或笔记本电脑）。实际上根据规模、性能以及用途的不同，可将计算机分成不同的种类，例如，根据规模的大小和性能的高低就可将计算机分成如图1-1所示的各种不同规模的计算机。

图1-1中的微型机就是大家熟悉的个人计算机，包括常见的台式计算机和笔记本电脑。因为微型机主要用于个人办公或日常事务处理，所以国外也将微型机称为Personal Computer，简称PC。因此，国内也常将微型计算机简称PC或者个人电脑。

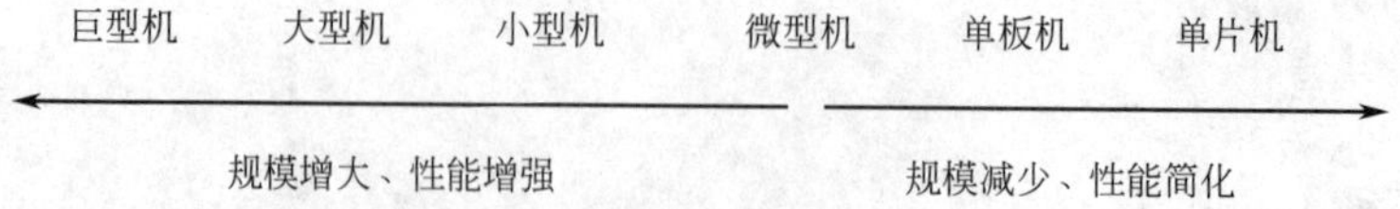

巨型机　　大型机　　小型机　　微型机　　单板机　　单片机

←――――――――――――――――――――――→

规模增大、性能增强　　　　　规模减少、性能简化

图 1-1　不同规模的计算机

在某些应用场合，我们熟悉的 PC 的性能不能满足使用要求，于是就通过扩展计算机的规模以提高计算机的性能，从而发展出了图 1-1 中的小型机、大型机、巨型机。实际上，在微型计算机没有普及之前，国内很多高校计算机机房内配备的就是小型机，一台小型计算机可以供数十名学生同时使用；而在某些应用场合，像地质勘探、气象预报、核试验模拟等高端应用场合，则需要规模更大、性能更强的大型机、巨型机才能满足使用要求。

大型机或巨型机一般通过一定的结构形式，将多达数千甚至数十万个 CPU 组织起来，进行信息的并行处理，以提高整台计算机的处理性能。大型机或巨型机的研制是一个国家综合科技实力的体现，也是计算机研制领域的制高点。我国曾先后研制了银河、曙光、天河、神威·太湖之光等巨型计算机，巨型计算机通常也称为超级计算机，简称超算。我国研制的天河、神威·太湖之光等超算多次夺得世界运算速度之冠，现在我国超算的部署数量也是世界最多的，我国的超算研制和部署都已经处于世界领先地位！当然，可以自豪不能骄傲，虽然我国超算的研制和部署比较领先，但是超算的应用水平还有待提高。当然计算机的规模越大开发制造成本也就越高，占地面积和使用成本也会大大增加，尤其是使用过程中的耗电量也是十分惊人的。图 1-2 就是我国研制的曾经夺取世界运算速度之冠的神威·太湖之光巨型计算机。

图 1-2　我国研制的超级计算机

而在另外的一些应用场合则对计算机性能要求比较简单，比如一些智能家电，其智能的实现依靠的都是电脑，即计算机。但是计算机在智能家电工作过程中并不需要进行复杂的计算或图像处理，只要能完成简单的控制功能即可。此时使用我们熟悉的 PC 已经显得奢侈和浪费，于是人们就将计算机的规模缩减、性能简化，开发出了专门的单板机、单片机。所谓单板机就是将计算机的主要功能部件（如 CPU、存储器、键盘、显示器、外部接口等）集成在较小的单一电路板上，图 1-3 所示的 20 世纪 80 年代高校微机原理课程中常用的 TP801 单板机，就是通过在一块电路板上集成了 CPU、存储器、键盘、数码显示器、对外的串行/并行接口等主要部件，构成一台完整的计算机。如果你打开过 PC，应该知道 PC 一般由

主板、显卡、网卡、声卡、内存卡以及其他专用板卡组成，即 PC 一般是由多块电路板卡组成的，所以，相对于单板机来说，PC 也可以称为多板机。

图 1-3　早期高校中常用的 TP801 单板计算机

而单片机则是将计算机的主要功能部件进一步缩减集成到单一的集成电路芯片上。图 1-4 就是常见的不同封装形式的单片机。所以从规模上来说，单片机就是一种规模最小的计算机。

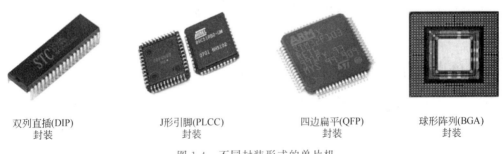

双列直插(DIP)　　　J形引脚(PLCC)　　　四边扁平(QFP)　　　球形阵列(BGA)
封装　　　　　　　　封装　　　　　　　　封装　　　　　　　　封装

图 1-4　不同封装形式的单片机

二、单片机有哪些主要特点？

单片机和大家熟悉的 PC 又有哪些相同和不同之处呢？

如前所述，单片机就是一种计算机，因此单片机和大家熟悉的 PC 机有着许多相同或相似的地方，主要包括：

① 都包含有计算机所应具有的主要功能部件，如 CPU、内存、常用的信号输入/输出接口等。

② 都能根据人们的需要对外部的信号进行相应的处理，以完成特定的计算或控制功能。

③ 工作时都需要外部提供特定的电源和时钟信号，并且都需要有相应的应用程序和计算机硬件电路相配合才能完成相应的工作。

下面重点看一下单片机和大家所熟悉的 PC 的不同之处。

对于单片机的学习和使用，我们更关心的是单片机和 PC 的不同之处，或者说和 PC 相比，单片机的主要特点。和大家熟悉的 PC 相比，单片机具有如下主要特点：

① 体积小、重量轻。由于单片机将计算机的主要功能部件简化后集成到了单片集成电路芯片中，所以单片机的体积一般都比较小，可以小到只有一片指甲盖大小。同时，单片机体积大大缩小后，其自身的重量也大大减轻，只是一块普通集成电路芯片的重量。单片机体积小、重量轻的特点为单片机应用于手持式或便携式电子设备提供了极大的便利。

② 成本低、价格便宜。由于单片机将计算机的主要功能部件简化后集成到了单片集成电路芯片中，制造成本非常低，相应地，单片机的市场价格也非常便宜，有些单片机在大规模购买的情况下，其单片价格甚至不到一元钱。单片机价格便宜的特点可以帮助电子产品的生产厂家极大地降低产品的生产成本，增强产品的市场竞争力，因此得到电子产品生产厂家的极大青睐。

③ 功耗较低、可靠性较高。单片机对计算机的主要功能部件进行了极大的简化，其功耗一般都较低，这也为单片机应用于便携式电子设备提供了便利条件。因为便携式电子设备一般只能采用电池供电，这就要求其内部电子器件的功耗应尽可能低，以便延长电池的供电时间，减少电池的更换或充电次数。同时，由于单片机将计算机的主要功能部件都集成在了一块芯片的内部，其各组成部件之间的信号交互都在集成芯片内部进行，不易受到外部电磁信号的干扰，因此工作的可靠性较高。

④ 计算功能简单。单片机由于受到体积的限制，其内部集成的 CPU 一般比较简单，集成的内存一般也比较小，多为几十～几百 KB 大小，这和现在 PC 多达数个 GB 容量的内存是无法相比的，因此单片机的计算功能较弱，无法完成复杂的计算功能。但是单片机的信号控制功能比较强，因此单片机多用于控制场合，国外通常将单片机称为微控制器（microcontroller）。

三、单片机有什么用？

单片机是大家熟悉的 PC 运算功能缩减后的一种计算机，但是这并不代表单片机没有什么用处。实际上，单片机以其较小的体积、极低的价格、适度的计算功能、较强的控制功能，在各种电子设备中得到了非常广泛的应用。可以说，单片机已经成为使用最为广泛的一种计算机，其应用已经深入到我们社会生产、日常生活的方方面面，概括起来主要包括以下几个方面：

（1）应用在智能仪器仪表上

单片机现在广泛应用于智能化仪器仪表中，结合不同类型的传感器，可实现诸如电压、功率、频率、湿度、温度、流量、速度、厚度、角度、长度、硬度、压力等物理量的测量。采用单片机控制使得仪器仪表数字化、智能化、微型化，且功能比起采用电子或数字电路更加强大。图1-5 就是一些大家常见的智能化仪表。

图1-5　单片机控制的智能计量仪表

（2）应用在工业控制中

用单片机可以构成形式多样的控制系统、数据采集系统。例如工厂流水线的智能化管理、电梯智能化控制、各种报警系统、与计算机联网构成二级控制系统等。图1-6所示就是单片机控制的工业生产设备。

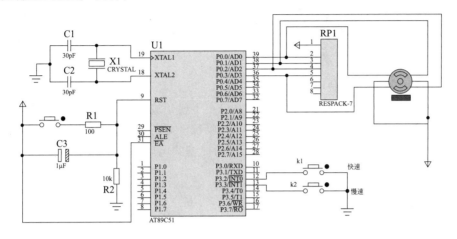

图1-6　单片机控制步进电机电路原理图

（3）在家用电器中的应用

随着家电智能化的不断发展，各种智能化家用电器不断进入到我们的生活中，从电饭煲、洗衣机、电冰箱、空调机、彩电、音响视频器材，到电子称量设备等，五花八门，无所不在。智能家电中的"智能"都是依靠电脑，也就是计算机来实现的，但是考虑到功能需求和实现成本方面的因素，智能家电中使用的计算机并不是大家熟悉的PC，而是各种形式的单片机，智能家电已经成为单片机应用的一个主要领域。图1-7就是采用单片机控制的智能洗衣机和电冰箱。

图1-7　由单片机控制的智能洗衣机和电冰箱

（4）应用在计算机网络和通信领域中

现代的单片机普遍具备通信接口，可以很方便地与计算机进行数据通信，为在计算机网络和通信设备间的应用提供了极好的基础条件。实际上，现在的通信设备基本上都实现了单片机智能控制，从手机、电话机、小型程控交换机、楼宇自动通信呼叫系统、列车无线通信，到日常工作中随处可见的移动电话、集群移动通信、无线电对讲机等，其内部都可以看到单片机的身影。图1-8和图1-9所示就是单片机控制的手机和路由器。

图 1-8　单片机控制的智能手机　　　　　图 1-9　单片机控制的家用宽带路由器

(5) 应用在医疗保健领域中

医疗保健领域现在是单片机应用广泛的又一个主要领域。应用单片机可以实现常见医疗保健器械及诊断仪器的自动化和智能化，医用呼吸机、分析仪、监护仪、超声诊断设备及病床呼叫系统等内部都含有单片机。图 1-10 所示的便携式电脑监护仪和图 1-11 所示的电子血压计内部就是采用单片机控制的。

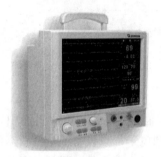 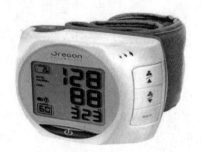

图 1-10　便携式电脑监护仪　　　　　　图 1-11　电子血压计

(6) 应用在家庭娱乐设备上

随着人们生活水平的提高，各种智能化的玩具、视听设备等家庭娱乐设备开始走进我们的生活，这些家庭娱乐设备的"智能"也大都是依靠单片机实现的。各种家庭娱乐设备也是单片机应用日益增多的一个领域。图 1-12 所示的电子玩具狗和 MP3 内部也是采用单片机控制的。

图 1-12　单片机控制的家庭娱乐设备

上述列出的只是单片机的一些主要应用领域，实际上单片机的应用非常广泛，可以说便携式的智能电子设备内部基本都是依靠单片机实现"智能"的。

随着物联网技术的快速发展，物联网在社会生产和人们日常生活中不断普及，很多以前不具备联网功能的生产和生活物品，都将被赋予联网功能，以便实现远程状态感知和控制。而物联网中大部分的联网物品不需要完成复杂的计算，只需能测量自身的一些状态并联网上报,以及联网接收远程控制命令而改变自身相应状态即可。人们对日常用品的实现成本和使用耗电也有较高的要求,如实现成本太高、耗电量大就会失去联网的价值。物联网物品的上述功能和低成本、低功耗的实现要求,恰巧符合单片机的应用特点。因此,物联网的不断普及,必将带来单片机更加广泛的应用。

单片机的应用如此广泛,一方面说明单片机体积小、价格低等优点确实很好地满足了现在电子设备小型化、智能化的需求;另一方面也说明,社会上需要大量懂单片机的技术人员进行相关电子产品的研发、生产、维护,网络上和社会中大量单片机相关人员的招聘需求,也说明社会对单片机相关人员的需求是十分巨大的。因此,恭喜你准备学习单片机!相信你努力学好单片机后,一定能为自己的职业发展赢来阳光灿烂的明天。那么如何才能学好单片机呢?

四、如何学好单片机?

学习单片机是一个实践性要求较高的过程。想要学好单片机,建议大家从以下几方面着手。

(1) 选择一种相对简单的入门型号

单片机的诸多优点使得单片机在实际中的应用实在太过广泛,而不同的应用场合对单片机的具体要求又千差万别,生产单片机的厂家众多,实际在用的单片机型号也非常多,多达上千种。这些花样繁多的单片机从不同的角度可以分成众多的门类。

比如,按能够并行处理的二进制数据位数(即通常所说的字长)划分,可以分为 4 位单片机、8 位单片机,现在也有 16 位单片机甚至 32 位单片机,位数越多意味着单片机的数据和信息处理能力越强,当然价格也相应越高。

从单片机的通用性来看,可以将单片机分为通用单片机和专用单片机。通用单片机是指可以用于大多数场合的单片机,比如实际应用较多的 MCS-51 系列单片机。专用单片机是指为更好地满足某种特定场合的应用需求,而对某方面性能进行了特别增强的单片机。比如在通信设备中应用较多的 68K 系列单片机、PowerPC 系列单片机以及移动通信设备中使用较多的 ARM 系列单片机,都专门增强了单片机的对外通信接口,以更好地满足通信场合的应用需求。

单片机的种类五花八门,内部结构和复杂程度各不相同,应用场合不同,学习难度也不一样。那么我们应该选择哪一种单片机入手学习呢?这个问题可以从以下两方面考虑:

一是:考虑学习难度。

首先,如同我们前面提到的,单片机主要应用于控制场合,不同结构的单片机在实际应用过程中的工作原理和操作过程类似,熟悉一种单片机的使用方法后,其他类型的单片机使用方法大同小异,学习起来也会很快。其次,如果一开始就选择一种结构十分复杂的单片机,一方面大多数的单片机应用场合不需要结构复杂的单片机,另一方面,结构复杂的单片机势必增大学习难度,可能会影响初学者坚持学下去的信心。

因此,对于初学者,建议选择一种结构相对简单、学习难度不要太大的单片机,比如选择 8 位单片机,作为初学的对象。

二是:考虑实际应用较多、学习资料丰富的单片机。

首先,学习单片机的最终目的是为了使用单片机,我们学会单片机后,才能找到一份与单片机应用相关的工作,因此,最好选择一种应用较多的单片机。其次,选择一种学习资料(包括纸质教材和网上资料)丰富的单片机,我们在学习和使用单片机的过程中遇到问题时,才能快速找到解决问题的方法，从而大大提高我们解决实际问题的能力。

综上所述，对于初学者，建议选择一种结构相对简单且实际应用较多、学习资料又比较丰富的单片机作为学习单片机的入门机型。那么，有没有很好地满足上述要求的单片机呢？

MCS-51 系列单片机就能够很好地满足上述要求，十分适合单片机初学者作为入门机型。据统计，现在实际应用的单片机 80% 是以 MCS-51 系列单片机为典型代表的 8 位单片机，在 8 位单片机中，MCS-51 系列单片机及其兼容型号是使用最为广泛、学习资料最为丰富的单片机。所以，国内高校中开设的单片机类课程，大都选择 MCS-51 单片机作为教学机型，单片机的自学者也大多选择 MCS-51 单片机作为入门机型。

（2）选择一本指导性强的入门教材

作为初学者，对单片机的知识还一无所知，需要跟着教材的指导一步步地学习单片机的使用，因此教材的选择十分重要。如果能够选择一本指导性强的入门教材一步步学习单片机的使用，则可以大大减轻对于初学者的学习难度，并提高学习效率，从而起到事半功倍的效果。本教材定位于单片机初学者的入门级教材，融合作者多年在企业的单片机应用系统开发经验和十余年在学校的单片机教学经验，力争做到浅显易懂，成为单片机初学者的得力帮手。

（3）买一块 MCS-51 系列单片机的开发板

学习单片机是一个实践性非常强的过程，单片机应用系统的电路搭建和程序的编写调试，一定要亲自动手尝试过，才能搞清楚到底怎么样才是可行的。单片机的学习只看书的话，无论多好的书，都是万万不够的。因此，如果想要学习单片机的话，需要有一台电脑，并且需要买一块单片机开发板。图 1-13 所示就是一种常见的 MCS-51 单片机的开发板。

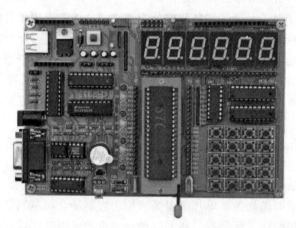

图 1-13　MCS-51 单片机开发板

通过单片机开发板，我们可以练习单片机应用系统的电路连接，直观验证单片机控制程序的运行效果，最终验证整个单片机应用系统的功能是否正常。单片机开发板是我们学习单片机必需的得力帮手。现在市场上单片机开发板型号很多，价格也比较低廉（一般几十元钱就可以买一块），建议单片机的初学者买一块放在手边。

（4）遵循模仿、改进、提高的学习思路

对于单片机初学者来说，最为有效的学习方法就是先模仿、再改进、后提高。首先模仿别人的思路和方法，模仿得多了，实现思路清楚了，再根据自己的想法进行改进验证，最后随着经验的积累，再不断提高自己的单片机应用水平。

(5) 多看、多想、多练

如前所述，单片机的学习是一个实践性很强的过程，在学习过程中首先是"多看"，多看书籍和网上的各种资料。其次是"多想"别人的实现思路，别人为什么这样实现？有没有其他的实现思路和实现方法？不同的实现方法各有什么优缺点？遇到想不清楚的问题，可以询问身边的同学、老师或者同事。充分利用网络资源，可以说网络是最为方便的老师，现在网络上的相关学习资源十分丰富，学习单片机过程中遇到的常见问题，基本都可以在网络上找到相应的解答。最后，一定要动手"多练"，对别人的实现方法，要在开发板上进行验证，对于自己的每个想法，也要动手编程在开发板上进行验证。只有动手多练习，才能较快地提高自己的单片机应用水平。

任务二　初步熟悉单片机应用系统的开发过程

学习单片机的最终目的是进行单片机应用系统的开发，下面我们就来一起了解一下单片机应用系统是如何开发出来的。

一、单片机应用系统通常由哪些部分组成？

首先，来看一下单片机应用系统都由哪些主要部分组成，只有清楚单片机应用系统的组成部分，我们才能知道要设计开发一个单片机应用系统需要从哪几方面着手。单片机应用系统的组成通常如图 1-14 所示。

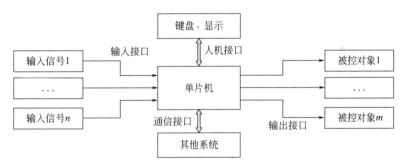

图 1-14　单片机应用系统组成示意图

如图 1-14 所示，单片机应用系统主要由输入信号、输入接口、单片机、输出接口、被控对象、人机接口、通信接口等几部分组成。其中

（1）单片机

单片机是整个系统的核心，起着大脑的作用。在整个系统中，单片机负责运行系统控制程序，接收输入接口传送过来的输入信号，以及人机接口和通信接口传递过来的各种命令和信息，按照控制程序所设定的信息处理策略，对各种外界信息进行判断、处理，而后生成对被控对象的控制信号，通过输出接口传递给被控对象，从而完成对被控对象工作状态的控制。同时，单片机也根据控制程序的设定，通过人机接口中的显示器件，向外界显示必要的运行状态信息，并通过相应的通信接口实现和其他系统之间的信息交换。

（2）输入信号

输入信号是单片机应用系统中，应用现场提供给单片机的外界信息，也是单片机生成对被控制对象控制信号的主要依据，比如工业控制现场的压力、温度、电压、电流等，都可能是相关单片机控制系统的输入信号。

单片机应用系统的输入信号往往来自各式各样的信号传感器。实际的各种物理信号，需要通过各种相应的传感器变换成电信号，才能作为单片机的输入信号，因此传感器的选择往往成为单片机应用系统设计的关键和难点所在。在很多工业控制过程中，传感器的选择往往会成为制约整个系统控制精度的关键。

根据实际输入信号形式的不同，通常将单片机应用系统的输入信号划分为以下几种：

① 开关（量）信号：是指只有两种状态的一种信号类型，类同于开关只有"开"和"关"两种状态，因此称为开关（量）信号。实际中有很多信号只有两种不同状态，例如各种指示灯的"亮"和"灭"、电路或阀门的"通"和"断"、电动机的"启动"和"停止"、按键的"按下"和"抬起"等，这些状态都可以通过相应的传感器转化为单片机应用系统的开关量信号。

② 模拟（量）信号：是指幅度随时间连续变化的信号，比如大家熟悉的正弦量信号。客观世界中的大多数物理量都是模拟量，比如温度、压力、自然光照的亮度、容器中液面高度（深度）、距离的远近程度等。

③ 数字（量）信号：是指有多个状态，但幅度随时间变化不连续的信号量。数字（量）信号常常是现实中的模拟（量）信号通过一定的变换方法变换而来的。数字（量）信号和模拟（量）信号主要区别在于：模拟（量）信号的状态是连续变化的，其状态有无限多个，而数字（量）信号的状态个数是有限的。

（3）输入接口

输入接口也被称为单片机控制系统的前向通道，是指系统输入信号和单片机之间的接口部分。由于现在的单片机都是低电压数字计算机，不能直接接收和识别模拟（量）信号，也不能直接接收高电压、大电流的信号，因此，不同形式的输入信号输入单片机之前，需要不同的接口形式。具体如下：

开关（量）信号：如果开关（量）信号电压和电流值在单片机能够直接输入的范围内，则可以将输入信号直接传递给单片机相应的信号输入引脚，否则需要相应的输入接口电路，将其变换为单片机能够直接输入的电信号，再连接到单片机引脚上。一个开关量信号通常需要一个单片机引脚。

模拟（量）信号：模拟（量）信号不能直接输入单片机，必须通过相应的模拟量/数字量转换电路（即常说的模/数转换电路或 A/D 转换电路）转换成数字量后，才能输入到单片机相应的信号输入引脚上。通常一路模拟（量）信号需要多个单片机信号输入引脚，所需单片机引脚的具体数量取决于所用的 A/D 转换电路。

数字（量）信号：如果电压和电流值在单片机能够直接输入的范围内，则可以将输入信号直接输入单片机相应的信号输入引脚，否则需要相应的输入接口电路，将其变换为单片机能够直接输入的电信号，再连接到单片机引脚上。通常一个数字（量）信号需要连接多个单片机引脚。

需要注意的是：在实际的单片机应用系统中，尤其是工业场合的单片机应用系统中，系统的信号输入接口（系统前向通道）也是各种干扰信号窜入系统的主要入口，干扰信号常会引起整个系统的工作异常。因此,对于环境中电磁干扰比较严重的单片机应用系统,应注意在系统前向通道中增加相应的防干扰措施,比如增加相应的光电隔离措施,以隔离或减少电磁干扰对整个系统工作稳定性的影响。

(4) 被控对象

被控对象指单片机应用系统中,需要单片机控制的对象。单片机应用系统中的被控对象往往也是系统中的动作执行机构,比如各种状态指示灯、电子开关、交流电动机或步进电机、各种电磁阀门等。

(5) 输出接口

输出接口是单片机和被控对象之间的接口,也称为系统的后向通道。由于单片机只能直接输出低电压、小电流的数字信号,而被控对象需要的驱动信号五花八门,因此,单片机引脚的输出信号往往不能直接驱动被控对象工作,而需要经过相应的输出接口变换电路变换后,才能控制被控对象按照人们预定的工作流程完成相应的工作。

输出接口要完成的信号变换通常包括:

① 信号强度变换:当被控对象需要高电压、大电流的控制信号时,需要通过继电器、专门驱动电路等,将单片机输出的低电压、小电流的弱电信号变换为被控对象所需的高电压、大电流的强电信号。

② 数/模转换:当被控对象需要模拟(量)信号驱动时,需要将单片机输出的数字信号,通过相应的数/模转换电路转换成模拟(量)信号,再送给被控对象。

(6) 人机接口

人机接口是指单片机应用系统中,提供给系统操作人员的操作命令输入接口和系统状态显示接口。其中操作命令输入接口主要是独立按键或阵列式键盘接口,运行状态显示接口常见的有指示灯、数码管或者液晶显示屏。也可以采用触摸屏实现命令输入和状态显示一体化。

(7) 通信接口

如果单片机应用系统需要和其他系统进行远距离信息交换,那么单片机应用系统还需要提供远距离的通信接口。常见的是通用串行通信接口,通过和外围接口芯片相配合,可以提供常见的 RS-232、RS-485、USB、Wi-Fi 等通信接口;添加相应的 GSM 接口芯片,单片机系统还可以提供远程的 GSM 短信接口,以实现远距离的遥测遥控。有些通信行业专用的单片机,还会直接提供以太网接口,以实现远程通信。图 1-15 所示的通过 GSM 短信遥控交通

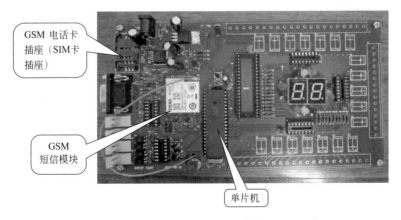

图 1-15 单片机和 GSM 模块配合实现远程通信

灯状态的控制电路板,就是通过单片机的串行通信口和 GSM 短信模块相配合,实现交通灯状态远距离遥控。

二、单片机应用系统是如何设计开发出来的?

单片机应用如此广泛,那么如此多的含有单片机的电子产品是如何设计开发出来的呢?单片机产品的设计开发流程如图 1-16 所示。

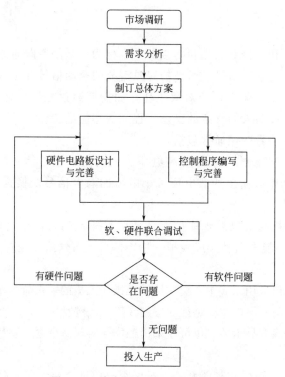

图 1-16　单片机产品开发流程示意图

(1) 市场调研

同其他所有产品开发相类似,单片机应用产品开发的第一步是市场调研,市场调研的主要工作和目的是了解同类产品的性能特点和用户的具体需求,确定产品的市场定位,为后续产品开发方案的确定提供依据。市场调研一般由专门的市场调研人员负责完成。

(2) 需求分析

需求分析主要是对市场调研的结果进行详尽的整理分析,以明确用户的具体需求,包括性能、价格、使用方式等方面,从而制订产品的实现方案。

(3) 总体方案设计

主要是根据市场调研和需求分析的结果,并考虑技术可行性及所能承受的成本、货源保障等因素,确定产品的总体实现方案。对于单片机产品的开发来说,具体包括功能模块的划分及模块之间的接口方案,如哪些功能由硬件实现,哪些功能由软件实现等。

对于规模较大、管理比较规范的公司,需求分析和总体方案制订一般由经验比较丰富的产品总体设计人员完成。

(4) 硬件电路设计

单片机只有通过硬件电路板和电源、时钟以及其他外围接口器件连接起来才能完成相应的工作，因此，设计单片机产品时必须要做的一项工作就是硬件电路板的设计和制作。具体工作就是根据产品总体设计方案中所确定的硬件电路应完成的功能要求，选用适当的元器件，完成硬件电路板的设计开发。

（5）控制程序编写

同所有的计算机一样，单片机的硬件电路只有在控制程序的控制下才能完成工作，因此，单片机产品开发的另一项主要任务，就是控制程序的编写。具体就是根据设计方案中所确定的产品性能和工作过程，编写相应的控制程序，控制单片机产品的硬件电路按照所设想的方式完成工作。

（6）软、硬件的联合调试

前述完成的硬件电路和控制程序能否配合完成所要求的工作，需要通过软、硬件的联合调试进行验证，并根据调试过程中发现的问题及时修改完善产品的电路设计和控制程序，直到联合调试的结果达到产品的设计要求。

（7）生产试用

产品软、硬件的联合调试并不能发现产品设计中的所有问题，因此，单片机产品经过实验室的联合调试达到设计性能要求后，还须经过小批量的试生产后，小规模投放市场进行试用，并根据试用过程发现的问题对产品进一步修改完善，而后产品的开发才算基本完成，并进行大规模的市场销售。

从上述单片机应用系统的开发设计过程可以看出，对于单片机系统开发人员来说，单片机系统的开发设计工作主要包括两项：一是硬件电路板的设计，二是控制程序的编写。

三、单片机应用系统的硬件电路板是如何制作出来的？

硬件电路板设计是单片机应用系统开发必不可少的一项重要工作。单片机应用系统硬件电路板的设计，一般包括需求分析、逻辑抽象、器件选择、撰写项目硬件设计说明书、电路原理图设计、PCB图设计、元器件安装、初步调试等一系列过程。经过上述各相关步骤和过程后，硬件电路的设计就初步完成了。当然，初步完成的硬件电路是否真正达到了开发要求，要经过最后的产品组装和软、硬件联合调试后才能知道。下面，分别来看一下每一步要做的主要工作。

（1）需求分析

需求分析是单片机应用系统硬件电路设计的第一步，需求分析的目的包括以下几个主要方面：

① 明确项目对硬件电路的功能需求。

② 明确硬件电路设计的限制性条件，比如电路板的大小、形状、安装形式、制作成本要求，电路板上元器件的布局要求等。

③ 为元器件的选型提供依据。

那么如何进行硬件电路设计的需求分析呢？方法是：仔细阅读项目的开发任务书，并根据自己的理解，梳理出书面的硬件功能需求和项目实现的限制条件，而后经过相关人员的确认。

（2）逻辑抽象

逻辑抽象就是从需求分析结果的文字表述中，抽象出相对于单片机的输入信号和输出信号。包括输入信号和输出信号的类型（是开关量、数字量还是模拟量）以及每一种类型输入信号、输出信号的数量。

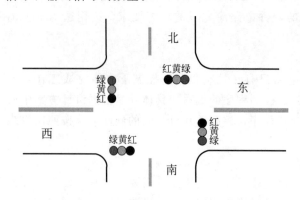

图 1-17 十字路口红绿灯布置示意图

逻辑抽象是硬件电路设计过程中非常重要的一步，因为逻辑抽象的结果决定着单片机引脚的使用方式、是否需要扩展接口、控制程序的繁简程度。

我们通过一个简单的例子，来加深对逻辑抽象的认识。

假设：有一个如图 1-17 所示的东、西、南、北方向的十字路口，现要求用单片机构建十字路口交通灯的控制系统，要求控制路口 4 个方向，共 12 盏交通灯的顺序点亮。

我们来抽象该控制系统中，对于单片机的输出信号，包括输出信号的类型、输出信号的数量。

首先来看所需单片机输出信号的类型，由于每一盏交通灯只有"亮"和"灭"两种状态，因此，此系统中单片机输出信号的类型应该是开关量信号。再来看所需单片机输出信号的数量，即系统需要单片机提供几个输出信号。

由于 4 个交通方向共有 12 盏交通灯，如果每盏交通灯由单片机提供一个控制信号，则需要单片机提供 12 个输出控制信号。

仔细分析交通灯工作过程，东、西 2 个方向同一种颜色的灯一般一起亮、灭；南、北 2 个方向同一种颜色的灯一般一起亮、灭，则单片机输出 6 个控制信号即可。

更进一步分析可知，东西方向的红灯和南北方向的绿灯是同时亮、灭的；东西方向的绿灯和南北方向的红灯也是同时亮、灭的；4 个方向的黄灯也是同时亮、灭；则 12 盏交通灯用 3 个控制信号即可控制。

可见，逻辑抽象结果的不同，所需单片机提供的输出信号数量会有很大差别，进而对电路板的制作成本和控制程序编写的复杂程度都会产生较大影响。

（3）器件选择

器件选择，是指选定电路板上所用各元器件的型号、参数和封装形式。

那么，如何进行器件的选择呢？

在硬件电路板设计过程中进行器件选择时，功能需求是第一位的。在满足所需功能的前提下，还要综合考虑限制性条件、器件价格、货源获取的便利性和稳定性、售后服务情况、市场应用情况等因素。在其他条件满足的情况下，应优先考虑供货稳定、市场占有率高的主流器件，以便在使用过程中遇到问题时能够尽快得到解决。

（4）撰写项目硬件设计说明书

在确定产品硬件电路板所用的各种器件后，就要收集并阅读各元器件的使用资料，包括国产器件的使用手册或使用说明书、进口器件的 date sheet 或者 user manual，清楚并理解各相关元器件引脚的功能定义和使用方法。在此基础上，撰写产品的硬件设计说明书，其内容主要包括：产品功能概述、硬件电路板设计思路、硬件电路的结构方框图、明确功能模块划分以及不同模块之间的信号连接和传递关系。对于单片机应用电路，要在硬件说明书中明确所用到的单片机各输入/输出引脚的功能定义和使用方法，具体可如

表 1-1 所示。

表 1-1 单片机引脚定义和使用方法说明示例

序号	引脚名称	功能定义	使用方法
1	P1.1	产品运行状态指示灯控制信号输出引脚	输出低电平:表示设备运行正常 输出高电平:点亮红色指示灯,表示设备出现故障
……	……	……	……

单片机应用系统的硬件设计说明书,既是系统开发设计过程中必须归档保存的过程资料,也是硬件设计方案评审和单片机控制程序编写的基本依据。硬件设计说明书对整个系统的开发十分重要,必须认真详细地撰写。

(5) 电路原理图绘制

在电路板的元器件选定之后,就可以根据电路的功能要求,绘制电路的原理图。

原理图表示了硬件电路板上各元器件之间的信号连接和传递关系。电路原理图,需要使用专门的工具软件绘制,使用比较多的原理图绘制软件有 Protel DXP;也可使用其他的 EDA 专业软件,进行电路原理图的绘制,如 Proteus、Cadence/OrCAD 等。

如图 1-18 所示,就是一幅简单的电路原理图。

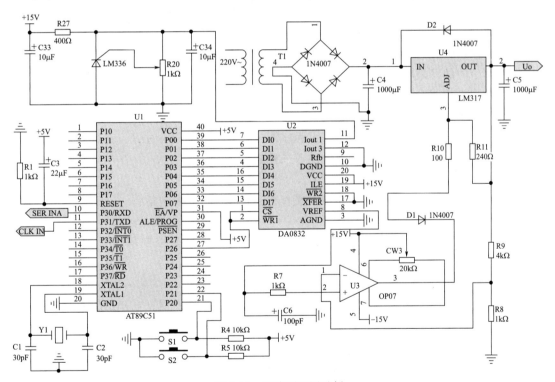

图 1-18 电路原理图示例

从图 1-18 中可以看到,原理图中标识了电路板上所用的各种元器件,以及元器件之间的信号连接关系。

(6) 印刷电路板图绘制

在绘制好电路原理图后,还要绘制出印刷电路板(简称 PCB)图,才能制作印刷电路板。PCB图表示了各元器件在电路板上的实际位置，以及相互之间连线的实际走向，据此，生产厂家就可制作出所需的印刷电路板。

(7) 元器件的安装

印刷电路板制作完成后，接下来还要完成元器件的安装，印刷电路板才能工作。元器件的安装是指将相应的元器件安装焊接到电路板上相应的位置。元器件电装可以采用表面安装，就是将元器件焊接在印刷电路板的表面；也可以采用插装的方式，就是将元器件的管脚穿过印刷电路板上相应的孔洞，焊接固定到电路板上。元器件的表面安装和插装各有优缺点，应根据实际需要选择。无论采用哪种方式完成元器件的安装，都须注意元器件的型号、方向、极性不能装错。

(8) 硬件电路板的初步调试

硬件电路板的初步调试主要是初步检查电路板的元器件安装和连线情况，为后续的软、硬件联调做好准备。初步调试过程中，重点检查以下几方面的内容：

① 电路板上的电源线和接地线之间有无短路。

② 元器件的型号、参数、极性以及集成电路的方向有无选错。

③ 短时间通电后，检查有无元器件异常发热现象。

四、单片机应用系统的控制程序是如何编写出来的？

我们前面说过，单片机就是规模最小的计算机，同大家所熟悉的 PC 需要运行程序才能完成相应工作相类同，单片机应用系统必须在控制程序的控制下才能实现相关控制功能。因此，控制程序的编写是单片机应用系统开发过程中又一项必须完成的重要工作。

那么单片机应用系统的控制程序是如何编制出来的呢？

单片机应用系统控制程序的编制通常需要经过以下主要过程：资料收集、模块划分、画程序流程图、编程语言选择、代码编写、程序调试。通过上述相关过程，就可以完成控制程序的编写。下面，我们将详细地了解上述各主要过程。

1. 资料收集

资料收集是控制程序编写的第一步，要收集的相关资料主要包括：

(1) 产品/项目的总体设计方案

总体设计方案中明确了控制程序要实现的具体功能，这是控制程序最为主要的编写依据。

(2) 产品/项目的硬件设计说明书

在单片机应用系统中，控制程序是通过单片机引脚接收外界信息，并控制外围器件的工作。而硬件设计说明书则定义了单片机相关引脚的使用方法，包括：哪些引脚作为信号输入引脚，哪些引脚作为信号输出引脚，每个引脚的高、低电平分别代表什么含义，每个外围芯片的读写地址又是什么。这是控制程序编写的又一个主要依据。

(3) 电路板所用芯片的使用资料

单片机应用系统中，常常需要使用其他芯片配合单片机完成相关工作。在此情况下，还必须收集这些外围芯片的使用资料，包括国产芯片的使用手册以及进口芯片的 data sheet 或者 user manual，因为这些资料中包含了所用芯片的控制方法。

2. 模块划分

较为简单的单片机控制程序不需要划分模块，但较为复杂的控制程序，通常会划分成多个模块进行编写和调试。

为什么要对控制程序划分模块呢?原因在于控制程序划分模块编写具有如下好处:

① 可以提高程序代码的可读性,可以更容易看明白程序的总体实现思路。

② 可以增强程序代码的可移植性,便于程序代码段在不同场合的重复利用。

③ 可以提高程序代码编写和调试的效率。通过程序模块的划分,可以实现复杂程序的分模块并行编写和调试,从而提高程序编写和调试的效率。

那么又该如何划分控制程序的模块呢?

通常,单片机控制程序的模块是根据控制程序要实现的功能进行划分。具体来说,首先根据所收集的相关资料,列出控制程序要实现的主要功能,而后可以将每一个功能划分为一个程序模块,分别编写和调试。在模块的编写和调试过程中,如果发现某个模块对应的程序实现比较复杂,还可以再将该模块划分成多个更小的模块,以提高程序编写和调试的效率。

程序模块划分好之后,要定义好不同程序模块之间信息传递和相互调用的接口。

3. 画程序流程图

为了提高程序编写和调试的效率,在实际编写程序代码之前,应先画出所要实现的程序模块的程序流程图。

所谓程序流程图,就是程序执行流程的图形化表示。某系统程序模块的流程图如图1-19所示。

流程图中的方框表示要执行的程序代码段,箭头表示程序执行的行进方向,菱形框表示程序分支时的条件判断。可见,流程图表示了不同程序代码段执行的先后顺序,以及程序分支的相应条件。

之所以要画程序流程图,原因是:高效编写控制程序的关键在于理清程序编写的思路,而理清程序编写思路的有效办法就是画出程序流程图。

如何才能画出控制程序的流程图呢?

首先,理出控制对象的工作状态。控制程序的主要功能是根据不同的设定条件控制被控对象工作在不同的工作状态,以及按照设定的条件,实现不同工作状态之间的转换。因此,首先要明确被控对象的工作状态有哪些,每一个工作状态的实现代码通常就对应一个程序模块。而后,画出被控对象工作状态的转换图,确定不同状态之间的转换过程,包括转换的条件和转换顺序。最后,根据被控对象的工作状态转换图画出控制程序流程图。

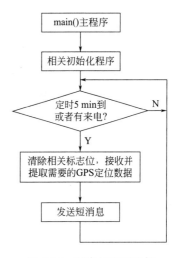

图1-19 程序流程图示例

4. 编程语言选择

控制程序是用一定的编程语言书写的,不同的编程语言有不同的书写规则。同一单片机应用系统的控制程序可以采用不同的编程语言实现。

单片机控制程序的编程语言常用的主要有:

① 汇编语言。

② 高级语言,比如C语言。

其中,汇编语言的特点是硬件控制能力强、书写繁杂、可移植性差;高级语言的特点是可移植性好，书写相对简单，硬件控制能力较差。

可见，汇编语言和高级语言各有优缺点。因此，比较复杂的控制程序需要采用汇编语言和高级语言混合编程。

5. 代码编写

有了前述各项准备工作后，就可以正式开始编写程序代码了。要完成控制程序的代码编写，首先要在电脑中建立程序开发平台环境，如 MCS-51 单片机常用的程序开发平台——Keil 开发平台。建立好相应的程序开发平台环境后，就可根据选择的编程语言输入程序代码并进行编译了。

6. 程序调试

控制程序的代码编写完毕后，还需要通过调试过程验证程序功能是否正确。

单片机应用系统的控制程序调试，可分为程序仿真调试和软、硬件联合调试。其中，程序仿真调试主要用于在没有硬件电路板的情况下，对控制程序的逻辑功能进行初步验证；软、硬件联合调试主要是通过控制程序和实际硬件电路板相配合，对控制程序的实际功能进行最终验证。

一般情况下，控制程序通常需要多次调试和修改代码才能最终完成。

五、学会单片机能干什么？

单片机的应用非常广泛，随着物联网的日益普及，单片机的应用还会更加广泛。作为单片机的初学者，可能大家更为关心的是学完单片机能干什么？或者学完单片机能找一个什么样的工作？

单片机在实际中的广泛应用，说明需要大量单片机应用人才，这些人才将分布在不同的职业岗位上，主要的工作岗位包括：

（1）单片机应用产品的市场拓展

市场拓展是单片机应用产品相关企业中的重要岗位，具体工作包括市场调研、产品销售、售前、售后的技术支持等。该类岗位需要较强的沟通交流能力，而对单片机的开发技术要求不是很高，比较适合性格外向、交流沟通能力强、愿意较多出差的人员。

（2）单片机应用产品的设计开发

产品的设计开发是单片机应用的关键，主要工作是将市场的产品需求转换为实际可用的产品。单片机产品的设计开发工作具体包括：产品硬件电路板设计、控制程序编写，以及产品整体结构设计。产品设计开发岗位是技术性要求比较高的岗位，需要具有较深的单片机应用知识，比较适合工作细致、愿意静下心来钻研专业技术的人员。

（3）单片机应用产品的生产测试

设计人员的设计方案需要经由相应的产品生产线进行实现，产品要经过出厂前的测试。生产测试岗位是产品生产过程中的重要岗位之一，主要工作内容是对产品的性能指标进行测试，并将测试中发现的问题反馈给相关人员。产品的生产测试岗位要求具有一定的专业技术，比较适合中高职或者专科学历、具有一定专业知识和操作技能的人员。

（4）单片机应用产品的使用维护

单片机应用产品作为一种电子产品，在使用过程中出现故障时，需要进行维修。因此，单片机应用产品的生产厂家也会有相应的产品维修岗位，负责厂内不合格产品以及用户故障产品的维修。产品维修岗位比较适合具有一定专业技术和较强动手能力的人员。

项目总结

本项目主要是了解单片机的相关概念、应用系统的组成以及单片机应用系统的开发过程（包括总体开发过程、硬件电路设计和控制程序编写）。这些过程知识和单片机本身的专业知识同样重要，只有了解这些过程知识后，才不至于面对一项具体的开发任务时不知从何下手。希望单片机的初学者在学习过程中，对每一个学习任务和项目都能完整地按照所述过程，一步步地完成，以锻炼自己独立完成项目开发的能力，并从开始就要养成按照规范流程做事的习惯。在学习过程中，尤其要注意**不要忽略"硬件电路设计说明书"的编写和程序流程图的绘制**，这是理清设计思路、提高开发效率的关键。

本项目要掌握的知识点主要包括：

① 单片机就是由单片集成电路组成的一类计算机。相比于大家熟悉的 PC，单片机具有体积小、重量轻、价格便宜、功耗较小等诸多特点，广泛应用于智能家电、智能化仪表、工业控制、办公/通信设备等诸多领域。

② 单片机应用系统一般主要由单片机、输入信号、被控对象、输入接口、输出接口、人机接口、通信接口等部分组成。

③ 单片机应用系统的开发，一般要经过市场调研、需求分析、总体方案设计、硬件电路设计、控制程序编写、软硬件联合调试、生产试用等主要过程。

④ 硬件电路设计是单片机应用系统开发的一项主要工作，一般需要经过需求分析、逻辑抽象、元器件选择、硬件电路设计说明书编写、电路原理图设计、PCB图设计、元器件的安装、硬件电路板的初步调试等主要过程。

⑤ 控制程序编写是单片机应用系统开发过程中另一项主要工作，控制程序的编写一般需要经过资料收集、模块划分、画程序流程图、编程语言选择、代码编写、程序调试等相关过程。

自测练习

一、判断题（描述正确的打√，描述错误的打×）

（1）单片机就是一台当前技术条件下规模最小的计算机。　　　　　　　　　　（　　）
（2）单片机是指将计算机主要功能部件集成到一块芯片内部的计算机。　　　　（　　）
（3）单片机能够用来代替 PC 完成相关工作。　　　　　　　　　　　　　　　（　　）
（4）单片机的一个主要缺点是计算功能较弱，不能进行复杂的计算。　　　　　（　　）
（5）单片机的主要用途是构建相对简单的控制系统。　　　　　　　　　　　　（　　）
（6）单片机应用系统中必须包含通信接口部分。　　　　　　　　　　　　　　（　　）
（7）单片机应用系统中除了单片机部分外，其他组成部分都是可选的。　　　　（　　）
（8）单片机应用系统的运行参数可以通过通信接口远程设置。　　　　　　　　（　　）
（9）实际测得的温度数据可以直接送给单片机的 CPU 进行处理。　　　　　　（　　）
（10）单片机应用系统的抗干扰措施应主要添加在信号输入部分。　　　　　　（　　）
（11）硬件电路设计是每一个单片机产品开发都必须要做的工作。　　　　　　（　　）
（12）逻辑抽象的主要目的是确定单片机的输入和输出信号。　　　　　　　　（　　）
（13）在绘制电路原理图之前应确定电路板上所有电子元器件的型号。　　　　（　　）

(14) 元器件表面安装比采用插装形式好。（   ）
(15) 单片机应用系统必须要有控制程序才能完成相应工作。（   ）
(16) 单片机应用系统的控制程序是计算机软件，和系统的硬件无关。（   ）
(17) 单片机应用系统的控制程序既可以用汇编语言编写，也可以用高级语言编写。
（   ）
(18) 对单片机控制程序进行仿真调试时，可以不需要硬件电路板。（   ）

二、选择题（不定项选择）

(1) 单片机的主要优点包括（   ）。
A. 重量轻　　　　　　　　　　B. 体积小
C. 价格便宜　　　　　　　　　D. 控制功能较强
(2) 单片机的主要缺点包括（   ）。
A. 重量轻　　　　　　　　　　B. 计算能力较弱
C. 价格便宜　　　　　　　　　D. 图像显示功能简单
(3) 下列（   ）领域适合使用单片机实现控制。
A. 智能家电　　　　　　　　　B. 智能仪表
C. 便携式医疗器械　　　　　　D. 大型3D游戏
(4) 单片机应用系统的最核心组成部分是（   ）。
A. 单片机　　　　　　　　　　B. 人机接口部分
C. 信号输入部分　　　　　　　D. 信号输出部门
(5) 图1-20为某空调控制器的简化组成框图。

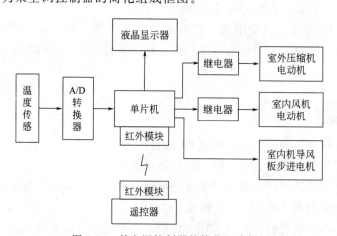

图1-20　某空调控制器的简化组成框图

根据图1-20和对单片机应用系统组成的理解，完成下列不定项选择题。
① 图1-20中属于空调控制器信号输入的部分是_____。
A. 温度传感器　　　　　　　　B. 液晶显示器
C. 遥控器　　　　　　　　　　D. 继电器
② 图1-20中的"红外模块"应该看做单片机应用系统的_____部分。
A. 人机接口　　　　　　　　　B. 输入接口
C. 通信接口　　　　　　　　　D. 输出接口
③ 图1-20中的"A/D转换器"应该看做单片机应用系统的_____部分。

A. 人机接口 B. 输入接口
C. 通信接口 D. 输出接口

④ 图 1-20 中的"继电器"应该看做单片机应用系统的_____部分。
A. 人机接口 B. 输入接口
C. 通信接口 D. 输出接口

⑤ 图 1-20 中的"液晶显示器"应该看做单片机应用系统的_____部分。
A. 人机接口 B. 输入接口
C. 通信接口 D. 输出接口

⑥ 图 1-20 中的"室外压缩机"应该看作单片机应用系统的_____部分。
A. 被控对象 B. 输入接口
C. 通信接口 D. 输出接口

(6) 硬件电路设计过程中,电路原理图反映了(   )。
A. 所用的元器件 B. 元器件之间的信号传递关系
C. 元器件在电路板上的具体位置 D. 电路板上线路的具体走向

(7) 硬件电路设计过程中,电路 PCB 图反映了(   )。
A. 所用的元器件 B. 元器件之间的信号传递关系
C. 元器件在电路板上的具体位置 D. 电路板上线路的具体走向

(8) 选择电路所用元器件时,应当考虑的因素包括(   )。
A. 价格 B. 性能
C. 是否市场主流型号 D. 元器件体积大小

(9) 使用汇编序言编写单片机控制程序的主要特点包括(   )。
A. 硬件控制能力强 B. 程序代码行数较多
C. 程序可移植性较差 D. 需要记忆的指令较多

(10) 下面哪些选项是单片机控制程序编写的主要过程?(   )
A. 选择编程语言 B. 画电路原理图
C. 画程序流程图 D. 搭建程序编写的平台环境

(11) 在单片机控制程序编写过程中,需要了解下列哪些信息?(   )
A. 产品总体设计方案 B. 硬件电路 PCB 图
C. 硬件设计说明书 D. 硬件电路中所使用的相关芯片资料

参考答案

项目二 初步了解MCS-51系列单片机

如前所述,单片机型号繁多,而 MCS-51 系列单片机是市场应用广泛、学习资料丰富、比较适宜初学者作为入门机型的单片机类型。同时,在实际的单片机应用开发学习之前,我们需要对单片机的相关知识有一个初步了解,先在自己的头脑中建立起一些单片机的相关基本概念。本项目我们就来初步了解 MCS-51 系列单片机。

项目描述

初步了解 MCS-51 系列单片机使用的基本知识。

学习目标

① 初步了解 MCS-51 单片机的外部引脚及其使用方法。
② 初步了解和熟悉 MCS-51 单片机的存储空间及常用寄存器。
③ 初步了解 MCS-51 单片机控制程序的编制。
④ 培养自主学习的素养和能力。

任务一 MCS-51系列单片机的总体了解

MCS-51 系列单片机是一类应用广泛的 8 位单片机。8 位单片机的含义是,该类单片机一次能够同时处理 8 位二进制数,以此类推,如果某单片机一次能够同时处理 16 位二进制数,我们就称之为 16 位单片机。

MCS-51 单片机最早由 Intel 公司于 1978 年推出,被称为中高档 8 位单片机的标志性型号,在市场中得到了广泛的应用。后来,Intel 公司将 MCS-51 单片机的内核专利转让给了诸多芯片生产厂家,因此,市场上有很多不同厂家生产的、采用 MCS-51 单片机内核的单片机,包括 Atmel 公司的 AT89C51 系列、Intel 公司的 80C51 系列,宏晶公司的 STC89 系列等,其外部引脚和编程指令都和 MCS-51 单片机兼容。因此,通常将这些采用 MCS-51 单片机内核的单片机统称为 MCS-51 系列单片机，也就是说，MCS-51 系列单片机不是指一个具体型号的单片机，而是指不同厂家推出的采用 MCS-51 单片机内核的一系列单片机。

由于 MCS-51 系列单片机包含了多种型号的一系列单片机，同属 MCS-51 系列的不同型号单片机内部资源的配置会有细节上的差别，具体可参考相关厂家的使用说明。比如：型号 AT89C52 表示这是一款 Atmel 公司生产的内部自带 flash 存储器的 8 位单片机，该型号单片机采用 CMOS 工艺制作，内部程序存储器容量为 8KB。

任务二　初步熟悉 MCS-51 系列单片机的硬件基础知识

如前所述，硬件电路设计是单片机应用系统开发的一项重要工作。而要完成硬件电路设计就要对所用单片机的内部资源有所了解，只有这样，我们才能知道所用的单片机到底能够完成哪些功能；同时，也要对所用单片机的外部引脚及其使用方法有所了解，这样才能在设计单片机应用系统的硬件电路时，正确地将单片机引脚和外部器件连接起来。

一、MCS-51 系列单片机的内部资源

我们选用 MCS-51 系列单片机作为学习单片机的入门机型，一个主要原因是其应用非常广泛。那么 MCS-51 系列单片机到底能完成哪些功能？什么样的单片机产品适合选用 MCS-51 系列单片机来实现呢？

要想回答上述问题就要清楚 MCS-51 系列单片机内部集成了哪些可用的资源，因为单片机的功能是由其内部集成的资源所决定的。MCS-51 系列单片机的内部结构如图 2-1 所示。

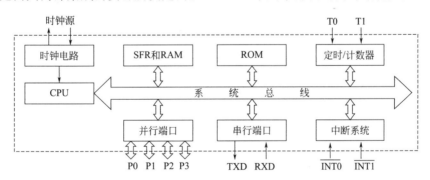

图 2-1　MCS-51 系列单片机的内部结构示意图

由图 2-1 可见，MCS-51 单片机在芯片内部集成了中央处理单元（CPU）、时钟电路、随机存储器（RAM）、程序存储器（ROM）、定时/计数器、并行端口、串行端口和中断系统等内部资源，其中时钟电路、计数器、并行端口、串行端口、中断系统等内部资源都可以通过相应的芯片外部引脚和外围器件相连接，从而完成相应的功能。其中：

（1）中央处理单元（CPU）

中央处理单元（CPU）是单片机的核心，负责完成算术和逻辑运算，以及对其他单片机内部、外部资源的协调控制。

（2）时钟电路

主要用来和外部时钟电路配合，为单片机的工作提供时钟信号。

（3）定时/计数器

用来实现精确定时，也可以通过相应的引脚输入外部事件信号，实现对外部事件出现次数的计数。

（4）并行端口

通过相应的外部引脚和单片机以外的其他器件相连，实现外部信号的输入和输出。单片机应用系统中的前向通道、后向通道和人机接口等部分，主要是通过单片机的并行端口与对应引脚和单片机相连的。

（5）串行端口

用来实现单片机和外部系统之间的串行通信，从而构成单片机应用系统和其他系统之间的远距离通信接口。串行端口通过外部 TXD 引脚发送信息，通过外部 RXD 引脚接收信息。

（6）中断系统

用来实现对单片机内、外部事件中断的处理。处理外部中断事件时，外部的中断信号通过相应的外部引脚 $\overline{INT0}$ 和 $\overline{INT1}$ 输入单片机。中断的含义在后面用到中断时会有详细介绍。

由上可见，MCS-51 系列单片机为我们提供了定时/计数器、并行端口、串行端口、中断系统等资源。通过这些内部资源，再配合相应的外围器件以及相应的控制程序，MCS-51 系列单片机可以实现精确定时、对事件计数、将外部信息或数据并行输入到单片机进行处理和分析、并行输出控制信号控制被控对象动作；也可以实现对单片机内、外部事件的中断处理，并实现和其他系统之间的串行通信。实际上，其他类型的单片机也大都在内部集成上述的各项资源，只不过是数量多少、功能强弱不同而已，所以学会 MCS-51 单片机的使用，其他类型单片机的使用也就容易学习了。

当我们要设计开发的产品需要实现上述功能时，就可以选用 MCS-51 单片机，再配合相应的外围器件实现。

二、MCS-51 系列单片机的外部引脚

在单片机应用系统开发过程中，当选定了单片机型号后，在硬件电路板设计过程中，上述各种单片机的内部资源我们是看不到的，需要将单片机通过其外部引脚和其他外围器件连接起来，才能使用其内部资源完成我们所要求的功能。

所以，在进行硬件电路设计时，我们必须清楚要用的单片机都有哪些引脚，每一个引脚实现什么功能，具体需要怎么和外围器件相连接。

（一）MCS-51 系列单片机长什么样？

MCS-51 系列单片机总共定义了 40 个外部引脚，每个外部引脚在芯片上的具体位置和所用单片机的封装形式有关。芯片的封装形式可以简单地理解为芯片引脚的引出和排列方式，不同的封装形式引脚排列方式不同，特点不同，适用的场合也不同。MCS-51 系列单片机常用的封装形式如图 2-2 所示。

（1）PDIP 封装

PDIP 封装也称塑料双列直插封装，因在芯片两边有 2 列直插安装的引脚而得名。PDIP 封装是插装安装方式的芯片常用的封装方式，特点是引脚粗壮，排列较为稀疏，主要适用于引脚数量相对较少（从数个到数十个）且需要安装在插装电路板上的中小规模集成电路。

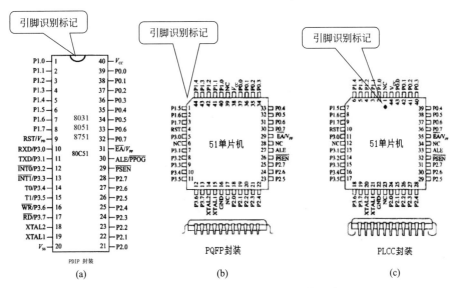

图 2-2 MCS-51 系列单片机常用封装形式

PDIP 封装芯片可以直接插装在电路板上，也可以插装在电路板的对应插座上，以方便更换。

采用双列直插封装的集成电路，其顶面一端有一个半圆形的凹坑或缺口［见图 2-2(a)］；其引脚排列顺序为半圆形的凹坑或缺口向上，左上角为其第 1 引脚，其他引脚排列方式为从第 1 引脚开始，沿芯片边缘按逆时针方向顺序排列［见图 2-2(a)］。比如图中所示的 MCS-51 系列单片机，共有 40 个引脚，则半圆形的凹坑或缺口向上，左上角为其第 1 引脚，左下角为第 20 引脚，右下角为第 21 引脚，右上角为第 40 引脚。

（2）PQFP 封装

PQFP 封装也称四边扁平封装，因其芯片四边都有引脚引出且整个芯片看上去比较扁平而得名。四边扁平封装引脚可以布置得比较细密，常用于引脚数量较多（可达 100 引脚以上）的大规模或超大规模集成电路的封装，当然也可以用于引脚数少的小规模集成电路。PQFP 封装是一种表面贴装芯片的封装形式，采用 PQFP 封装的集成电路，只能采用表面贴装方式贴装在电路板的表面。

PQFP 封装的 MCS-51 单片机芯片通常会切去一个角［见图 2-2(b)］作为引脚识别标记。将芯片正面朝上，按照逆时针方向，临近切角的为第 1 引脚，其他引脚沿芯片边缘按逆时针方向顺序排列［见图 2-2(b)］，图中标注为 NC 的引脚为空置不用的引脚。

（3）PLCC 封装

PLCC 封装也称 J 形引脚封装，因为其引脚在芯片的底面内弯，看起来像英文字母"J"。PLCC 封装的芯片既可以采用表面安装方式，直接焊接在电路板表面，也可以安装在相应的插座内，以方便更换。

PLCC 封装的 MCS-51 单片机芯片通常会切去一个角，并且正面的某边会有一个小的圆形凹坑或点状标记［见图 2-2(c)］，作为引脚识别标记；将芯片正面朝上，按照逆时针方向，正对标记的为第 1 引脚，其他引脚沿芯片边缘按逆时针方向顺序排列［见图 2-2(c)］，图中标注为 NC 的引脚为空置不用的引脚。

对于上述常见的封装形式，单片机应用产品开发人员必须能够熟练找到单片机的对应引脚，这既是硬件设计过程中绘制 PCB 图和元器件安装的需要，也是软、硬件联合调试过程所需要的。因为在单片机应用系统的联合调试过程中，常需测试单片机某个引脚的信号是否正常，此时，首先必须找到要测试引脚在芯片上的具体位置。各种芯片引脚的具体排列方式参见相应芯片的使用说明。

（二）MCS-51 系列单片机都有哪些引脚？

MCS-51 系列单片机无论采用哪种封装形式，其引脚都是相互兼容的，总共定义了 40 个引脚（PQFP 和 PLCC 封装形式虽然有 44 个引脚，但有 4 个引脚标注为 NC，是空置不用的引脚），这 40 个引脚的名称和功能需要记住。为便于记忆，MCS-51 系列单片机的 40 个引脚共分为四大类，分别是：

1. 电源引脚（2 个）

单片机就是一台计算机，其正常工作当然需要给它提供电源，因此单片机芯片上必然会有电源引脚。MCS-51 系列单片机定义了 2 个电源引脚，分别是第 40 引脚（V_{cc}）作为 +5V 电源信号的输入引脚，第 20 引脚（V_{ss}）作为地线信号输入引脚。MCS-51 单片机采用 +5V 直流电源供电。

2. 时钟引脚（2 个）

同所有的计算机工作类似，单片机的工作需要控制程序的执行才能完成，而程序是在时钟节拍控制下执行的，因此单片机芯片必须有时钟信号输入引脚。MCS-51 系列单片机提供两个时钟信号输入引脚，分别是第 18 引脚（XTAL2）和第 19 引脚（XTAL1）。

3. 信号输入、输出引脚（32 个）

如前所述，单片机主要应用在控制领域，单片机作为智能控制器的核心，必须能够输入外界参考信息，并根据确定的控制规律输出相应的控制信号。因此单片机引脚中数量最多的一类引脚就是信号的输入/输出引脚。MCS-51 系列单片机 40 个芯片引脚中就定义了 32 个输入/输出（input/output，I/O）引脚，并将这 32 个 I/O 引脚分成 4 组，称为 4 个并行 I/O 口，分别是：

P0 口：第 32～第 39 引脚共 8 个引脚，分别称为 P0.7～P0.0。

P1 口：第 1～第 8 引脚共 8 个引脚，分别称为 P1.0～P1.7。

P2 口：第 21～第 28 引脚共 8 个引脚，分别称为 P2.0～P2.7。

P3 口：第 10～第 17 引脚共 8 个引脚，分别称为 P3.0～P3.7。

注意：P3 口的 8 个引脚都是复用引脚，即每个引脚都有第二功能，具体如表 2-1 所示。

表 2-1　P3 口引脚第二功能表

引脚序号	第一功能名称	第二功能名称	第二功能含义
10	P3.0	RXD	串行通信的信号接收引脚。用于串行通信时接收对端传送过来的信号
11	P3.1	TXD	串行通信的信号发送引脚。用于串行通信时向对端发送信号
12	P3.2	$\overline{INT0}$	外部中断 0 的信号输入引脚。用于输入外部中断 0 的外部中断信号
13	P3.3	$\overline{INT1}$	外部中断 1 的信号输入引脚。用于输入外部中断 1 的外部中断信号
14	P3.4	T0	计数器 0 的脉冲输入引脚。用于输入外部的计数脉冲给内部的计数器 0
15	P3.5	T1	计数器 1 的脉冲输入引脚。用于输入外部的计数脉冲给内部的计数器 1
16	P3.6	$\overline{WR}$	外部存储器的写信号。用于控制外部存储器的数据写入
17	P3.7	$\overline{RD}$	外部存储器的读信号。用于控制外部存储器的数据读出

4. 控制引脚（4个）

（1）第 9 引脚 RST（复位信号输入端）

复位是所有计算机都需要的一个基本操作，如果仔细观察我们熟悉的 PC，就会发现台式计算机都有一个 "Reset" 按钮，这就是台式计算机完成复位的复位按钮。单片机同样需要进行复位操作，复位的作用主要包括两个方面：一是当单片机开始通电时，复位用来使单片机各内部组件具有一个确定的初始状态或者说完成单片机硬件状态的初始化；二是当单片机程序出现异常死机时，可以通过复位操作强行退出异常程序，重新启动单片机。

MCS-51 单片机的复位信号就通过第 9 引脚（RST）引入单片机，当此输入端保持两个机器周期（24 个振荡周期）的高电平时，就可以完成复位操作。

第 9 引脚也是一个复用引脚，该引脚的第二功能是 VPD，即备用电源输入端。用于当主电源发生故障，降低到规定的低电平以下时，为片内 RAM 提供备用电源，以保证存储在 RAM 中的信息不丢失。

（2）第 31 引脚 $\overline{EA}/V_{PP}$（访问外部存储器的控制信号/编程电源输入端）

该引脚也是一个复用引脚。

该引脚的第一功能称为 $\overline{EA}$（访问外部存储器的控制信号输入端）。当该引脚为高电平时，访问内部程序存储器，但当程序计数器的值超过 0FFFH（对 8051/80051/8751）或 1FFFH（对 8052）时，将自动转向执行外部程序存储器内的程序。当该引脚保持低电平时，只访问外部程序存储器，不管是否有内部程序存储器。

该引脚的第二功能称为 V_{PP}（编程电源输入端），用于 8751 片内 EPROM 编程时 12V 编程电源的输入。

（3）第 29 引脚 $\overline{PSEN}$（外部程序存储器读选通信号端）

该引脚低电平有效，用于选通外部 ROM，以便从外部 ROM 中读取指令执行。在执行访问外部 ROM 指令时，该引脚会自动产生低电平信号；而在访问外部数据存储器 RAM 或访问内部 ROM 时，该引脚则保持输出高电平。

（4）第 30 引脚 ALE/$\overline{PROG}$（地址锁存允许信号输出端/编程脉冲输入端）

该引脚也是一个复用引脚。

其第一功能称为 ALE（地址锁存允许信号输出端）。在访问外部存储器时，用来锁存由 P0 口送出的低 8 位地址信号；在不访问外部存储器时，ALE 以 1/6 振荡频率的固定速率输出脉冲信号。因此，它可用作对外输出的时钟，但要注意，只要外接有存储器，ALE 端输出的就不再是连续的周期脉冲信号。

该引脚的第二功能称为 $\overline{PROG}$（编程脉冲输入端），用于 8751 片内 EPROM 编程的脉冲输入端。

注意：

① 单片机由于芯片体积的限制，难以引出更多的引脚，为了满足实际使用的需求，MCS-51 系列单片机采用了**引脚复用**的方法来解决这一矛盾。所谓引脚复用就是为一个引脚定义不止一种功能，复用的功能通常称为该引脚的第二功能。

② 引脚名称上的横线表示该引脚低电平有效。

（三）MCS-51 单片机引脚如何使用？

1. 电源引脚的使用

MCS-51 单片机提供两个电源引脚以便向单片机供电，分别是第 40 引脚 V_{CC} 和第 20 引

脚 V_{SS}，这两个引脚的使用比较简单，将 V_{CC} 接+5V 直流电源的正极，V_{SS} 引脚接直流电源的地线即可。

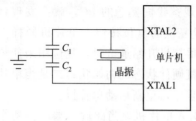

图 2-3 内部振荡方式

2. 时钟引脚的使用

MCS-51 单片机的第 18、19 引脚是单片机的时钟信号输入引脚，使用方式通常如图 2-3 所示。

图 2-3 中的微调电容 C_1、C_2 通常取 30pF 左右，以对振荡频率起微调作用。晶体振荡频率一般选取 1.2～12MHz，在不需要进行串行通信的情况下，通常多选 6MHz 或 12MHz 的晶振；在需要进行串行通信的情况下，多选 11.0592MHz，以便能够得到整数形式的通信波特率。

3. 控制引脚的使用

第 9 引脚（RST）作为复位引脚，用来从外部的复位电路输入复位信号以实现单片机的复位操作。MCS-51 单片机要求复位信号高电平有效，且有效持续时间必须在 24 个时钟周期以上，才能使单片机完成可靠的复位操作。

根据单片机复位信号产生的原因不同，可将单片机的复位分为上电复位、手动按键复位以及异常自动复位。使用较多的通常是将上电复位和手动按键复位组合在一起，如图 2-4 所示。

手动按键复位也是单片机应用系统中常见的一种复位形式，主要用于单片机系统的开发调试过程，或单片机系统程序运行异常时，按下按键使复位电路产生复位信号，以便单片机系统能够退出程序的异常状态。图 2-4 就包含了常见的单片机系统按键复位电路，读者可以参照所学的电路相关基础知识分析该电路的工作原理。

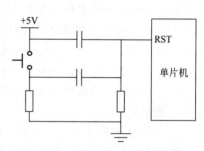

图 2-4 按键复位电路示意图

对于需要长期连续运行的单片机应用系统，控制程序的不完善或者应用现场电磁干扰的影响可能会导致随机性的程序运行异常，甚至导致单片机程序运行的死机或运行结果的不可预料（即通常所说的单片机程序的跑飞）。对于这样的情况，显然依靠按键的手动复位是不行的，而需要使系统在程序出现异常时自动复位，以退出程序的异常状态。单片机系统的异常自动复位常采用一种称为看门狗的电路。所谓看门狗电路是指一种能够对单片机程序的运行状态进行监控，并能在程序异常时自动产生单片机复位信号的电路芯片，英文名称为 Watch Dog，国内称为看门狗。图 2-5 所示就是某看门狗电路与单片机芯片相连接的示意图。

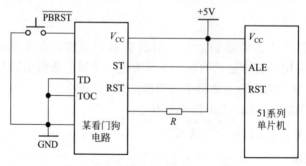

图 2-5 看门狗自动复位电路示意图

该看门狗复位电路的工作原理是：该电路提供单片机系统的按键复位和上电复位，并对单片机系统的供电电压和程序运行状态进行监控；当电源电压下降到低于预定值时，看门狗电路将产生有效复位信号对单片机进行复位；同时，当单片机程序运行出现异常时，看门狗电路也能自动产生复位信号对单片机进行复位。

总之单片机复位的具体电路多种多样，只要能够可靠产生单片机所要求的复位信号即可。注意：一是所产生复位脉冲的持续时间应满足单片机对复位信号的要求，这可以通过调整复位电路中相关电阻和电容的参数来保证，二是所设计的电路应具有较强的抗干扰性能，以防止因干扰而引起单片机的非正常复位。

4. $\overline{EA}$ 引脚的使用

$\overline{EA}$ 引脚的功能是控制 MCS-51 系列单片机对外部程序存储器的访问，在设计单片机系统的硬件电路板时，$\overline{EA}$ 引脚的使用方法是接高电平或接地。

当单片机系统只使用外部的程序存储器时，则应将 MCS-51 单片机的 $\overline{EA}$ 引脚接地。比如 8031 型号单片机，由于芯片内部没有程序存储器，只能使用单片机芯片外部的程序存储器，此时就应当将单片机的 $\overline{EA}$ 引脚接地。

当需要将单片机内部和外部的程序存储器一同使用时，则应当将单片机的 $\overline{EA}$ 引脚接高电平。比如 8751 型号的单片机芯片内部包含有 4KB 的程序存储器，但当系统的控制程序比较复杂时，仅单片机芯片内部的 4KB 存储器通常不能满足程序存储的要求，此时就要再为单片机配置外部的程序存储器，从而将单片机芯片内部和外部的程序存储器一同使用，在这种情况下就应当将单片机的 $\overline{EA}$ 引脚接高电平。

5. $\overline{PSEN}$ 引脚的使用

PSEN 引脚是 MCS-51 系列单片机的外部程序存储器读选通信号控制引脚，当需要读取外部程序存储器中的程序时，该引脚会自动输出低电平，以控制外部程序存储器将指定存储单元的内容送到和单片机相连接的数据总线上。在单片机应用系统的电路板设计中，该引脚应和外部程序存储器的"输出允许"（或 OE）引脚对应连接，如图 2-6 所示。

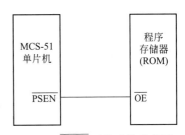

图 2-6　PSEN 引脚连接示意图

6. ALE 引脚的使用

ALE 引脚（地址锁存允许控制端）也是 MCS-51 单片机的一个控制引脚，其作用是控制地址锁存器锁存单片机 P0 端口输出的低 8 位地址信号。具体来说，MCS-51 系列单片机的 P0 口是低 8 位地址和数据总线的复用端口，在向单片机外部器件（比如扩展的数据存储器或输出口）写数据时，P0 口输出的既可能是低 8 位地址信息，也可能是数据信息。那么如何知道 P0 口输出的到底是地址信息还是数据信息呢？或者说如何将 P0 口输出的地址信息和数据信息区分开呢？

MCS-51 系列单片机的 ALE 引脚就是用来和地址锁存器相配合完成这个工作的。所谓地址锁存器就是普通的数据锁存器，因为此处主要用来锁存地址信息，所以称为地址锁存器。ALE 引脚的连接和使用方法如图 2-7 所示，将单片机的 P0 端口和地址锁存器的数据输入端相连，将单片机的 ALE 引脚和地址锁存器的锁存控制引脚 G 相连，当单片机 P0 口输出低 8 位地址信息时，ALE 同时输出高电平到和其相连的地址锁存器的锁存控制端，从而控制地址锁存器将 P0 口输出的地址信息锁存到锁存器的内部，并输出到地址锁存器的输出端，组成低 8 位地址；当 P0 口输出数据信息时，ALE 引脚同时自动输出低电平，由于地址

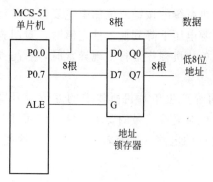

图 2-7　ALE 引脚连接示意图

锁存器的锁存控制端是高电平有效，因此锁存器输出端原来的低 8 位地址信息不会受到此时 P0 口输出的数据信息的影响。可见，如图 2-7 所示，通过 ALE 引脚和地址锁存器配合，从而实现了 P0 口输出的低 8 位地址信息和数据信息的分离。

7. I/O 引脚的使用

如前所述，I/O 引脚是 MCS-51 单片机中数量最多的一类引脚，共有 32 个，这 32 个引脚又分为 4 组，每组 8 个。4 组 I/O 引脚构成了 MCS-51 单片机的 4 个并行 I/O 口，分别称为 P0、P1、P2、P3 口，这 4 个并行 I/O 口构成了单片机对外部进行控制和信息交换的通道，单片机从外围器件输入信息，向外部器件输出控制信息都是通过这些 I/O 口完成的。

为了方便用户使用 I/O 口，MCS-51 的这 32 个 I/O 引脚既可以 8 个一组地按组使用，也可以一个个地单独使用。同时，每个引脚的内部结构既包括了输入数据缓冲电路，也包含数据输出的驱动和锁存电路，因此每个 I/O 引脚都是既可以作为信号的输入引脚，也可以作为信号的输出引脚，可由用户根据使用需要灵活选择。可见，MCS-51 单片机 I/O 引脚的使用方式非常灵活。同时，由于 4 个 I/O 口内部结构不尽相同，使用上也各有特点。通常的使用方式如下。

P0、P1、P2 和 P3 口均可用作一般 I/O 口，但在实际应用中，P0 和 P2 口多用于构建系统的地址总线和数据总线。具体来讲，P0 口用作构建 8 位数据总线和低 8 位地址总线，而 P2 口用来构建高 8 位地址总线；至于 P3 口，多发挥其第二功能；真正用作一般 I/O 口的往往是 P1 口。

需要注意的是：在用作输出口时，P0 口需要外接上拉电阻，以产生高电平；而 P1、P2 和 P3 口的输出端内部本身已经有上拉电阻。

用作输入口时，4 个口均必须先向其端口锁存器写"1"。

另外，P3 口在使用第二功能输出信号时，也应先把对应的锁存器置"1"。

三、MCS-51 系列单片机的最小系统

单片机最小系统是指能够维持单片机运行的最简配置。实际的单片机应用系统，都可以看作根据功能需求在最小系统的基础上扩展而成，因此，对于单片机应用系统的硬件电路设计，首先需要了解单片机最小系统的配置和组成。

不同内部配置的单片机所需最小系统的配置也不相同，通常可以分成两种不同的情况。

（1）内部包含程序存储器（ROM）的单片机最小配置

内部含有程序存储器的单片机，其最小配置包括单片机和外围的电源、复位电路、时钟电路等部分，如图 2-8 所示。

（2）内部无程序存储器（ROM）的单片机最小配置

对于内部没有程序存储器的单片机，其应用系统的最小配置不仅需要有基本的电源电路、复位电路、时钟电路，还必须配置外部的程序存储器。具体配置如图 2-9 所示

现在使用的 MCS-51 单片机内部基本都包含 flash 程序存储器，通常不需要外部扩展。因此，大家只要知道内部含有程序存储器的单片机最小系统构成就可以了。

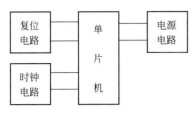

图 2-8　内部有 ROM 的单片机最小
　　　　系统配置示意图

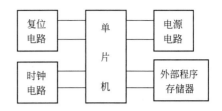

图 2-9　内部无 ROM 的单片机最小
　　　　系统配置示意图

任务三　初步熟悉 MCS-51 系列单片机的控制程序编写

单片机应用系统的开发，需要编写相应的控制程序，以协调和控制单片机及其外围器件的工作。单片机控制程序主要是通过相应的指令，使用和控制单片机内部的相关资源以及外部引脚。

一、MCS-51 系列单片机的存储空间

在单片机程序的编制过程中，必须正确使用单片机的各种存储空间，因为单片机的控制程序和程序运行的相关数据都存储在相应的存储空间中。存储空间使用错误时，必然导致控制程序运行异常。

（一）MCS-51 系列单片机存储空间总体情况

不同型号的单片机存储空间配置和使用方式不同，MCS-51 系列单片机的存储空间配置如图 2-10 所示。

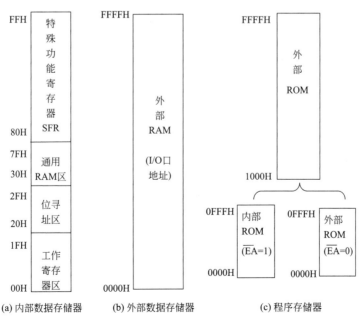

图 2-10　MCS-51 单片机存储器结构

图 2-11 低 128B 内部 RAM 使用示意图

如图 2-10 所示,从用途来看,MCS-51 系列单片机能够使用的存储空间包括数据存储器和程序存储器两大部分。

① 数据存储器:主要用来存储程序运行所产生的中间数据,以及单片机预先定义的功能寄存器,是编程时要经常使用的。数据存储器通常使用静态 RAM 实现,既可以根据程序运行需要,随时将数据存入数据存储器(此过程称为数据存储器的"写"),也可以根据程序运行的需要,随时将数据从数据存储器中取出来使用(此过程称为数据存储器的"读")。所以,数据存储器既可以"读",也可以"写"。

MCS-51 单片机一般在片内配置有 256 字节的数据存储器,对应地址为 00H~FFH。这 256B RAM 在使用上又分成两大部分:低 128B 和高 128B。其中,低 128B 为用户 RAM 区,供用户自由使用;高 128B 是特殊功能寄存器区,用来存放单片机所定义的各种特殊功能寄存器,分别介绍如下:

MCS-51 单片机片内的低 128B 又分成 3 个不同的功能区使用,如图 2-11 所示。其中 00H~1FH 共 32 个存储单元为工作寄存器区,存放单片机所定义的 4 组工作寄存器,每组 8 个寄存器各占 8 个存储单元。通过 PSW 寄存器的 RS0 和 RS1 两位可以选择其中的一组作为当前的工作寄存器组,具体选择方法详见本书关于 PSW 寄存器的介绍。

20H~2FH 共 16 个存储单元定义为位寻址区。位寻址区是指这部分单元不仅每个存储单元有自己的字节地址,而且每一位都有指定的地址,即位地址,如表 2-2 所示。

表 2-2 片内 RAM 位寻址区位地址分配表

字节地址	位地址							
	第 7 位	第 6 位	第 5 位	第 4 位	第 3 位	第 2 位	第 1 位	第 0 位
2FH	7FH	7EH	7DH	7CH	7BH	7AH	79H	78H
2EH	77H	76H	75H	74H	73H	72H	71H	70H
2DH	6FH	6EH	6DH	6CH	6BH	6AH	69H	68H
2CH	67H	66H	65H	64H	63H	62H	61H	60H
2BH	5FH	5EH	5DH	5CH	5BH	5AH	59H	58H
2AH	57H	56H	55H	54H	53H	52H	51H	50H
29H	4FH	4EH	4DH	4CH	4BH	4AH	49H	48H
28H	47H	46H	45H	44H	43H	42H	41H	40H
27H	3FH	3EH	3DH	3CH	3BH	3AH	39H	38H
26H	37H	36H	35H	34H	33H	32H	31H	30H
25H	2FH	2EH	2DH	2CH	2BH	2AH	29H	28H
24H	27H	26H	25H	24H	23H	22H	21H	20H
23H	1FH	1EH	1DH	1CH	1BH	1AH	19H	18H
22H	17H	16H	15H	14H	13H	12H	11H	10H
21H	0FH	0EH	0DH	0CH	0BH	0AH	09H	08H
20H	07H	06H	05H	04H	03H	02H	01H	00H

由于位寻址区的每一位都有位地址，因此位寻址区每个存储单元的数据不仅可以8位一起操作，也可以一位一位地操作。在实际使用过程中有两种不同的方法可以指定要操作的位：一是用字节地址的第几位指定要操作的位，如22H.6表示要操作的是22H存储单元的第6位，而2AH.3表示要操作的是2AH存储单元的第3位；二是直接指定要操作的位地址，如22H存储单元的第7位也可直接用其位地址16H来指定，而2AH存储单元的第4位则可用其位地址53H来指定。

MCS-51单片机内部RAM的30H～7FH共80个存储单元为用户RAM区，供用户自由使用。通常将堆栈开辟在用户RAM区中，并用堆栈栈顶指针SP来确定堆栈在用户RAM区中的位置。堆栈的相关概念详见本项目的拓展部分。

MCS-51单片机内部RAM的80H～FFH是高128B，这部分内存是特殊功能寄存器（SFR）的存储区域。MCS-51单片机共定义了21个特殊功能寄存器，所谓特殊功能寄存器是和用户工作寄存器相对而言的，是指这些寄存器的功能是单片机预先定义好的，每个寄存器都有其特定的用途。

② 程序存储器：主要用来存放开发完成的可执行程序和常数表格。单片机工作必须要有控制程序，但不像计算机的程序可以存储在硬盘或光盘中，单片机的程序主要存储在程序存储器中，单片机的程序存储器早期使用较多的有一次性的ROM、EPROM、EEPROM等半导体存储器，现在使用较多的是flash存储器，即常说的闪存。不同于数据存储器，程序存储器在程序运行过程中只能"读"，不可以"写"。

从物理结构角度讲，MCS-51单片机的存储空间分成4个不同的部分，分别是内部数据存储器（内部RAM）、外部数据存储器（外部RAM）、内部程序存储器（内部ROM）、外部程序存储器（外部ROM）。单片机所使用的数据存储器和程序存储器的每一个存储单元都有一个事先指定好的编号，用来区分不同的存储单元，存储单元所对应的编号称为存储单元的地址。单片机程序通过地址找到相应的存储单元，进而实现对存储单元的"读"或者"写"。

从编程的角度来看，MCS-51单片机的整个存储空间可以分为3个不同的子空间：

① 片内、片外统一编址的64KB的程序存储器地址空间：0000H～FFFFH（用16位地址）。其中，0000H～0FFFH为片内4KB的ROM地址空间，1000H～FFFFFH为外部ROM地址空间。

② 256B的内部数据存储器地址空间（用8位地址）：00H～FFH，分为两大部分。其中，00H～7FH（共128B单元）为内部静态RAM的地址空间，80H～FFH为特殊功能寄存器的地址空间，21个特殊功能寄存器离散地分布在这个区域。

③ 64KB的外部数据存储器地址空间（用16位地址）：0000H～FFFFFH，包括扩展I/O地址空间。

需要注意的是：MCS-51系列单片机存储空间的4个物理组成部分在地址上是重叠在一起，不加以区分的，地址范围都是0000H～FFFFFH，但是在编程过程中，必须加以区分。

那么在编程使用存储空间时，又如何区分所使用的不同存储器呢？方法如下：

（二）MCS-51单片机存储空间的使用

（1）汇编语言程序如何使用不同的存储空间？

汇编语言程序中使用不同操作指令来区分所使用的不同存储空间：

使用内部数据存储器（内部RAM）时，使用的操作指令是MOV。

使用外部数据存储器（外部 RAM）时，使用的操作指令是 MOVX。

使用程序存储器（不论内部、外部）时，都使用操作指令 MOVC。

由于访问单片机内、外部程序存储器使用的指令相同（MOVC），内、外部程序存储器的区分主要依靠单片机外部 $\overline{EA}$ 引脚的配合，区分方法是：当 $\overline{EA}$ 引脚接低电平时，MCS-51 单片机只使用外部的程序存储器；当 $\overline{EA}$ 引脚接高电平时，MCS-51 单片机首先使用内部的程序存储器；当所要执行指令的地址超出内部程序存储器的地址范围时，自动延伸到使用外部程序存储器。

（2）C51 语言程序如何使用不同的存储空间？

MCS-51 系列单片机可以采用 C51 高级语言进行编程，对应于 MCS-51 单片机不同的存储空间。C51 编程语言相对于通用 C 语言增加了数据存储类型的概念，不同的数据存储类型表示了该数据将存储于单片机哪部分存储空间中。使用 C51 语言编程时，通过定义不同的数据存储类型来区分使用的不同存储空间，具体如表 2-3 所示。

表 2-3　C51 语言程序数据存储类型和对应的存储空间一览表

序号	数据存储类型	对应地址范围	所使用的存储空间
1	data	00H～7FH	片内直接寻址的 RAM 存储空间
2	bdata	20H～2FH	片内位寻址的 RAM 存储空间
3	idata	00H～FFH	片内间接寻址的 RAM 存储空间
4	xdata	0000H～FFFFH	片外 RAM 存储空间
5	code	0000H～FFFFH	片、内程序存储器空间

所以，无论使用汇编语言编程，还是使用 C51 语言编程，都必须注意区分 MCS-51 单片机的存储空间，并正确使用。

二、MCS-51 系列单片机的常用寄存器

控制程序对 MCS-51 单片机各种内、外部资源的控制和使用是通过在程序中对相应寄存器的操作来完成的，因此，在开始编程之前，必须先对 MCS-51 单片机的寄存器有所了解。对于单片机控制程序的编写，寄存器就像是我们烹饪的原材料，所谓"巧妇难为无米之炊"，可以说，不了解单片机的内部寄存器，就无法进行单片机控制程序的编写。

（一）MCS-51 单片机的特殊功能寄存器

在单片机应用系统中，控制程序是通过相应的寄存器完成对单片机硬件资源的控制和操作的。MCS-51 单片机中，预先定义了一些专门完成相关硬件操作的寄存器，这些寄存器的功能预先定义不能修改，称为特殊功能寄存器（special function register，SFR）。

MCS-51 单片机共定义了 21 个特殊功能寄存器（SFR），如表 2-4 所示。

表 2-4　MCS-51 单片机特殊功能寄存器一览表

序号	寄存器符号	对应 RAM 地址	寄存器名称	位长	复位时初始值	备注
1	P0	80H	并行端口 0 寄存器	8	FFH	能够位寻址
2	P1	90H	并行端口 1 寄存器	8	FFH	能够位寻址
3	P2	A0H	并行端口 2 寄存器	8	FFH	能够位寻址

续表

序号	寄存器符号	对应 RAM 地址	寄存器名称	位长	复位时初始值	备注
4	P3	B0H	并行端口 3 寄存器	8	FFH	能够位寻址
5	SP	81H	堆栈指针寄存器	8	07H	
6	DPL	82H	DPTR 寄存器的低 8 位	8	00H	
7	DPH	83H	DPTR 寄存器的高 8 位	8	00H	
8	PCON	87H	电源控制寄存器	8	00H	
9	SCON	98H	串行控制寄存器	8	00H	能够位寻址
10	SBUF	99H	串行数据缓冲寄存器	8	不定	
11	TCON	88H	定时器控制寄存器	8	00H	能够位寻址
12	TMOD	89H	定时器方式选择寄存器	8	00H	
13	TL0	8AH	定时器 0 低 8 位初值	8	00H	
14	TL1	8BH	定时器 1 低 8 位初值	8	00H	
15	TH0	8CH	定时器 0 高 8 位初值	8	00H	
16	TH1	8DH	定时器 1 高 8 位初值	8	00H	
17	IE	A8H	中断允许控制寄存器	8	0xx000000B	能够位寻址
18	IP	B8H	中断优先级控制寄存器	8	xxx00000B	能够位寻址
19	PSW	D0H	程序状态字寄存器	8	00H	能够位寻址
20	ACC	E0H	累加器	8	00H	能够位寻址
21	B	F0H	辅助寄存器	8	00H	能够位寻址

（二）几个常用的寄存器

作为编程的基础，我们先了解几个常用的寄存器，其他的寄存器在使用的时候再去了解和学习。MCS-51 单片机常用的几个主要寄存器如表 2-5 所示。

表 2-5　MCS-51 系列单片机常用寄存器一览表

序号	寄存器名称	存放的存储器空间	主要用途
1	R0～R7	内部 RAM 的通用寄存器区	通用工作寄存器
2	A	内部 RAM 的特殊功能寄存器区	累加器
3	B		辅助寄存器
4	PC		程序指针寄存器
5	DPTR		数据指针寄存器
6	PSW		程序状态字寄存器

下面我们来学习上述常用寄存器的具体使用方法。

（1）通用工作寄存器 R0～R7

MCS-51 单片机定义了 32 个工作寄存器，这 32 个工作寄存器分为 4 组，分别为第 0 组、第 1 组、第 2 组、第 3 组，每组 8 个。每组的 8 个工作寄存器分别称为 R0～R7，如表 2-6 所示，每个工作寄存器都是 8 位寄存器。

表 2-6　MCS-51 单片机所定义的工作寄存器

组号	工作寄存器	对应的内存地址
0	R0～R7	00H～07H
1	R0～R7	08H～0FH
2	R0～R7	10H～17H
3	R0～R7	18H～1FH

需要注意的是：MCS-51 系列单片机所定义的 4 组工作寄存器的名称是相同的，都是 R0～R7，也就是说从寄存器的名称上是看不出来属于哪一组的，但不同组的寄存器对应的内存地址不同，在编程时必须要明确自己使用的是哪一组工作寄存器。

（2）累加器 A

累加器 A 也称 ACC，是 MCS-51 单片机中使用最多的一个 8 位寄存器。累加器 A 的用途主要包括两个方面：一是作为一个操作数参与算术运算，并保存算术运算的结果；二是作为程序中数据传输的中转站。

（3）辅助寄存器 B

辅助寄存器 B 主要用于辅助累加器 A 完成 MCS-51 单片机的乘法和除法运算。在进行乘法和除法运算时，辅助寄存器 B 既作为其中的一个操作数参与运算，也保存一部分乘法和除法运算后的结果。具体用法是：

① 在做乘法运算时，累加器 A 和辅助寄存器 B 中分别存放两个操作数，乘法运算完成后，累加器 A 中保存乘积的低 8 位，辅助寄存器 B 中保存乘积的高 8 位。（注意：两个 8 位二进制数相乘所得乘积是有可能超过 8 位二进制数的表示范围的，因此，乘积有高 8 位和低 8 位之分。）

② 在做除法运算时，需要把被除数放入累加器 A 中，把除数存入辅助寄存器 B 中，除法运算完成后，所得的商将会存于累加器 A 中，所得的余数将会存于辅助寄存器 B 中。

（4）程序计数器 PC

程序计数器 PC 是 MCS-51 单片机中定义的一个 16 位寄存器，用来保存将要执行的下一条指令的地址。在程序执行过程中，PC 的值会随着程序的执行自动变化，始终指向将要执行的下一条指令的地址。MCS-51 单片机的 CPU 正是通过 PC 的值找到下一条需要执行的指令，并将找到的指令从程序存储器中取出，读入到 CPU 中去执行。

PC 的值是自动变化的，不需要用户在程序中进行显性控制。

（5）数据指针寄存器 DPTR

数据指针寄存器 DPTR 是 MCS-51 单片机中唯一给用户编程使用的 16 位寄存器（用户程序中使用的其他寄存器都是 8 位的）。DPTR 在程序中一是用作查表指令，使用 DPTR 指向 ROM 中表格的基地址；二是操作外部 RAM 时，用 DPTR 指向要操作的外部 RAM 存储单元的地址。

（6）程序状态字寄存器 PSW

程序状态字寄存器 PSW 是 MCS-51 单片机内部用来保存程序运行状态的一个 8 位寄存器，各位定义如表 2-7 所示。

表 2-7　程序状态字寄存器 PSW 各位的定义

类别	PSW.7	PSW.6	PSW.5	PSW.4	PSW.3	PSW.2	PSW.1	PSW.0
对应标志	Cy	AC	F0	RS1	RS0	OV	/	P

各位的具体含义如下：

- Cy 或 c——进位标志位。

Cy 是 PSW 中最常用的标志位，有两个功能：一是在执行加、减法运算时，运算结果最高位（第 7 位）如果有进位或借位，则 Cy 位置"1"，如果无进位或借位，则 Cy 位清"0"。注意：Cy 的置 1 或清 0 是由硬件自动完成的。二是在进行位操作时，作为布尔累加器使用，相当于进行字节操作的累加器 A。

- AC——半进位标志位，也称辅助进位标志。

当执行加减运算时，如果有低半字节（即低 4 位）向高半字节（即高 4 位）进位或借位时，AC 位由硬件自动置"1"，否则 AC 被自动清"0"。在进行十进制数运算时需要十进制调整，要用到 AC 位状态来判定是否需要修正。

- F0——用户标志位。

用户可以根据自己的需要对 F0 位用软件置位或复位；用户程序可以对它进行检测，以控制程序的转向。

- RS1 和 RS0——工作寄存器组选择位。

由用户设置 PSW 寄存器中的 RS1 和 RS0 位的值来确定当前寄存器组。用户在程序编制过程中可以根据自己的需要，随时选择 4 组工作寄存器中的任何一组作为当前工作寄存器组。具体选择方法如表 2-8 所示。

表 2-8　工作寄存器组选择

RS1	RS0	选中的寄存器组	R0～R7 地址
0	0	组 0	00～07H
0	1	组 1	08～0FH
1	0	组 2	10～17H
1	1	组 3	18～1FH

选中的当前工作寄存器组占用 8 个地址单元，其他 24 个地址单元可用来存放数据。

8051 上电复位后，RS1、RS0 均为 0，即自动选择第 0 组为当前工作寄存器组，或者说自动设定工作寄存器 R0～R7 的物理地址为 00～07H。

- OV——溢出标志位。

在带符号的加减运算中，如运算结果超出 $-128 \sim +127$ 的范围（累加器 A 能表示的符号数有效范围）时称为溢出，此时 OV 位由硬件自动置 1，表示产生了溢出；OV=0 表示无溢出产生。

在乘法运算中，OV=1 表示乘积超过 255，即乘积分别存在 B 与 A 中；OV=0 表示乘积只存在 A 中。

在除法运算中，OV=1 表示除数为 0，即除法不能进行；OV=0，表示除数不为 0，即除法可进行。

- P——奇偶校验标志位。

表示累加器 A 中 1 的个数的奇偶性，每条指令执行完后，由硬件判断累加器 A 中 1 的个数，如果 A 中有奇数个"1"，则置 P 为 1，否则置 P 为 0。该位常用于校验串行通信中的数据传送是否出错。

注意：PSW 寄存器中 PSW.1 位暂时没有定义，即该位暂时不用。

三、MCS-51 系列单片机的汇编语言程序书写规范

MCS-51 单片机作为一种常用的功能较为简单的单片机，其控制程序常采用汇编语言编写。相对于高级语言，汇编语言语法简单、容易学习，且反映的单片机控制和动作过程清晰，易于软件和硬件之间的联合调试。

（一）汇编指令的书写格式

汇编语言程序由单片机的汇编指令按照一定的功能要求和书写格式罗列而成，因此，在编写汇编程序之前必须首先了解汇编指令书写的格式要求。MCS-51 单片机的汇编指令由操作码和操作数两部分组成，一般格式如下：

操作码 操作数1，操作数2，操作数3

其中，操作码由指令的对应助记符表示，表示了该指令的操作功能，如操作码 MOV 表示该指令功能是数据的传送或移动，操作码 ADD 则表示该指令功能是完成加法运算。

操作数表示该指令要操作的数据。例如，加法运算完成两个数相加，需要有两个进行加法运算的数据，这两个数据就称为操作数。根据指令功能的不同，一条指令中的操作数可以是0个、1个、2个、3个。

在书写汇编指令时，一条指令的操作码和操作数之间要用空格符号隔开，不同的操作数之间要用英文的逗号隔开。下面就是一条完整的汇编指令：

ADD A,♯03H

该指令中的 ADD 是操作码，后面的 A 和♯03H 就是指令的两个操作数，整条指令的功能是将累加器 A 中的数据和十六进制数 03H 相加，并将相加的和保存到累加器 A 中。

（二）汇编语句及其书写要求

实际单片机系统的汇编语言程序是由汇编语句组成的，汇编语句的一般书写格式如下：

语句标号：   **汇编指令**；语句注释

由于汇编指令又由操作码和操作数构成，因此汇编语句的书写格式也可表示如下：

语句标号：   **操作码**   操作数1，操作数2，操作数3；语句注释

各组成部分说明如下：

（1）语句标号

语句标号位于汇编语句的开头，是该条语句的一个代表符号，实际上代表了该条指令操作码在程序存储器中的首地址。

语句标号在汇编程序中常用来标明程序段的首地址或作为转移指令的目的地址。

按照规定，语句标号由 1~8 个英文字母或数字组成，但必须以字母开头，语句标号中可以出现下划线符号 "_"，但不能出现短杠符号 "-"，同时语句标号不能与指令助记符、寄存器符号重名，比如以下符号是正确的语句标号：

B123   abc_1   LLL   KKK

但下面几个符号就不是正确的语句标号：

A   （语句标号不能与寄存器同名）
12M   （语句标号不能以数字开头）
B-1   （语句标号中不能出现 - 符号）
ADD   （语句标号不能与指令助记符同名）

在实际编程过程中，常采用描述程序段功能的英文单词作为语句标号，以增加程序的可读性。比如以 start 作语句标号表示程序段的开始，以 LOOP 作语句标号表示循环程序段等。

（2）操作码

操作码表示汇编语句的操作功能，用相应指令的助记符表示。

（3）操作数

操作数是完成指令功能所需要的数据来源，不同的指令所需操作数的数目也不同，可以是 0，1，2，3 等不同的数目。

（4）注释

注释是对所在语句功能的说明，主要是为了增加程序的可读性，而不会被单片机执行。

需要注意的是：

① 汇编语句 4 个组成部分之间的分隔符号不能混淆写错，否则将会引起语句的语法错误，各部分之间的分隔符号分别是：

语句标号与操作码之间用英文冒号（:）分隔开。

操作码和操作数之间用英文空格符号（ ）分隔开。

操作数之间用英文逗号（,）分隔开。

注释和前面内容之间用英文分号（;）分隔开。

② 在汇编语句的 4 个组成部分中，操作码部分是必不可少的，其他 3 个组成部分（语句标号、操作数、注释）根据实际的需要可有可无。

四、C51 语言的基础知识

C51 语言是在通用 C 语言基础改进而来。通用 C 语言是一种使用非常普遍的计算机高级编程语言，具有控制能力强、可移植性好等优点；但 C 语言的语法较为复杂，愿意学习单片机 C 语言编程的学习者，可以先自行学习 C 语言的相关知识。本书不再讲述普通 C 语言的基本语法知识。

通用的 C 语言并不能直接用于 MCS-51 单片机的编程，因为通用的 C 语言并不具备单片机硬件资源的操作能力。因此，为了将 C 语言用于 MCS-51 单片机的编程，人们对普通的 C 语言进行了针对性的改造，改造的语言被称为 C51 语言。

C51 语言保留了通用 C 语言的基本数据类型和主要语法规则，主要做了如下 3 个方面的改造。

1. C51 语言增加了新的数据类型

为了支持对 MCS-51 单片机各个特殊功能寄存器进行直接操作，以及对部分存储单元的按位操作，C51 语言在 C 语言原有数据类型的基础上，增加了部分新的数据类型，如表 2-9 所示。

表 2-9　C51 语言新增的数据类型一览表

序号	数据类型名称	主要用途
1	bit	用于对 MCS-51 单片机内存中位进行操作
2	sbit	用于对 MCS-51 单片机特殊功能寄存器的位进行操作
3	sfr	用于对 MCS-51 单片机 8 位特殊功能寄存器进行操作
4	sfr16	用于对 MCS-51 单片机 16 位特殊功能寄存器进行操作

2. C51 语言增加了数据存储类型的概念

由于 MCS-51 单片机的存储空间按物理结构分为片内 RAM、片外 RAM、片内 ROM、片内 ROM 4 个不同的部分，为了让单片机知道程序中所用到的每一个数据到底保存在什么地方，C51 语言对数据和变量增加了存储类型的概念。数据的存储类型用来标注数据对应的物理存储空间位置。

C51 语言所定义的主要数据存储类型如表 2-3 所示。

3. C51 语言增加了对单片机中断的控制

中断几乎是所有单片机都提供的一种信息处理机制，主要用来提高 CPU 的工作效率，并对外部紧急事件做出快速响应。为了满足 MCS-51 单片机应用系统中中断的使用，C51 语言在通用 C 语言的基础上增加了对单片机中断的控制方法，具体如下。

C51 语言以专门的中断处理函数完成对中断的处理，中断处理函数的定义方法如下：

函数类型　函数名(形式参数表)[interrupt n] [using n]

上述定义中，关键字 interrupt 表示该函数是一个中断处理函数；interrupt 后面的 n 是中断号，取值为 0～4，用来表示该中断处理函数要处理的是 MCS-51 单片机的哪一个中断。中断号 n 和中断的对应关系如表 2-10 所示。

表 2-10　C51 语言中断号和单片机实际中断的对应关系

中断号	对应单片机中断
0	外部中断 0
1	定时器 0
2	外部中断 1
3	定时器 1
4	串行通信口

using n 中的 n 是所使用的工作寄存器组号，用于指定某组工作寄存器，以便保护和恢复现场。

C51 语言的中断处理函数定义和使用的具体方法在本书后面讲到中断处理时还会有详细的讲解。

五、单片机中的程序是如何执行的？

单片机应用系统的控制程序可以用汇编语言编写，也可以用像 C51 这样的高级语言编写。那么编写完成的单片机应用系统的控制程序又是如何在单片机中执行的呢？

首先，我们编写完成的单片机控制程序经过开发平台的编译过程后，就被翻译成了二进制代码形式的可执行机器代码，并被保存在单片机的程序存储器（各种形式的 ROM 或 flash）中。在程序存储器中，不同的可执行代码存放在不同地址的存储单元中。

而后，当单片机上电或复位后，单片机就会在时钟节拍的控制下，通过相应存储单元的地址找到所需执行指令所在的存储器存储单元，并从相应存储单元中取出相应的指令代码到 CPU 中执行。具体的程序执行过程一般包括从程序存储器中取指令、分析指令功能、取指令操作数（如果需要的话）、执行指令、存储指令执行结果等主要过程。

其中，如果指令执行时需要操作数，单片机是通过指令书写形式先确定操作数在存储器中的存储单元地址，再通过存储单元地址找到所需要的操作数，通过指令书写形式确定操作数存储单元地址的方式，称为单片机的指令操作数寻址方式。不同的单片机，可能所定义的指令操作数寻址方式相同。同一型号的单片机，为了指令使用的方便和灵活，也可能定义不止一种寻址方式，比如，MCS-51系列单片机，就定义了7种不同的指令操作数寻址方式。MCS-51单片机指令操作数寻址方式的详细讲解，可以观看本书配套的微课视频。

单片机执行程序是需要耗费一定的时间，单片机执行程序的快慢又是如何确定的呢？这里涉及几个与执行程序相关的时间概念，分别是：

（1）时钟周期

时钟周期又叫作振荡周期、节拍周期，是计算机中最基本的、最小的时间单位，在一个时钟周期内，计算机的 CPU 仅完成一个最基本的动作。

时钟周期在数值上等于时钟晶振频率的倒数。如果系统的晶振频率是 12MHz，则时钟周期为 $1/12\mu s$。

（2）机器周期

在计算机中，为了便于管理，常把一条指令的执行过程划分为若干个阶段，每一阶段完成一项基本工作，每一项工作称为一个基本操作，完成一个基本操作所需要的时间称为机器周期。

通常，一个机器周期又可进一步划分成若干个更为细化的状态周期。比如 MCS-51 单片机的机器周期，就进一步划分成 6 个状态周期，每个状态周期由 2 个时钟周期组成，因此，MCS-51 单片机的机器周期、状态周期和时钟周期之间具有如下对应关系：

$$1 个机器周期 = 6 个状态周期 = 12 个时钟周期$$

例如：某 MCS-51 单片机应用系统所用晶振的频率是 12MHz，则该系统的一个时钟周期为 $1/12\mu s$，而一个状态周期是 $1/6\mu s$，一个机器周期是 $1\mu s$。

（3）指令周期

指令周期是指计算机取出并完成一条指令所需的时间。由于不同指令执行的复杂程度不同，不同指令的执行完成需要花费的时间长短也会不同，即不同指令的指令周期可能不同。通常用指令周期中所包含机器周期的个数表示指令周期的长短，因此，通常按照单片机指令周期的不同，分成单周期指令、双周期指令和多周期指令。

MCS-51单片机所定义的各条指令的指令周期见附录1。

任务四　构建 MCS-51 系列单片机开发环境

一、了解开发环境的组成

单片机应用系统的开发主要包括硬件电路板的设计，控制程序的编写以及软、硬件联合调试。在此过程中，需要有相应的工具软件和平台才能完成相应的工作，因此，单片机应用的开发必须构建相应的产品开发环境。

实际单片机应用系统开发环境的组成主要包括装有相应工具软件的电脑、硬件电路板、电源等，电烙铁、万用表、示波器等。

电脑中需要安装的常用工具软件主要包括：

① 硬件电路板设计软件，用于完成硬件电路板的原理图设计和 PCB 图设计，常用的硬件电路设计软件包括 Protel 等。

② 控制程序编译软件，用于控制程序的编写和调试。对于 MCS-51 单片机控制程序的编写和调试，常用的工具软件是 Keil 软件开发平台，该软件是一个集成化的程序开发环境，内部集成了 MCS-51 单片机控制程序的编写、编译、仿真调试等功能。

二、构建可用的 MCS-51 单片机开发学习环境

如果你现在是在开发 MCS-51 单片机应用产品的公司，那么恭喜你，公司会为你构建好相应的 MCS-51 单片机开发环境。

如果你是学校的学生或者准备自己学习单片机应用产品的开发，那么则需要你自己动手搭建一个单片机开发的学习环境。此时你需要做的准备工作包括：

① 准备一台能够随时上网的电脑，一方面用来安装相应的工具软件，一方面当学习过程中遇到问题时，可以随时上网查阅资料，并随时总结记录自己学习过程中遇到的问题，对学习成果及时总结。

② 在电脑中下载并安装好 Keil 软件或者 Proteus 软件，以便进行程序的编写和调试。同时，在电脑中准备一款 ISP 程序下载软件。

安装好的 Keil 软件运行界面如图 2-12 所示。

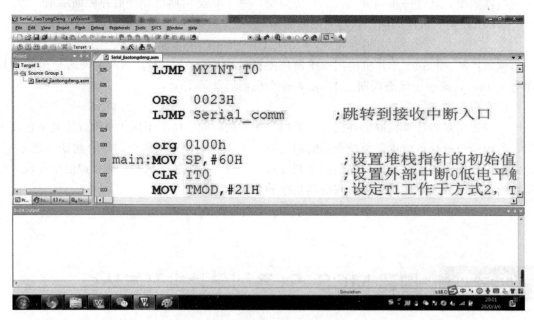

图 2-12　Keil 软件运行界面

安装好的 Proteus 运行界面如图 2-13 所示。

Keil 和 Proteus 两款软件都能实现单片机控制程序的编写、编译和仿真运行，但是 Keil 只能通过单片机输出引脚的电平状态简单观察程序运行的效果，而 Proteus 仿真软件则可以实现原理图仿真，可以更为直观地观察仿真程序的运行效果。

③ 购买一块 MCS-51 单片机开发板。很多开发板会随板带有相应的光盘，光盘中通常带有常用的工具软件。

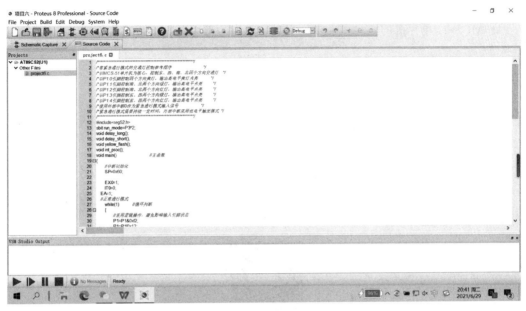

图 2-13 Proteus 仿真软件运行界面

④ 也可以准备一本 MCS-51 单片机相关的书籍，以便随时查找相关的基础知识。

上述准备做好后，基本的 MCS-51 单片机学习环境就构建起来了，接下来就让我们正式开始单片机的学习！

项目总结

本项目主要是对 MCS-51 单片机使用的初步了解，通过本项目的学习，应该重点掌握如下几个方面的知识。

① MCS-51 单片机的外部引脚及其功能。
② MCS-51 单片机的存储空间及其使用方法。
③ MCS-51 单片机的主要寄存器及其功能。
④ MCS-51 单片机汇编语言程序书写的规范要求。
⑤ MCS-51 单片机开发环境的组成及构建方法。

自测练习

一、填空题

（1）MCS-51 单片机共有_____个外部引脚。

（2）P2 口通常用作_____位地址线，也可以作通用的 I/O 口使用。

（3）MCS-51 单片机 CPU 与外部 RAM 进行数据传输时，应使用_____指令。

（4）MCS-51 单片机 CPU 与内部 RAM 进行数据传输时，应使用_____指令。

（5）MCS-51 单片机 CPU 读取 ROM 中的数据时，应使用_____指令。

（6）MCS-51 复位后程序计数器 PC 的值是_____。

（7）MCS-51 单片机共有_____组工作寄存器，复位后自动选择_____组作为当前的工作寄存器。

二、选择题

（1）MCS-51 单片机的_____口的引脚，具有外部中断、串行通信等第二功能。

A. P0　　　　　　　　　　　B. P1

C. P2　　　　　　　　　　　D. P3

（2）单片机应用程序一般存放在_____中。

A. RAM　　　　　　　　　　B. ROM

C. 寄存器　　　　　　　　　D. CPU

三、简答题

（1）MCS-51 单片机的最小系统主要由哪些部分组成？

（2）MCS-51 单片机的存储空间主要由哪几部分组成？在空间地址重叠的情况下，MCS-51 单片机如何在使用过程中区分不同的存储空间？

参考答案

项目三 点亮一盏指示灯

有了前面对单片机开发的初步了解,我们就小试牛刀,做一个最简单的单片机应用系统开发项目。

项目描述

某单片机应用系统采用的是 STC89C52RC 型号单片机,现单片机 P1 口还有 P1.5、P1.6、P1.7 三个引脚空闲不用。现要求为该系统增设一盏工作状态指示灯,当系统工作时(即系统程序在运行时)指示灯点亮。指示灯要求采用 φ5 绿色发光二极管,并在产品面板上对应开孔处可见,如图 3-1 所示。

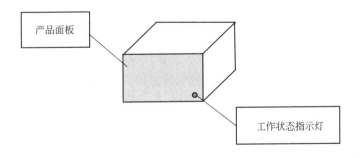

图 3-1 某单片机系统工作状态指示灯设置要求示意图

学习目标

① 激发学习单片机的兴趣。
② 进一步熟悉单片机应用系统开发过程。
③ 了解单片机应用系统控制程序的编写和调试过程。
④ 培养自主学习能力和求知探索精神。

任务一　系统总体方案设计

一、项目需求分析

根据项目需求描述，可知，系统功能需求是为系统增加一盏工作指示灯，当系统工作时，该指示灯点亮。

系统实现的限制条件包括：

① 该系统的实现限定了单片机型号为 STC89C52RC，这是宏晶公司生产的 MCS-51 系列单片机的一种。由于项目限定了所用单片机型号，就不能再选择其他型号单片机。

在实际单片机应用系统的开发过程中，也常会遇到由于考虑公司库存、供货方合作的稳定性、已有技术积累等多方面的原因，限定单片机型号及其他相关器件选择的情况。

② 项目开发任务书中"现单片机 P1 口还有 P1.5、P1.6、P1.7 三个引脚空闲不用"的描述，限定了单片机连接工作指示灯的引脚只能在 P1.5、P1.6、P1.7 三个引脚中选择一个。

在实际单片机应用系统的开发过程中，也常常需要根据单片机应用系统的功能需求，综合考虑和分配单片机引脚的使用。

③ 项目开发任务书中"指示灯要求采用 $\phi 5$ 绿色发光二极管，并在产品面板上对应开孔处可见"的描述，不仅限定了指示灯的颜色和规格，并且限定了指示灯的安装位置。

上述各项限制条件都是本系统硬件电路设计时必须要满足的，因而也是本系统硬件电路设计的主要依据。

二、总体方案设计

从上述的项目需求分析可知，本项目要实现的功能比较简单，就是按照要求点亮一盏设备的工作指示灯，因此本项目的总体方案设计也就比较简单，可以简单描述如下。

根据项目需求，硬件上选用指定型号单片机的空闲引脚，连接 $\phi 5$ 的绿色发光二极管，并在电路板设计时，将所用发光二极管安装在产品面板上指示灯开孔相对应位置。由于该项目是在原有系统上增加新的功能，因此，系统软件设计时所用编程语言要考虑和原有程序兼容。

任务二　系统硬件电路设计

一、单片机 I/O 引脚的使用

根据前面的需求分析，本系统的功能需求比较简单，硬件电路要实现的功能主要是在 STC89C52RC 的 P1.5、P1.6、P1.7 三个引脚中，选择一个引脚，连接一个发光二极管作为系统工作指示灯。

通过项目二的学习，我们知道，单片机应用系统的硬件电路，都是在单片机最小系统的基础上扩展而成的，所以可先画出所用单片机的最小系统组成。查询所用 STC89C52RC 的用户手册资料，如果手边没有对应单片机型号的用户手册等资料，也可在网上查询所用单片机的资源配置情况。通过查询可以知道，STC89C52RC 单片机内部集成有 8KB 的 EEPROM。因此，其单片机最小系统可以不用扩展外部的程序存储器。如图 3-2 所示。

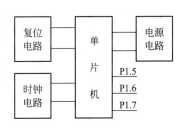

空闲的 3 个引脚（P1.5、P1.6、P1.7）可以任选一个来用。

作为工作指示灯的发光二极管，其使用方法可分为 2 种，如图 3-3 所示。对本项目来说，可以选择两种方法的任意一种将发光二极管连接到单片机引脚上。

图 3-2　STC89C52RC 单片机最小系统配置示意图

图 3-3　发光二极管的两种不同使用方法

二、单片机应用系统硬件设计说明书的编写

在所用单片机引脚和发光二极管的使用方法都确定后，就可以撰写该项目的硬件设计设计说明书，具体如下。

工作指示灯项目硬件设计说明书

1. 项目功能概述

该项目功能主要是为已有单片机应用系统增加一盏工作指示灯。

2. 硬件设计方案

选择单片机 P1.5 引脚作为工作指示灯控制引脚，并选择图 3-3 中（b）所示发光二极管使用方式。系统硬件结构方框图如 3-4 所示。

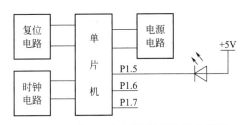

图 3-4　工作指示灯项目硬件设计方框图

有了上述的硬件设计方案后，接下来就可以使用电子设计软件画出系统的原理图和 PCB 板图，并按照图纸进行硬件电路板的加工。

由于这是我们小试牛刀的第一个项目，功能比较简单，因此项目的硬件设计方案也比较简单。但是大家通过这个简短的硬件设计方案说明书，应该知道两点：

① 单片机应用系统的硬件设计过程中必须编写项目硬件设计说明书，以便作为项目开发的存档资料和系统控制程序编写的依据。

② 单片机应用系统的硬件设计说明书中至少应描述系统硬件系统实现的主要功能，并画出系统硬件的结构框图。

任务三　系统控制程序编写

根据本项目总体的功能需求，控制程序要实现的功能是：当系统控制程序运行时，使连接在相应单片机引脚上的发光二极管能够点亮。根据图 3-4 所示硬件设计方案可知，当单片机 P1.5 引脚输出低电平时，和 P1.5 引脚相连的发光二极管就会点亮。因此，本项目控制程序编写的关键在于，如何控制单片机 P1.5 引脚，使其输出低电平。具体编程时可以使用汇编语言，也可以使用 C51 语言，下面我们分别来学习两种编程语言的程序如何实现。

一、MCS-51 单片机汇编语言控制程序的基本结构

汇编语言是单片机常用的编程语言之一，当然不同的单片机所使用的汇编语言具体指令、书写格式可能不同。对于使用汇编语言编写控制程序，首先需要了解和学习的就是汇编语言程序的基本结构。以 MCS-51 系列单片机汇编语言控制程序为例，其基本结构如图 3-5 所示。

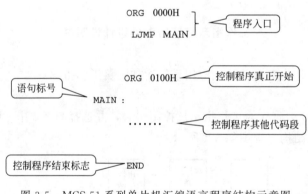

图 3-5　MCS-51 系列单片机汇编语言程序结构示意图

如图 3-5 所示，MCS-51 单片机汇编语言程序的基本结构主要包括程序存放起始地址定义、控制程序代码段、程序结束标志等部分组成。汇编语言程序的基本结构就相当于程序编写时的模板，我们在编写其他 MCS-51 单片机程序时，只要把系统要实现的功能代码填写到上述基本结构中省略号所表示的"控制程序其他代码段"处即可。

从上述 MCS-51 系列单片机汇编语言程序基本结构中可以看到，其基本结构主要由不同的汇编语言指令所组成，这些指令都具体实现什么功能呢？使用中又需要注意哪些方面呢？下面我们一起来学习。

二、MCS-51 单片机相关指令及其使用

在上述的 MCS-51 系列单片机汇编语言程序结构中，出现了 ORG、LJMP、END 几条不同的汇编语言指令，这几条指令的功能和使用方法分别如下：

(1) ORG 指令

ORG 指令是 MCS-51 单片机定义的一条设置目标程序起始地址的伪指令。伪指令是单片机定义的，在程序编译过程中不会产生目标程序，因而也不会被单片机执行的一些指令。由于这些指令不会被单片机执行，为了和其他能够被单片机实际执行的真实指令区分，我们就把这些不会被单片机实际执行的指令称为伪指令。

伪指令不会被单片机实际执行，那又有什么用呢？

伪指令的作用在于，帮助单片机汇编语言程序正确编译成相应的汇编程序代码，或者说将汇编语言程序正确翻译成单片机能够直接执行的目标代码程序（二进制代码程序）。

ORG 伪指令的书写格式如下：

ORG　　16 位地址

该伪指令的具体功能是规定其后面目标程序在程序存储器（ROM）中存放时的起始地址。它放在一段源程序（主程序、子程序）或数据块的前面，说明紧跟在其后的程序段或数据块的起始地址就是指令中的 16 位地址。

例如，指令 ORG 0000H 就表示该条指令后的代码段编译后，在程序存储器（ROM）中存放时，从 0000H 地址所指向的存储单元开始。

而指令 ORG 0100H 则表示该条指令后的代码段编译后，在程序存储器（ROM）中存放时，从 0100H 地址所指向的存储单元开始。

需要注意的是：

第一，在前述汇编语言程序的基本结构中，第一条指令 ORG 0000H 是不可更改的，因为 MCS-51 单片机复位后，会自动到程序存储器中地址为 0000H 的存储单元处，寻找并执行程序的第一条指令，因此 MCS-51 单片机汇编语言程序的第一条指令，必须是 ORG 0000H。

第二，在前述汇编语言程序的基本结构中，第二条 ORG 指令（即 ORG 0100H）中的地址 0100H 是可以更改的，但要保证所给定的地址在单片机所定义的中断入口地址之后，并要保证剩余的程序存储器空间能够存放得下所编写的控制程序目标代码。

（2）LJMP 指令

在前述汇编语言程序的基本结构中的第二条指令，LJMP main 中的 LJMP 指令是 MCS-51 单片机定义的一条无条件转移指令。无条件转移指令是指当程序执行遇到本条指令时，程序执行会无条件地发生转移的一类指令。

MCS-51 单片机共定义了 3 条无条件转移指令，分别是长转移指令 LJMP、绝对转移指令 AJMP 和短转移指令 SJMP，书写格式具体如下：

LJMP　　16 位地址
AJMP　　11 位地址
SJMP　　8 位地址

因此，这 3 条转移指令的不同在于：LJMP 指令能够转移的范围是 64KB，AJMP 指令转移的范围是 2KB，SJMP 指令转移的范围是 256B。

实际使用过程中，3 条转移指令后面通常跟的是语句标号，用语句标号代表想要转移到的目标语句。例如：

前述汇编语言程序的基本结构中

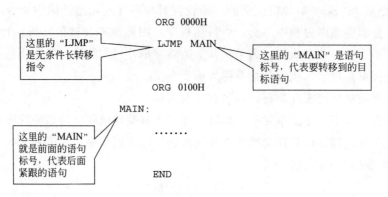

(3) END 指令

END 指令是 MCS-51 单片机定义的又一条伪指令,其功能是表示汇编语言程序的结束。

需要注意的是: MCS-51 单片机汇编语言程序的最后一条语句必须是 END 伪指令。

三、C51 语言控制程序的基本结构

MCS-51 单片机的控制程序也可以用 C51 语言编写。MCS-51 单片机 C51 语言控制程序的基本结构如图 3-6 所示。

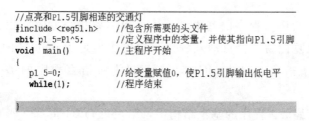

图 3-6　MCS-51 单片机 C51 语言的基本结构

从图 3-6 可见,C51 语言控制程序的基本结构包含所需要的头文件,MCS-51 单片机对应的头文件通常是 reg51.h 或者 reg52.h。而后,可以根据程序编写的需要定义程序变量。每一个 C51 语言控制程序必须包含一个主函数 main(),其他功能的函数都由主函数来调用。

四、单片机单个引脚输出状态的控制

每一个单片机的输入/输出引脚都有一个对应的端口寄存器位。比如 MCS-51 单片机,其 P1 并行输入/输出端口对应的端口寄存器是 P1,P1 端口的 8 个引脚与 P1 寄存器的各位对应关系如表 3-1 所示。

表 3-1　P1 端口引脚与 P1 寄存器各位对应关系

类别	P1.7	P1.6	P1.5	P1.4	P1.3	P1.2	P1.1	P1.0
寄存器位	P1.7	P1.6	P1.5	P1.4	P1.3	P1.2	P1.1	P1.0

MCS-51 单片机其他输入/输出端口(P0、P2、P3)引脚与相应寄存器位的对应关系以此类推。

在控制程序中对单片机引脚的控制是通过给相应寄存器位赋值来实现的。如果想要某个引脚输出高电平，就在控制程序中给对应的寄存器位赋值"1"，如果想要某个引脚输出低电平，就在控制程序中给对应的寄存器位赋值"0"。

那么，如何给相应的寄存器位赋值呢？方法如下：

当一次只需要控制一个引脚的输出状态时，在控制程序中一次只需要给一个对应的寄存器位赋值就可以了。此时，在控制程序中通常使用位操作的方式一次操作一个寄存器位。比如，对于 MCS-51 系列单片机引脚输出状态的控制，如果采用汇编语言编程，可以采用相应的位操作指令一次赋值一个寄存器位，具体的位操作指令如下：

要给寄存器位赋值"1"，操作指令是：setb 要操作的寄存器位。

要给寄存器位赋值"0"，操作指令是：clr 要操作的寄存器位。

其中，指令中"寄存器位"的指定可以采用指定寄存器位名称的方式，比如：

setb P1.1　　该指令的功能是给 P1.1 寄存器位赋值"1"；

clr P0.3　　该指令的功能是给 P0.3 寄存器位赋值"0"。

MCS-51 单片机位操作指令中，也可以通过直接给出要操作的寄存器位在内部 RAM 中的地址来指定要操作的寄存器位。比如：

setb 97H　　该指令的功能是给 P1.7 寄存器位赋值"1"；

clr 85H　　该指令的功能是给 P0.5 寄存器位赋值"0"。

上述指令中的"97H"就是寄存器位 P1.7 所对应的内部 RAM 地址，"85H"是 P0.5 寄存器位所对应的内部 RAM 地址。

显然，记忆寄存器位要比记忆其对应的内部 RAM 地址方便。因此，一般情况下，我们在指令中更多地使用寄存器位名称来指定要操作的寄存器位。

五、MCS-51 单片机的位操作指令及其使用

需要对 MCS-51 单片机的单个寄存器位赋值时，可以使用 MCS-51 单片机的位操作指令。位操作指令是指 MCS-51 单片机所定义的、一次只能操作一个二进制位的操作指令。位操作指令是相对于其他的字节操作指令而言的，字节操作指令一次操作 8 个二进制位，也就是一次操作一个字节。

MCS-51 单片机主要定义了 3 条位操作指令，分别如下：

（1）置位指令 setb

setb 指令的书写格式是

[语句标号：] setb bit

其中，"语句标号"是可选项；setb 是指令的操作码；bit 是指令要操作的位。

该指令的功能是将指令语句中所指定位的值设置成"1"。

例如：setb P1.5

功能就是：将端口寄存器 P1 中的 P1.5 寄存器位的值设置成"1"，相应地单片机的 P1.5 引脚就会输出高电平。

（2）位清 0 指令 clr

clr 指令的书写格式是

[语句标号：] clr bit

其中,"语句标号"部分是可选项;clr 是指令的操作码;bit 是指令要操作的位。

该指令的功能是:将指令语句中所指定位的值设置成"0"。

例如:clr P2.3

功能就是:将端口寄存器 P2 中的 P2.3 寄存器位的值设置成"0",相应地单片机的 P2.3 引脚就会输出低电平。

(3) 位取反指令 cpl

cpl 指令的书写格式是

[语句标号:] cpl bit

其中,"语句标号"部分是可选项;cpl 是指令的操作码;bit 是指令要操作的位。

该指令的功能是:将指令语句中所指定位的值设置原状态的反状态,也就是如果原来的值是"1",则 cpl 指令执行后将其值设置成"0";如果原来的值是"0",则 cpl 指令执行后将其值设置成"1"。

例如:cpl P2.3

功能是:将端口寄存器 P2 中的 P2.3 寄存器位的值设置成原来状态相反的状态,即如果原来为"1",则设置成"0";如果原来是"0",则设置成"1"。

六、单片机引脚状态控制的 C51 语言编程实现

对于 MCS-51 系列单片机控制程序,如果采用 C51 语言进行编程,要给某个寄存器位赋值时,需要先将要赋值的寄存器位定义为位操作变量,而后直接赋值就可以了。比如:

首先定义

sbit p1.1 = P1^1;   该语句定义 p1.1 为特殊功能寄存器位类型变量,对应 P1.1 寄存器位。

sbit p2.0 = P2^0;   该语句定义 p2.0 为特殊功能寄存器位类型变量,对应 P2.0 寄存器位。

在定义好上述变量后,就可以直接使用 C51 语言的赋值运算符"=",给相应的寄存器位进行赋值。比如:

p1.1 = 1;   该语句给位变量 P1.1 赋值"1",从而使 P1.1 引脚输出高电平。

p2.0 = 0;   该语句给位变量 P2.0 赋值"0",从而使 P2.0 引脚输出低电平。

七、系统控制程序的编程实现

根据上述所学知识和系统硬件电路设计,编写本项目的控制程序,也可扫描下面的二维码获取相应的参考程序。

项目三
汇编语言参考程序

项目三
C51 语言参考程序

任务四　系统的软、硬件联合调试

如同本书项目二中所述，建立好 MCS-51 单片机的软硬件开发环境，在电脑中打开 Keil 软件，进行控制程序的软、硬件联合调试。

一、控制程序的输入

MCS-51 单片机的开发常用 Keil 集成开发平台环境，程序的输入和编译都在该集成开发环境下完成。以 Keil 平台的 μVision4 为例，具体步骤如下：

第一步：打开 Keil 软件平台。

用鼠标左键双击桌面上的 Keil 快捷启动方式的图标 ，启动 Keil 开发平台，如图 3-7 所示。

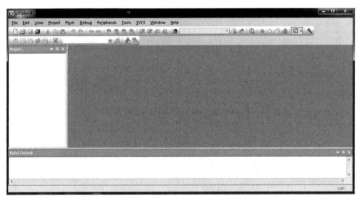

图 3-7　Keil 启动后的界面

第二步：新建一个工程 Project。

Keil 开发平台对单片机控制程序以工程项目的形式进行管理，因此在编写输入程序时，首先需要建立相应的工程项目。可以按照图 3-8 所示的步骤在 Keil 平台上创建一个新的工程项目。

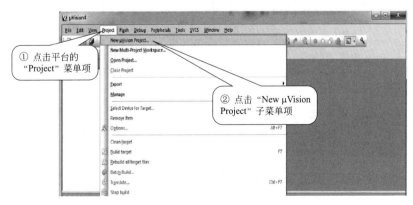

图 3-8　创建一个新的工程项目

而后,在弹出的界面中选择新创建工程文件在电脑中的保存路径和文件名,并保存。如图 3-9 所示。

图 3-9　保存创建的工程

为了以后学习和查阅的方便,建议在电脑中建一个"单片机学习"文件夹,再在该文件夹中为学习过程中创建的每一个学习项目新建一个单独的文件夹。

工程文件存盘后会弹出如图 3-10 所示的界面,让我们选择所使用单片机的生产厂家和单片机型号。

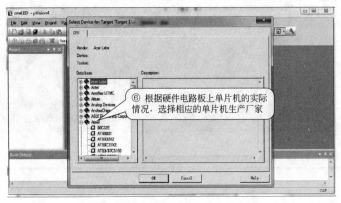

图 3-10　选择所用单片机的生产厂家

选择好单片机生产厂家后,进一步指定所使用单片机的具体型号,以使用 Atmel 公司的 AT89C52 单片机为例,具体方法如图 3-11 所示。

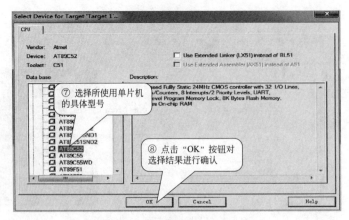

图 3-11　选择所用的单片机型号

而后，在弹出的界面中选择"否"，如图 3-12 所示，否则程序编译过程中会产生警告。

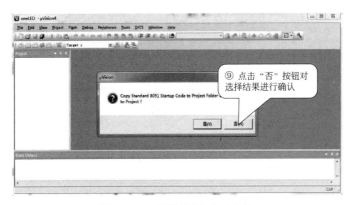

图 3-12　不复制标准启动文件

完成上述各项步骤后，一项新的工程项目就创建完毕。如图 3-13 所示。

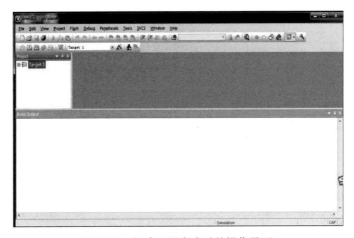

图 3-13　新建工程完成后的操作界面

第三步：控制程序的输入。

工程项目创建完成后，就可以输入和编写单片机应用系统的控制程序了，如图 3-14 所示。

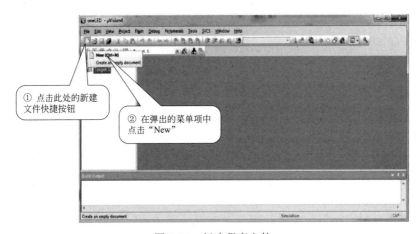

图 3-14　新建程序文件

而后，就可以在打开的程序输入区域输入和编写相应的控制程序了。如图 3-15 所示。

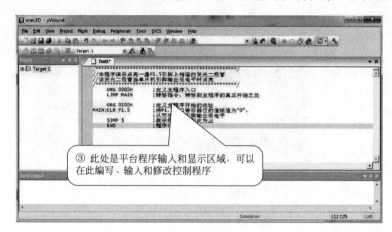

图 3-15　输入程序代码

程序输入和编写完毕后，将编写完成的程序存盘，如图 3-16 所示。

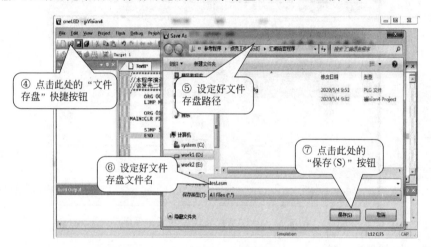

图 3-16　将输入的程序存盘

需要注意的是：如果程序采用汇编语言编写，存盘时一定要在文件名后面加上 .asm 的后缀；如果是采用 C51 语言编写，存盘时则要加上 .c 的文件后缀。正确存盘后，刚才输入控制程序中的不同代码部分就会变成不同的颜色显示。如果点击"保存"按钮后，程序代码没有变为彩色显示，则说明存盘时程序文件的后缀名称添加错误。

二、控制程序的编译

无论控制程序是采用汇编语言编写，还是采用 C51 语言编写，单片机都是不认识的，更无法执行。为了能够让单片机看懂并执行我们编写完成的控制程序，必须将编写完成的汇编语言程序或者 C51 语言程序翻译成单片机能够理解并执行的机器语言程序，也就是二进制代码，这个翻译的过程就称为程序的编译。Keil 平台的程序编译，需要分两步走。

第一步：将需要编译的源程序加入工程项目中。

由于 Keil 平台是按照工程项目对相关文件进行管理的，需要首先将编写完成的控制程序加入到我们前面创建的工程文件中，如图 3-17 所示。

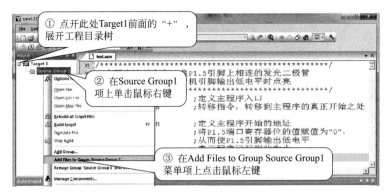

图 3-17 向创建的工程中加入程序文件

在弹出的界面对话框中选择要加入工程中的文件,如图 3-18 所示。

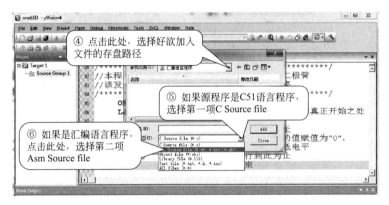

图 3-18 选择需要添加到工程中的文件

而后在文件列表中找到所要加入工程中的程序文件,点击"Add"按钮,将程序文件加入工程中。如图 3-19 所示。

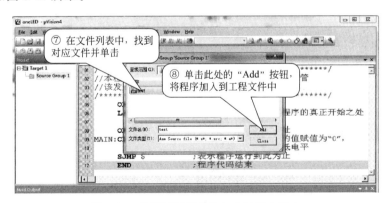

图 3-19 将控制程序文件加入工程文件中

第二步:程序的编译和修改。

源程序正确加入工程项目后,接下来就可以进行程序的编译,并根据程序编译过程中提示的错误信息对源程序进行相应的修改,直至编译结果无错误或警告。具体如图 3-20、图 3-21 所示。

如果编译结果中有错误或者警告信息,可以参见本书的附录 5 对源程序进行修改,而后重新编译，直至编译结果中报告 0 Error(s)，0 Warning(s) 为止。

亦可扫描左侧二维码，观看 Keil 平台下程序的输入和编译过程。

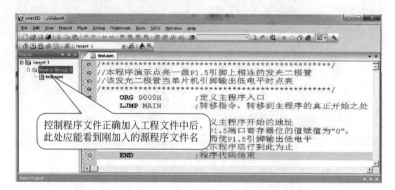

图 3-20　验证程序文件是否加入到工程中

Keil 平台下程序的
输入和编译过程

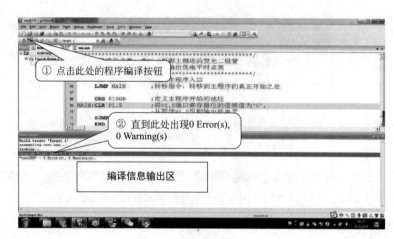

图 3-21　控制程序的编译

三、程序的仿真调试

对源程序的编译可以帮我们发现程序书写方面的语法错误，编译没有错误的程序可以保证单片机能够执行，至于程序执行后能否正确地完成相应的功能，在没有硬件电路板的情况下，Keil 平台可以进行程序的仿真功能验证。具体方法如下：

第一步：打开仿真调试界面，做好仿真调试准备。

在真正开始进行程序的仿真调试之前，首先需要打开 Keil 平台，熟悉 Keil 平台界面的仿真功能。打开 Keil 平台仿真调试功能如图 3-22 所示。

点击图 3-22 中的调试按钮后，会弹出如图 3-23 所示的界面。

在上述的仿真调试界面中，可以清楚地看到程序的执行过程，以及程序执行过程中工作寄存器和一些特殊功能寄存器的值随程序执行过程的变化情况，也可以查看程序执行过程中某个内存单元的值。同时也可以根据需要查看所用到的相关外部引脚对应寄存器位的状态，如图 3-24 所示。

以使用 P1 口的引脚为例，按照图 3-24 所示打开 P1 端口后，就可以看到 P1 端口每个引脚对应的寄存器位状态，如图 3-25 所示。

图 3-22　启动程序调试

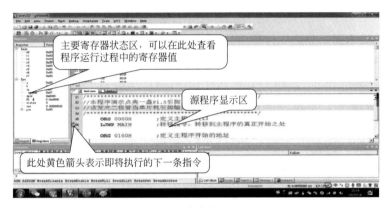

图 3-23　程序仿真调试界面

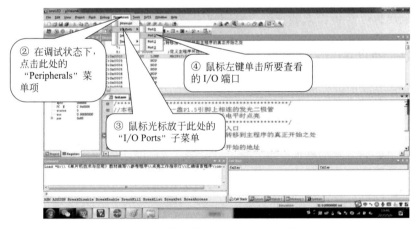

图 3-24　打开需要查看的并行 I/O 端口

在图 3-25 中，端口寄存器位和引脚的对应位置有"√"，表明该寄存器位的值为"1"，对应的引脚输出为高电平；如果端口寄存器位和引脚的对应位置没有"√"，即空白，表明该寄存器位的值为"0"，对应的引脚输出为低电平。

第二步：使用不同的程序执行方法高效完成程序仿真调试。

Keil 平台提供多种程序执行方法，以便提高程序仿真调试的效率。常用的程序执行方法包括 Step Over、Step Into、Step Out、Run、Run to Cursor Line 等。我们来看一下这几

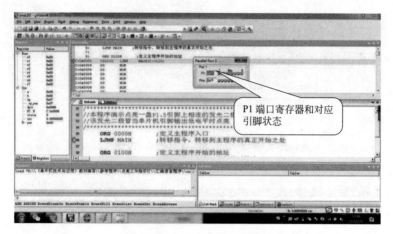

图 3-25 打开后的 I/O 端口

种调试方法有什么不同，分别如何使用。

（1）单步执行 Step Over、Step Into、Step Out

Step Over、Step Into、Step Out 这几种程序执行方式，对于本项目程序的调试来说没有区别，都是一次执行一条指令语句，因此，我们通常称之为单步执行。

（2）执行到光标处 Run to Cursor Line

此种执行方式是将程序一步执行到光标所在的代码行。一般用于程序的前一部分功能已经调试完成，准备调试程序后半部分时，将光标放于需要调试代码段的第一条代码处，使用 Run to Cursor Line 程序执行方式，直接开始调试尚未调试的代码段。

（3）全速执行 Run

全速执行 Run 方式是一次将程序全部执行完毕。一般是程序代码在功能上基本没有问题时，使用全速执行 Run 方式验证程序整体功能是否满足设计需求。

四、软、硬件的联合调试

单片机应用系统的硬件电路设计是否完善、控制程序编写是否正确、软件和硬件之间的配合是否正常，这些都需要通过软、硬件的联合调试才能验证。软、硬件的联合调试就是将仿真调试通过的程序下载到单片机应用系统的电路板中，并复位运行，以验证整个系统的工作过程和性能指标能否满足系统需求。

对于不方便实际制作项目电路板的初学者，可以使用市场上方便买到的单片机开发板，进行单片机程序的软、硬件联合调试。图 3-26 所示就是某公司生产的单片机开发板。

当然，不同厂家生产的不同型号的开发板所实现的功能和使用方法可能有所差别，具体参见厂家的使用说明书。

使用单片机开发板进行单片机软、硬件联合调试的主要过程如下：

第一步：准备好软、硬件联合调试环境。

包括桌面、电源、调试计算机、单片机开发板、所需要的各种连接线。

软、硬件联合调试所需要的连接线通常包括：

① 开发板信号连接线，用于实现单片机和外围元器件之间的连接，通常为杜邦线。

② 开发板与调试计算机的连接线，用于单片机开发板和调试计算机的连接，通常为普

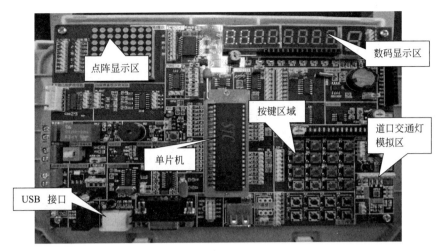

图 3-26 某单片机开发板及其主要功能区构成示意图

通的串行接口连接线或者 USB 连接线。

③ 开发板电源线,用于为开发板供电。有些提供 USB 接口的单片机开发板不需要单独的电源线,而是通过 USB 连接线,由调试计算机为单片机开发板提供电源。

第二步:生成可供下载到单片机开发板的可执行程序。

在单片机应用系统的软、硬件联合调试过程中,需要生成可以下载到实际单片机中执行的可执行程序。如图 3-27 所示,在 Keil 开发平台下,生成可执行程序的方法如下。

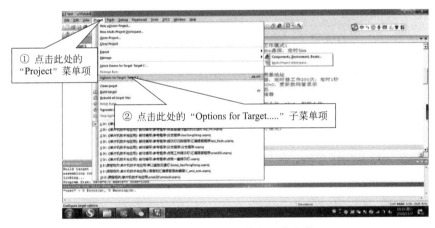

图 3-27 Keil 平台下生成可执行程序文件(1)

弹出如图 3-28 所示的操作界面。

完成上述各项工作后重新对工程文件进行编译,并注意观察编译后信息输出区域。如果编译后的信息输出区显示"creating hex file from "test" …"样的提示信息,则说明上述各步骤设置正确,否则应重新检查上述各设置过程,更改设置错误后重新对工程文件进行编译,直至出现上述提示信息为止。如图 3-29 所示。

将装有集成开发环境(如 Keil)的计算机,通过相应的连接线(一般是普通串行口通信线或者 USB 接口通信线)和初步调试完成的系统电路板相连。

第三步:电路板硬件连线。

如果使用已经加工好的项目印刷电路板进行软、硬件联合调试,则此步骤可以省略。如

图 3-28　Keil 平台下生成可执行程序文件（2）

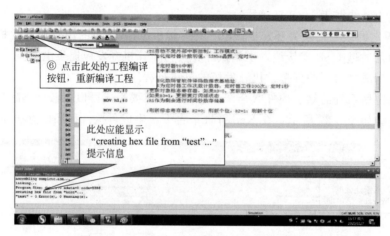

图 3-29　Keil 平台下生成可执行程序文件（3）

果使用单片机开发板进行单片机学习，则需要使用开发板提供的信号连接线，将所使用的单片机引脚和发光二极管连接起来，并要注意开发板上的发光二极管点亮方式和本项目所确定的点亮方式是否一致，如果不一致，则需要对控制程序做相应修改。

第四步：程序下载。

使用开发板附带的程序下载工具软件或者通用的程序下载软件，将编译后生成的十六进制可执行文件下载到电路板或者所使用的单片机开发板中。具体的程序下载方法参见所使用程序下载工具的使用说明。

可扫描左侧二维码，观看单片机应用程序的下载过程。

项目三
单片机应用程序的
下载过程

第五步：系统功能验证。

成功下载程序后，对电路板上的单片机进行复位操作，执行下载的单片机程序，观察所连接的发光二极管能否正常点亮。

可扫描左侧二维码，观看参考程序在开发板上的运行效果。

项目三
程序运行效果

如果通过上述验证系统性能能够满足开发需求，则说明系统项目开发任务基本完成，后续要做的工作是根据用户长期使用过程中反映的问题再对系统进行改进。如果通过上述验证发现存在不能满足系统开发需求之处，则要分析原因，制订软、硬件改进方案，并对软、硬件进行相应改进后，重新进行软、硬件的联合调试，直到系统性能完全满足系统开发需求为止。

任务五　使指示灯闪烁起来（教学拓展任务）

如果我们仔细观察计算机或者其他电子设备的工作状态指示灯，就会发现很多电子设备的工作状态指示灯并不是常亮的，还会用指示灯的闪烁来表示某种非正常工作状态，甚至还会用指示灯闪烁的快慢不同表示不同的运行状态。比如有些通信设备的电路板，就会用指示灯常亮表示电路板处于待机状态，指示灯较慢地闪烁表示正常运行，用指示灯的快速闪烁表示正在下载更新程序。

那么如何才能使工作指示灯闪烁起来呢？

所谓指示灯的闪烁也就是指示灯先亮起来，保持一段时间，再熄灭，再保持一段时间，这就是指示灯闪烁一次。

前面我们已经会点亮指示灯了，要指示灯闪烁起来，关键在于两点：

① 如何让指示灯的亮和灭都能够保持一段时间。

② 如何熄灭指示灯。

下面我们就来看一下如何实现上述两点

一、如何让单片机引脚输出状态保持一段时间？

让指示灯点亮或者熄灭一段时间，实际上就是让和该指示灯相连接的单片机引脚输出状态保持一段所需要的时间。那么如何实现呢？

实现方法是：在单片机控制程序中，当单片机相应引脚输出状态确定后，再执行一段延时程序，使单片机引脚的状态保持一段时间。延时程序的实现主要有两种思路。

① 根据单片机指令的执行需要耗费一定的时间，让单片机执行一段不影响其他功能的指令代码，这段指令代码就称为延时程序，利用延时程序执行所耗费的时间来实现延时的功能。这种实现思路称为使用延时程序实现延时。

② 大多数单片机内部都包含硬件定时器资源，可以通过单片机内部硬件定时器进行定时，从而实现单片机引脚输出状态保持一段时间。这种思路称为使用定时器实现延时。

上述两种思路中，使用定时器方法实现延时，在本书后面学习定时器使用的项目时我们再去学习，下面先来学习如何通过指令的执行时间实现延时。

二、利用单片机指令执行时间实现延时的方法

任何单片机指令的执行都需要花费一定时间，称为单片机指令周期。利用单片机指令周期可以在单片机控制程序中实现一定的延时。以 MCS-51 单片机为例，具体实现方法如下：

（1）较短时间延时的实现

利用 MCS-51 单片机的 NOP 指令实现短时间的延时。

NOP 指令是 MCS-51 单片机所定义的空操作指令，该指令的功能是单片机不进行任何

操作，因此，称为空操作指令。该指令的执行不会影响任何寄存器和外部引脚的状态，但会耗费一定的 CPU 时间。因此，NOP 指令常用来在程序中实现延时。例如：

程序段：

```
       ...
       SETB P1.1
       NOP
       NOP
       CLR P1.1
```

上述程序段的功能是：先将单片机的 P1.1 引脚设置成高电平状态，而后将高电平输出状态保持 2 条 NOP 指令的执行时间，再将 P1.1 引脚设置成低电平状态。

可见，该程序段正是利用了 NOP 指令的执行需要耗费一定的时间，来实现将 P1.1 引脚的高电平状态保持一段时间。

（2）较长时间延时的实现

对于 MCS-51 单片机而言，由于 NOP 指令的执行耗费的时间是非常短的（微秒级别），因此，利用 NOP 指令只能实现非常短的时间（通常微秒级别）延时，如果需要实现较长的延时（比如毫秒级别），则可以采用如下方式：

```
       MOV R0,#100       ;为工作寄存器 R0 赋初值 100
       LOOP:MOV R1,#50   ;为工作寄存器 R1 赋初值 50
       DJNZ R1,$         ;将工作寄存器 R1 的值减 1,并判断是否等于 0,若不等于 0,
                         ;则再次执行该条指令,若 R1 寄存器的值减 1 后等于 0,则程
                         ;序执行下一条指令
       DJNZ R0,LOOP      ;将工作寄存器 R0 的值减 1,并判断是否等于 0,若不等于 0,
                         ;则程序转移到指令中的 LOOP 语句标号所指向的指令语句,也
                         ;就是 MOV R1,#50,若 R0 寄存器的值减 1 后等于 0,则程
                         ;序执行下一条指令
```

在上述程序段中，指令语句 MOV R1,#50 和 DJNZ R0,LOOP 将被执行 100 次，而指令语句 DJNZ R1,$ 将被执行 100×50 次，这些指令的执行都要耗费单片机的时间。因此通过上述程序段，就可以在 MCS-51 单片机的控制程序中起到延时一段时间的效果，从而将单片机的某个工作状态保持一段时间，并且通过改变赋给工作寄存器 R0,R1 的初值，可以灵活改变延时时间的长短。

请思考：

（1）在向工作寄存器 R0 和 R1 赋初值时，能够赋的最大值是多少？

（2）如果上述程序段中的 R0 和 R1 已经被赋予了最大的初值，延时时间仍然小于所要求的延时时间，怎么办？

三、如何熄灭指示灯？

如果指示灯的硬件电路设计是高电平点亮，则用 CLR 指令熄灭指示灯；如果指示灯的硬件电路设计是低电平点亮，则用 SETB 指令熄灭指示灯；也可以用 CPL 指令，实现指示灯"亮""灭"状态之间的转换。例如：

假定指示灯连接 MCS-51 单片机的 P1.5 引脚，高电平点亮，则：

```
       SETB  P1.5        ;点亮指示灯
```

```
CLR    P1.5       ;熄灭指示灯
```
假定指示灯连接 MCS-51 单片机的 P1.3 引脚，低电平点亮，则：
```
SETB   P1.3       ;熄灭指示灯
CLR    P1.3       ;点亮指示灯
```

四、控制指示灯闪烁的参考程序

根据前述讨论，控制设备工作指示灯闪烁的参考程序如图 3-30 所示。

```
01 /******************************************/
02 /*指示灯闪烁控制演示程序                      */
03 /*假定指示灯连接于P1.5引脚，高电平点亮         */
04 /******************************************/
05         ORG 0000H
06         LJMP MAIN
07
08         ORG 0100H
09 MAIN:   SETB P1.5      ;点亮指示灯
10         MOV R0,#100    ;点亮状态保持一段时间
11 LOOP1:  MOV R1,#50
12         DJNZ R1,$
13         DJNZ R0,LOOP1
14         CLR P1.5       ;熄灭指示灯
15         MOV R0,#100    ;熄灭状态保持一段时间
16 LOOP2:  MOV R1,#50
17         DJNZ R1,$
18         DJNZ R0,LOOP2
19         LJMP MAIN      ;回到程序开始，控制指示灯下一次闪烁
20         END
```

图 3-30　控制指示灯闪烁的 MCS-51 单片机汇编语言程序

项目总结

本项目主要是初步熟悉单片机应用系统的开发过程。大家跟着本书的讲解，把过程完整走一遍，对单片机应用系统的开发过程有个初步的了解和掌握。

本项目要掌握的重点包括：

① 单片机应用系统的开发一般需要经过哪些主要步骤。

② 在单片机应用系统的控制程序中，如何控制单片机信号输出引脚输出高电平和低电平。

③ 在单片机应用系统的控制程序中，如何实现一定时间的延时。

④ 如何编写、编译和调试单片机应用系统的控制程序。

自测练习

一、填空题

（1）MCS-51 单片机汇编语言程序的第一条语句应该是_____。

（2）MCS-51 单片机汇编语言程序的最后一条语句应该是_____。

（3）单片机引脚的输出状态共有_____种，分别是_____状态和_____状态。

（4）单片机控制程序中通过_____，进而控制单片机输出引脚的输出状态。

（5）MCS-51 单片机汇编语言指令中给某一位赋值"1"的指令是_____。

（6）MCS-51 单片机汇编语言指令中给某一位赋值"0"的指令是_____。

（7）MCS-51 系列单片机控制程序开发常用的开发平台是_____。

（8）在 Keil 开发平台下开发单片机应用系统控制程序时，首先应该为要开发的控制程序创建_____。

二、简答题

请简述在 Keil 平台下单片机控制程序开发的主要过程。

三、综合练习

现有一个单片机应用系统，为了控制机箱更好地散热，准备为机箱中增加一个小的散热风扇。系统所用的单片机为 MCS-51 系列单片机，且其 P2.7 引脚现在空闲，散热风扇为直流电机驱动的小型风扇，所用直流电机的驱动电压为+3V～+5V。要求系统通电单片机程序开始运行后，即启动散热风扇，直到单片机断电停止程序运行后，散热风扇停止运行。试根据上述需求，画出该系统的电路框图，并编写系统的控制程序。

参考答案

项目四 顺序点亮多盏交通灯

项目描述

现有一个南北方向和东西方向交叉的十字道口，欲设置交通信号灯 1 组，请设计交通灯控制器 1 套，具体要求如下：

① 每个方向设置红、黄、绿三种颜色的交通灯。

② 南北方向、东西方向的交通灯亮灯状态应能按照图 4-1 所示进行转换。

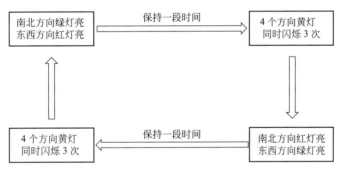

图 4-1 道口交通灯工作状态转换示意图

学习目标

① 进一步熟悉单片机应用系统开发过程。

② 掌握单片机应用系统硬件设计说明书的编写方法。

③ 掌握单片机控制程序流程图的绘制方法。

④ 进一步熟悉 MCS-51 单片机引脚的使用方法。

⑤ 熟悉 MCS-51 单片机相关指令的使用。

⑥ 熟悉和掌握循环程序的编写方法。

⑦ 进一步熟悉单片机控制程序调试的方法和技巧。

任务一　系统总体方案设计

一、项目需求分析

根据前述单片机应用系统开发过程，需求分析是单片机应用开发的第一步。仔细阅读并分析对本项目的描述，我们可知要实现的交通灯控制器的功能需求主要包括：

① 本项目要实现的是1个交通灯控制器。

② 本交通灯控制器的控制对象是12盏交通灯，东、西、南、北4个方向，每个方向分别有红、黄、绿3种颜色的交通灯各1盏。

③ 本交通灯控制器对每个方向红绿灯的点亮时间没有严格的要求，只是要求点亮状态"保持一段时间"。

根据上述的功能需求分析，我们可以知道，本交通灯控制器要实现的是对12盏交通灯的控制，不需要复杂的计算，因此可以采用MCS-51系列单片机构建该交通灯控制器，并且对于单纯用硬件电路实现，使用单片机可以更方便地对交通灯控制器的功能实现扩充和完善。

二、总体方案设计

根据对上述项目功能需求的分析，本项目所要求的交通灯控制器可以以单片机为核心构建，单片机的相应引脚控制交通灯的点亮和熄灭。但是现在实际的交通灯多由LED构建，一盏交通灯通常由百余个LED组成，供电电压有使用直流12V/24V的，也有直接使用220V交流电的，一盏灯的额定功率通常为40W左右。显然，实际的交通灯不能直接用单片机的引脚直接控制，由于单片机的引脚没有这么大的驱动能力，因此，必须通过相应的输出接口电路（比如继电器），才能实现对实际交通灯的控制。

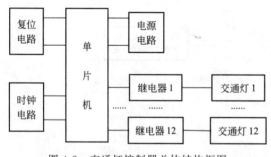

图4-2　交通灯控制器总体结构框图

根据上述分析，本交通灯控制器的总体方案可以设计如下：

硬件方面以单片机为核心，通过继电器连接要控制的交通灯，并通过单片机控制程序控制道口交通灯工作状态的转换，因此，本交通灯控制器就是一个简单的单片机应用系统。系统整体实现框图如图4-2所示。

任务二　系统硬件电路设计

在系统总体方案确定后，就可以开始单片机应用系统的硬件电路设计了。作为一个单片机应用系统，硬件电路设计的主要工作包括单片机I/O引脚的确定、电路原理图绘制、PCB

图绘制、硬件设计说明书的编写等。

一、单片机 I/O 引脚的确定

（一）单片机 I/O 引脚数量的确定

单片机应用系统硬件电路设计过程中，首先需要确定的是单片机 I/O 引脚的使用，也就是单片机哪些引脚作为信号输入引脚，哪些引脚作为控制信号的输出引脚。为了确定单片机引脚的使用方式，首先要通过逻辑抽象，确定单片机输入/输出信号的数量和输入/输出信号的形式。

对于本项目所要求的交通灯控制器，通过前面的分析我们知道，作为一个单片机应用系统，本系统没有相对单片机的输入信号，只有对交通灯进行控制所需的输出信号。系统中单片机输出控制信号到继电器，进而通过继电器控制交通灯的点亮和熄灭。继电器只有"接通"和"断开"两种工作状态，因此控制继电器所需要的是开关信号。

即，本单片机应用系统没有相对单片机的输入信号，单片机的输出信号类型是开关信号。

更进一步，单片机又需要输出几个开关信号呢？是不是 12 盏交通灯就需要输出 12 个开关信号呢？

如前所述，4 个方向的交叉道口共有 12 盏交通信号灯，仔细分析这 12 盏灯的工作情况，我们可以发现：

① 4 个方向的 4 盏黄灯一般是同时亮灭的，可以用同一个信号控制。

② 南、北 2 个方向的绿灯一般是同时亮灭的，可以用同一个信号控制；南、北 2 个方向的红灯一般也是同时亮灭的，也可以用同一个信号控制。

③ 东、西 2 个方向的绿灯一般是同时亮灭的，可以用同一个信号控制；东、西 2 个方向的红灯一般也是同时亮灭的，也可以用同一个信号控制。

根据上述分析，我们可以知道，4 个方向 12 盏交通信号灯总共需要 5 个控制信号就可以控制了。

控制信号数量还能不能进一步减少呢？

仔细观察或回想实际道口交通灯的工作过程就会发现，通常情况下，当南、北 2 个方向亮绿灯时，东、西 2 个方向通常亮红灯，也就是说南北方向的两盏绿灯和东西方向的 2 盏红灯是同时亮灭的，4 盏交通灯用一个控制信号就可以控制了。同样道理，南北方向的 2 盏红灯和东西方向的 2 盏绿灯一般是同时亮灭的，4 盏交通灯用一个控制信号就可以控制了。

这样，4 个方向总共 8 盏红绿灯使用 2 个控制信号就可以控制其工作，再加上 4 个方向的黄灯 1 个控制信号，整个系统用 3 个控制信号，就可以实现对 12 盏交通灯的控制。

由以上分析可见，不同的逻辑抽象结果直接决定着单片机所需输入/输出引脚的数量。因此，在单片机应用系统的硬件电路设计过程中，输入/输出信号的逻辑抽象分析是非常重要的一步。

由于逻辑抽象结果的不同，直接带来硬件设计方案的不同以及控制程序实现的不同，因此，在单片机应用系统的设计过程中，无论是硬件电路设计，还是控制程序设计，都没有标准答案。本书中对每一个学习项目，所给出的硬件设计方案和控制程序实现都只是为大家提供一个参考。大家在学习过程中，完全可以根据自己的学习和理解，采用不同的项目设计方案,只要能够实现项目所要求的功能即可。

（二）系统硬件电路的初步设计

根据上述分析结果,即可确定所用单片机 I/O 引脚的数量,进而采用相应的工具软件（比如 Protel DXP）绘制出系统的原理图和 PCB 布线图,完成系统硬件电路的初步设计。当然,单片机应用系统的最终硬件设计方案,需要经过软、硬件联合调试和实际的功能验证后才能确定。

二、单片机应用系统硬件设计说明书的编写

单片机硬件电路初步设计完成后,应编写系统的硬件设计说明书,一方面作为项目开发的存档资料备查,一方面作为系统控制程序编写的基本依据。

硬件设计说明书内容应包括项目的开发目的、功能概述、硬件电路方框图、引脚功能定义等相关内容。

请自行尝试完成系统硬件电路设计,并编写系统硬件设计说明书。

也可扫描左边二维码,获取本项目的参考硬件设计方案和硬件设计说明书（参考原理图中为程序仿真演示方便,以单个 LED 代替交通灯,并省去了继电器）。

项目四
硬件电路设计参考
方案

任务三 系统控制程序编写

在单片机应用系统硬件设计方案确定后,就可以着手编写单片机应用系统的控制程序。

一、程序流程图的绘制

对于比较复杂的单片机应用系统控制程序,在编写代码之前,一般首先需要画出控制程序的流程图。程序流程图是指程序执行流程的图形化表示。通过绘制程序流程图,可以理清编写思路,提高程序编写和调试效率。

程序流程图可以在纸面手工绘制,也可以使用 WPS、Word 或者 Visio 等常用办公软件绘制,上述常用办公软件中都提供程序流程图绘制功能。

（一）单片机应用系统控制程序流程图绘制方法

如前所述,单片机主要用于控制领域,单片机应用系统的控制程序主要实现对系统中被控对象工作状态的控制,相应地,单片机控制程序的执行流程是和被控对象状态转换过程对应的。因此,绘制单片机控制程序流程图之前,首先要理清系统中被控对象的工作状态转换过程和发生工作状态转换时的对应条件。

仔细梳理本项目所要求的交通灯工作状态转换过程,可知交通灯系统共有 3 个不同的工作状态,分别是：

状态 1：南北方向绿灯亮,东西方向红灯亮。表示道口的南北方向可以通行。

状态 2：东、西、南、北 4 个方向黄灯闪烁。表示通行方向即将发生转换。

状态 3：东西方向绿灯亮,南北方向红灯亮。表示道口的东西方向可以通行。

根据项目设计要求,交通灯的工作状态转换过程如图 4-3 所示。

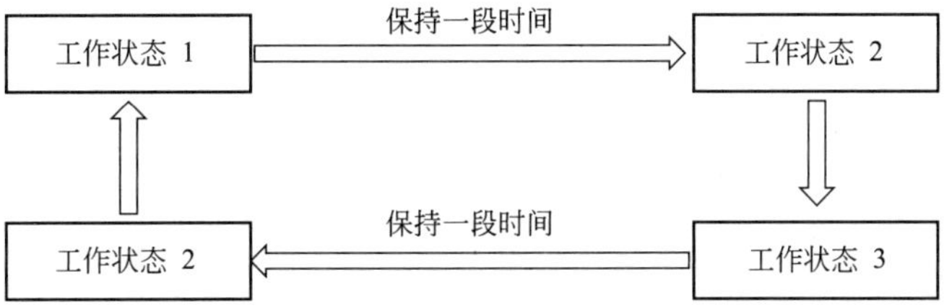

项目四 顺序点亮多盏交通灯

```
┌─────────┐  保持一段时间  ┌─────────┐
│ 工作状态 1 │ ═══════════> │ 工作状态 2 │
└─────────┘              └─────────┘
     ▲                        │
     │                        ▼
┌─────────┐  保持一段时间  ┌─────────┐
│ 工作状态 2 │ <═══════════ │ 工作状态 3 │
└─────────┘              └─────────┘
```

图 4-3 交通灯工作状态转换示意图

（二）交通灯控制器控制程序流程图示例

梳理出被控对象的工作状态转换图以后，就可以绘制控制程序的流程图。程序流程图的绘制方法是，根据被控对象的工作过程转换图，将工作状态转换图中每一个工作状态的控制对应一个程序模块，将不同工作状态之间的转换条件判断也对应一个程序模块，并将工作状态转换图中的状态转换过程对应为不同程序模块的执行过程，就可以绘制出系统控制程序的执行流程图。

对于本项目所要求的交通灯控制器，根据图 4-3 所示的工作状态转换图，按照上述流程图的绘制方法，就可以绘制出控制程序流程图，如图 4-4 所示。

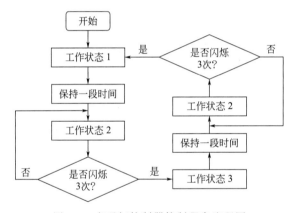

图 4-4 交通灯控制器控制程序流程图

从图 4-4 可以看出，程序流程图就是用带文字的方框表示程序的功能模块，用带文字的菱形框表示条件判断，用箭头表示程序执行过程方向，从而形成的程序执行过程图形化表示。

画出程序流程图后，应仔细对照项目的控制要求，查看流程图中是否有功能模块的遗漏，各功能模块间的执行过程能否满足产品功能的要求。流程图经初步检查无误后，就可以编写单片机应用系统的控制程序了。

二、交通灯控制器控制程序的编写分析

在编写具体程序代码之前，应先根据所绘制的程序流程图，分析和了解程序编写所需的关键知识，以提高程序编写和调试的效率。

如图 4-3 所示，本项目控制程序要控制道口 12 盏交通灯，在 3 个不同工作状态之间进行循环转换。假定按照本书二维码中所提供的参考硬件设计方案，单片机引脚的功能定义如表 4-1 所示。

表 4-1 交通灯控制器单片机引脚功能定义

引脚	功能定义
P1.0	黄灯控制引脚。输出高电平黄灯点亮,输出低电平黄灯熄灭
P1.1	南北方向绿灯控制引脚。输出高电平绿灯点亮,输出低电平绿灯熄灭
P1.2	南北方向红灯控制引脚。输出高电平红灯点亮,输出低电平红灯熄灭
P1.3	东西方向绿灯控制引脚。输出高电平绿灯点亮,输出低电平绿灯熄灭
P1.4	东西方向红灯控制引脚。输出高电平红灯点亮,输出低电平红灯熄灭

根据表 4-1 中单片机引脚的功能定义,并结合系统工作状态的功能需求可知,系统工作状态 1 和工作状态 3 的实现都需要对单片机多个引脚的输出状态进行同时控制。

比如:工作状态 1 就需要控制程序使 P1.1 引脚和 P1.4 引脚同时输出高电平,而 P1.0 引脚、P1.2 引脚、P1.3 引脚同时输出低电平。

同时,工作状态 1 和工作状态 3 都能够保持一段时间,而系统的整个工作过程则需要实现图 4-3 所示的不同状态间的循环往复。

从上述分析可知,本项目控制程序编写的关键在于 3 点:
① 如何实现对单片机多个引脚输出状态的同时控制。
② 如何能够让某个工作状态保持一段时间。
③ 如何实现不同工作状态之间的循环转换。

显而易见,只有清楚上述 3 个关键方面的实现方法后,才能正确编写项目控制程序。

三、项目控制程序实现的关键知识学习

(一)单片机多个引脚输出状态的同时控制

当然,在所用单片机引脚输出状态可以锁存的情况下,可以一条语句控制一个单片机引脚的输出状态,通过多条语句完成对单片机多个引脚输出状态的控制。但是这种程序实现思路存在编程效率低、程序语句多、占用单片机存储空间大等缺点。

能否一条语句同时控制多个单片机引脚的输出状态呢?

答案是:可以,常用方法主要有两种。

方法一:使用赋值语句同时控制单片机多个引脚的输出状态。

单片机引脚输出状态的控制是通过给对应的端口寄存器赋值来实现的。给单片机端口寄存器赋值时,可以给每个寄存器位单独赋值,也可以给多个端口寄存器位一次同时赋值,从而实现对多个单片机引脚输出状态的同时控制。

以 MCS-51 单片机为例,可以使用如下汇编语言语句同时对多个端口寄存器位进行赋值。

```
MOV P1,#11001010B
```

也可以使用 C51 编程语言,对多个端口寄存器位同时赋值,比如:

```
#include <reg52.h>
void main()
{
    P1 = 0xca;
}
```

上述的汇编语言语句 MOV P1，♯11001010B 和 C51 语言程序中的语句 P1＝0xca，都实现了一次将 MCS-51 单片机的 P1.7 引脚、P1.6 引脚、P1.3 引脚、P1.1 引脚设置成高电平输出状态，同时将 MCS-51 单片机的 P1.5 引脚、P1.4 引脚、P1.2 引脚、P1.0 引脚设置成低电平输出状态。即通过一条语句同时实现了对 MCS-51 单片机 8 个引脚输出状态的控制。

注意：使用端口寄存器赋值的方法，一次控制多个单片机引脚的输出状态。由于一次要对整个端口寄存器所有寄存器位进行赋值，使用此方法进行操作时，会影响到不需要使用的引脚的状态，因此，必须保证赋值语句中赋给端口寄存器的值正确，否则，将会带来意料不到的后果。

拓展知识 1 ▶▶

MCS-51 单片机的 MOV 指令及其使用

前述汇编语言语句 MOV P1，♯11001010B 中使用了 MCS-51 单片机的 MOV 指令，下面，我们就来一起深入了解 MCS-51 单片机的 MOV 指令。

MOV 指令是 MCS-51 单片机汇编语言程序中使用最多的一条汇编语言指令，其功能是实现 MCS-51 单片机内部数据存储器（内部 RAM）中不同存储单元之间的数据传送，也可以用来给某个内部数据存储单元直接赋值，因此，也可称为赋值指令。

由于 MCS-51 单片机的端口寄存器就位于单片机内部数据存储器中，因此，在 MCS-51 单片机汇编语言程序中对端口寄存器直接赋值时，就需要使用 MOV 指令。

MOV 指令实现赋值操作的具体方法如下：

① MOV 寄存器名称，立即数

② MOV 存储单元地址，立即数

上述两种方法用来实现对寄存器或者内部 RAM 中的存储单元直接赋值，语句中的"立即数"是指要赋值的具体数值。例如：

MOV R0，♯50　　 ；该指令的功能是直接给寄存器 R0 赋值 50；

MOV 60H，♯50　　；该指令的功能是直接给内部 RAM 中地址为 60H 的存储单元赋值 50。

注意：

• 上述两种 MOV 指令中立即数的表示方法必须在相应的数字前加上符号"♯"，以表示后面所跟的数字为立即数。立即数指可以直接用来操作的数字。

• MCS-51 单片机汇编语言指令中的立即数可以用十进制、二进制、十六进制等不同的进制表示形式。立即数以二进制表示时，需要在数字后面加上字母"B"；立即数以十进制表示时，可以在数字后面加上字母"D"，也可以省略不加；立即数以十六进制表示时，需要在数字后面加上字母"H"或者在数字前面加上"0x"的前缀，并且，**如果十六进制的立即数是以字母开头，还必须在第一个字母前面加上数字"0"**。比如：

MOV P1，♯00110110B　；该指令中逗号后面的"♯"表示后面跟的是一个立即数，数字后面的字母"B"表示这是一个二进制表示的立即数。

MOV R0，♯50　　　　；该指令中逗号后面的"♯"表示后面跟的是一个立即数，数字后面没有任何字母表示该立即数是十进制表示的，其标志字母"D"被省略了。

MOV P1，♯65H　　　 ；该指令中逗号后面的"♯"表示后面跟的是一个立即数，数字后面

　　　　　　　　　　的字母"H"表示这是一个十六进制表示的立即数。
　MOV P2，#0F3H　　；该指令中逗号后面的"#"表示后面跟的是一个立即数，数字后面
　　　　　　　　　　的字母"H"表示这是一个十六进制表示的立即数。由于该指令中
　　　　　　　　　　的十六进制数是以字母开头的，因此，在首字母"F"前面必须加
　　　　　　　　　　数字"0"。
　MOV P1，#0x16　　；该指令中逗号后面的"#"表示后面跟的是一个立即数，数字前面
　　　　　　　　　　的"0x"前缀表示这是一个十六进制表示的立即数。这是十六进制
　　　　　　　　　　立即数的又一种表示方式。

③ MOV 寄存器1，寄存器2

使用 MOV 指令，也可以实现两个不同寄存器之间的数据传送。例如：

　MOV A，R0　　　；该指令表示将工作寄存器 R0 中的内容传送到累加器 A 中，并保持
　　　　　　　　　工作寄存器 R0 中的内容不变。

注意：该 MOV 指令使用方式中的两个寄存器必须有一个是特殊功能寄存器，两个寄存器不能都是工作寄存器，也就是说，不能使用 MOV 指令在两个工作寄存器之间直接传送数据。比如，不允许在 MCS-51 单片机的汇编语言控制程序中直接使用如下指令语句：

　MOV R1，R0　　　；这样的数据传送语句会出现编译错误。

如果汇编语言程序中，确实需要将工作寄存器 R0 中数据传送到工作寄存器 R1 保存，可通过累加器 A 进行中转，以便完成两个工作寄存器之间的数据传送。比如：

　MOV A，R0
　MOV R1，A

④ MOV 存储单元地址，寄存器

⑤ MOV 寄存器，存储单元地址

上述两种 MOV 指令使用方法，用来在寄存器和内存单元地址所对应的存储单元之间实现数据传送。比如：

　MOV 60H，R1　　；该条指令实现将寄存器 R1 中的数据传送到地址 60H 所指向的内存单元
　　　　　　　　　中，并保持寄存器 R1 中的内容不变。
　MOV R0，70H　　；该条指令实现将地址 70H 所指向的内存单元中的数据传送到寄存器 R0
　　　　　　　　　中，并保持地址 70H 所指向的内存单元中的内容不变。

注意上述两种方法中内存单元地址的表示方法，并注意和指令中立即数表示方法的区别。

方法二：使用逻辑运算同时控制单片机多个引脚的输出状态。

使用方法一的直接赋值操作同时控制单片机多个引脚的输出状态，容易影响到其他不用引脚的输出状态，尤其是对于比较复杂的单片机控制程序，当程序需要完成对多个单片机引脚输出状态控制时，正确计算出所应赋给单片机端口寄存器的值，往往是一件比较困难的事情。

为了避免直接赋值操作带来的上述问题，可以使用逻辑操作的方式实现对单片机多个引脚输出状态的同时控制，具体方法如下。

如果想要某个寄存器位的值清0，就将该寄存器位和"0"做逻辑"与"运算；如果想将某个寄存器位的值设置成"1"，就将该寄存器位和"1"做逻辑"或"运算；举例如下：

逻辑运算示例1：试编程使 MCS-51 单片机 P1 端口的 P1.6 引脚、P1.4 引脚、P1.1 引

脚输出低电平，并保持 P1 端口其他引脚的输出状态不变。

由于本例中并不知道 P1 端口寄存器中 P1.6、P1.4、P1.1 之外的其他寄存器位的当前状态，无法确定赋值语句中赋值的立即数应该是多少，所以无法使用赋值操作。在此情况下，就要使用逻辑操作来完成对多个单片机引脚输出状态的同时控制。使 P1.6、P1.4、P1.1 三个寄存器位与"0"相"与"，使 P1 端口寄存器的其他寄存器位和"1"相"与"，就可以实现示例所要求的控制功能。

MCS-51 单片机汇编语言程序实现语句如下：

ANL P1, #10101101B

上述语句中的"ANL"是 MCS-51 定义的逻辑"与"操作指令，其功能是将后面跟的两个 8 位操作数按位相"与"，并将逻辑运算结果保存到第一个操作数中。因此，上述语句实现的具体功能是，把 P1 端口寄存器的值和二进制立即数 10101101 按位相"与"，并将逻辑运算后的结果保存到第一个操作数 P1 寄存器中。由于与"0"逻辑"与"运算的结果必然为"0"，与"1"逻辑"与"运算后保持原来的值不变，上述语句执行完毕后，就可以实现示例所要求的：使 MCS-51 单片机 P1 端口的 P1.6 引脚、P1.4 引脚、P1.1 引脚输出低电平，并保持 P1 端口其他引脚的输出状态不变。

当然上述功能也可以采用 C51 语言编程实现，参考程序如下：

```
#include <reg52.h>
void main()
{
    P1 = P1&0xad;
}
```

逻辑运算示例 2：试编程使 MCS-51 单片机 P1 端口的 P1.7 引脚、P1.3 引脚、P1.0 引脚输出高电平，并保持 P1 端口其他引脚的输出状态不变。

根据上面我们了解的逻辑操作的特点，就可以使用逻辑"或"操作，使 P1.7、P1.3、P1.0 三个寄存器位与"1"相"或"，使 P1 端口寄存器的其他寄存器位和"0"相"或"，就可以实现示例所要求的控制功能。

MCS-51 单片机汇编语言程序实现语句如下：

ORL P1, #10001001B

上述语句中的"ORL"是 MCS-51 定义的逻辑"或"操作指令，其功能是将后面所跟的两个 8 位操作数按位相"或"，并将逻辑运算结果保存到第一个操作数中。因此，上述语句实现的具体功能是，把 P1 端口寄存器的值和二进制立即数 10001001 按位相"或"，并将逻辑运算后的结果保存到第一个操作数 P1 寄存器中。由于与"1"逻辑"或"运算的结果必然为"1"，与"0"逻辑"或"运算后保持原来的值不变，上述语句执行完毕后，就可以实现示例所要求的：使 MCS-51 单片机 P1 端口的 P1.7 引脚、P1.3 引脚、P1.0 引脚输出高电平，并保持 P1 端口其他引脚的输出状态不变。

当然上述功能也可以采用 C51 语言编程实现，参考程序如下：

```
#include <reg52.h>
void main()
{
    P1 = P1|0x89;
}
```

拓展知识 2

逻辑运算的初步了解

逻辑运算是指现实中事物因果关系转换的一种推理表示方法，逻辑运算只有两种结果："真"和"假"，逻辑运算结果为"真"，表示事件会发生，逻辑运算结果为"假"，表示事件不会发生。

为了表示方便，常将事件发生与否的状态和逻辑运算的结果抽象为两个特定的值："1"和"0"，用数值"1"表示事件会发生或者逻辑运算结果为"真"，用数字"0"表示事件不会发生或者逻辑运算结果为"假"。采用布尔代数可以实现逻辑运算的数学表示。

基本逻辑运算主要有 3 种，分别是：

(1) 逻辑"与"运算

逻辑"与"运算用来表示，只有当某个事件发生的所有前提条件都满足的情况下，该事件才会发生。

采用布尔代数表示逻辑"与"运算，就是只有当所有参与逻辑"与"运算的变量的值都是"1"时，逻辑"与"运算的结果才会为"1"，只要参与逻辑"与"运算的所有变量中，有一个值为"0"，整个逻辑"与"运算的结果就会为"0"。

因此，逻辑"与"运算的特点是：不论变量原来的值是"1"还是"0"，只要和"0"进行逻辑"与"，运算结果必定为"0"；当一个逻辑变量和数值"1"相"与"时，运算结果保持变量原来的值不变，即如果变量原来的值为"1"，和"1"相"与"后，结果仍然为"1"，如果变量原来的值为"0"，和"1"相"与"后，结果仍然为"0"。

由于逻辑"与"运算的上述特点，单片机控制程序中，常常使用逻辑"与"运算使单片机寄存器某些位的值变为"0"，而保持寄存器其他位的值不变。

(2) 逻辑"或"运算

逻辑"或"运算用来表示，某个事件发生的所有前提条件中只要有一个条件满足，该事件就会发生。

采用布尔代数表示逻辑"或"运算，就是所有参与逻辑"或"运算的变量的值只要有一个为"1"，逻辑"或"运算的结果就会为"1"，只有参与逻辑"或"运算的所有变量的值都为"0"，整个逻辑"或"运算的结果才会为"0"。

因此，逻辑"或"运算的特点是：不论变量原来的值是"1"还是"0"，只要和"1"进行逻辑"或"，运算结果必定为"1"；当一个逻辑变量和数值"0"相"或"时，其运算结果保持变量原来的值不变，即如果变量原来的值为"1"，和"0"相"或"后，结果仍然为"1"，如果变量原来的值为"0"，和"0"相"或"后，结果仍然为"0"。

由于逻辑"或"运算的上述特点，单片机控制程序中，常常使用逻辑"或"运算使单片机寄存器某些位的值变为"1"，而保持寄存器其他位的值不变。

(3) 逻辑"非"运算

逻辑"非"运算用来表示事物的发展走向自己的反面。

采用布尔代数表示逻辑"非"运算，就是如果变量原来的值为"1"，逻辑"非"运算后结果就变为"0"；如果变量原来的值为"0"，逻辑"非"运算后结果就变为"1"。

（二）输出状态保持一段时间的程序实现

本项目要求交通灯的工作状态 1 和工作状态 3 都能够保持一段时间，将某个状态保持一段时间，在控制程序中也称为延时一段时间。延时程序的实现方法，已经在本书项目三的拓展任务中学习过，具体实现方法不止一种，这里不再赘述，请自行参考。实现示例摘录如下：

（1）MCS-51 单片机汇编语言延时程序示例：

```
            MOV R0,#50
LOOP:MOV R1,#100
            DJNZ R1,$
            DJNZ R0,LOOP
```

（2）C51 语言延时程序示例：

```
int i;
for(i = 1;i<100;i++)
{
    ;
}
```

（三）循环程序的编写

从图 4-3 所示的系统状态转换图可以看出，本项目控制程序需要控制交通灯在 3 个工作状态间反复循环转换，因此，从程序结构上来看，本项目控制程序应该是一个非常典型的循环程序结构。

那么，在单片机的控制程序中，如何实现所需要的循环程序结构呢？

1. 常见的循环程序结构

单片机控制程序中常见的循环程序结构可以分成如下几种常见的类型：

（1）无条件循环

无条件循环是指程序执行一旦进入循环体，就不再从循环体退出的一种程序结构，也就是我们常说的死循环。

（2）确定条件循环

确定条件循环是指只有循环执行条件满足时才会执行循环体，循环执行条件不满足时就会退出循环的一种程序结构。

（3）确定次数循环

确定次数循环可以认为是确定条件循环的一种特殊情况，即事先有确定的循环次数，在没有达到所确定的循环次数的情况下执行下一次循环，达到规定的循环次数后就退出循环。

2. 循环程序结构的汇编语言实现

（1）无条件循环的实现

在单片机控制程序中，无条件循环（也称死循环）采用无条件转移语句实现，即在循环体结束时放一条无条件转移语句，使程序的执行转移到循环体的开始，从而开始循环体的下一次循环执行。举例如下：

假定 MCS-51 单片机的 P1.5 引脚连接一个 LED，高电平点亮，试编程使 LED 不停闪烁。

参考程序及相应注释如下（程序中相关转移指令的含义见后续拓展知识部分的讲解）：

```
                    ORG 0000H
                    SJMP MAIN
                    ORG 0100H
            MAIN:   SETB P1.5          ;点亮 LED
                    MOV R1,#200        ;保持一段时间
                    DJNZ R1,$
                    CLR P1.5           ;熄灭 LED
                    MOV R1,#200        ;保持一段时间
                    DJNZ R1,$
                    LJMP MAIN          ;无条件转移语句,使程序执行转移到
                                       ;下一次闪烁的开始,构成无条件循环
```

(2) 确定条件循环的实现

确定条件循环程序实现的关键在于对循环条件是否满足的判断。汇编语言程序中主要使用条件判断指令来完成循环条件的判断。举例如下：

假定 MCS-51 单片机的 P1.5 引脚连接一个 LED，高电平点亮，试编程实现当工作寄存器 R0 的值不为 0 时 LED 不停闪烁，当工作寄存器 R0 为 0 时 LED 闪烁停止。

参考程序及注释如下（程序中相关转移指令的含义见后续拓展知识部分的讲解）：

```
                    ORG 0000H
                    SJMP MAIN
                    ORG 0100H
            MAIN:   MOV R0,#10
            LOOP:   SETB P1.5          ;点亮 LED
                    MOV R1,#200        ;保持一段时间
                    DJNZ R1,$
                    CLR P1.5           ;熄灭 LED
                    MOV R1,#200        ;保持一段时间
                    DJNZ R1,$
                    DEC R0             ;R0 的值减 1
                    CJNE R0,#0,LOOP    ;判断循环条件是否满足,如果循环条件满足,
                                       ;则开始下一次循环,否则循环结束
                    SJMP $             ;循环条件不满足,循环结束.
```

(3) 确定次数循环的实现

确定次数循环程序实现的关键在于循环次数的控制。通常可以采用如下两种实现思路。

第一种思路：循环次数加 1 计数。

在程序中设置一个循环次数计数器，循环开始时给循环次数计数器赋值为 0，每循环一次，循环次数计数器的值加 1，并判断循环次数计数器的值是否达到确定的循环次数值，如达到所要求的循环次数，则停止循环，否则，开始下一次循环。

第二种思路：循环次数减 1 计数。

在程序中设置一个循环次数计数器，循环开始时给循环次数计数器赋值为所要求的循环次数，每循环一次，循环次数计数器的值减 1，并判断循环次数计数器的值是否减到 0，如循环次数计数器的值减到 0，则停止循环，否则，开始下一次循环。

举例如下：

假定 MCS-51 单片机的 P1.5 引脚连接一个 LED,高电平点亮,试编程使 LED 灯闪烁 100 次。

参考程序与注释如下(程序中相关转移指令的含义见后续拓展知识部分的讲解):

第一种思路:

```
            ORG 0000H
            SJMP MAIN
            ORG 0100H
MAIN:       MOV R0,#0          ;以寄存器 R0 作为循环次数计数器,并赋初值"0"
LOOP:       SETB P1.5          ;点亮 LED
            MOV R1,#200        ;保持一段时间
            DJNZ R1,$
            CLR P1.5           ;熄灭 LED
            MOV R1,#200        ;保持一段时间
            DJNZ R1,$
            INC R0             ;每循环一次,循环次数计数器的值加 1
                               ;INC 是 MCS-51 单片机定义的加 1 指令,其功能是把后面所
                               ;跟寄存器的值加 1
            CJNE R0,#100,LOOP  ;判断循环次数计数器的值是否达到了最大值,若没有达到,
                               ;则开始下一次循环,否则循环结束
            SJMP $             ;循环结束
```

第二种思路:

```
            ORG 0000H
            SJMP MAIN
            ORG 0100H
MAIN:       MOV R0,#100        ;以寄存器 R0 作为循环次数计数器,并赋初值"100"
LOOP:       SETB P1.5          ;点亮 LED
            MOV R1,#200        ;保持一段时间
            DJNZ R1,$
            CLR P1.5           ;熄灭 LED
            MOV R1,#200        ;保持一段时间
            DJNZ R1,$
            DEC R0             ;每循环一次,循环次数计数器的值减 1
                               ;DEC 是 MCS-51 单片机定义减 1 指令,其功能是把后面所
                               ;跟寄存器的值减 1
            CJNE R0,#0,LOOP    ;判断循环次数计数器的值是否减到了 0,若没有减到 0;则开始下
                               ;一次循环,否则循环结束
            SJMP $             ;循环结束。
```

拓展知识 3

MCS-51 单片机转移指令及其使用

(1) 无条件转移指令 SJMP、AJMP、LJMP

为了实现程序执行过程的转移,MCS-51 单片机定义了 3 条无条件转移指令。无条件转移指令是指当程序执行遇到该条指令时,将会无条件转移到指令中指定的目的语句。

MCS-51 单片机定义了 3 条无条件转移指令，分别是：

短转移指令 SJMP；

绝对转移指令 AJMP；

长转移指令 LJMP。

这 3 条转移指令都可以在 MCS-51 单片机汇编语言程序中实现程序执行的无条件转移。不同之处在于转移指令转移的地址范围不同。

在单片机应用系统中，控制程序是存储在系统的程序存储器中，程序中的每条语句或指令在程序存储器中储存单元都会有相应的单元地址，称为指令的存储地址。通常情况下，控制程序中的各条指令语句是按照书写的先后顺序存储在程序存储器中。

转移指令转移的地址范围是指程序存储器中转移指令所对应的存储单元地址和转移到的目标指令所对应的存储单元地址之间的差异。

MCS-51 单片机 3 条转移指令所对应的转移地址范围分别是：

短转移指令 SJMP，转移地址范围：256B。

绝对转移指令 AJMP，转移地址范围：2KB。

长转移指令 LJMP，转移地址范围：64KB。

无条件转移指令的具体书写方法可参见前述程序示例。

（2）比较转移指令 CJNE

指令书写格式：

CJNE 第一个操作数，第二个操作数，转移目标地址

该条指令的功能是：先比较指令中给定的第一操作数和第二操作数的值是否相等，如果不相等，则程序执行转移到指令中"转移目标地址"所指向的语句执行；如果两个操作数的值相等，则程序执行不转移，继续往下顺序执行。

其中，最后一个操作数"转移目标地址"，常用语句标号的形式给出，比如：

    CJNE R0,#50,LOOP ;指令中的 LOOP 是语句标号.

（3）减 1 转移指令 DJNZ

指令书写格式：

DJNZ 操作数 1，目的地址

该指令的功能是：将第一个操作数的值减 1，并判断结果是否等于 0，如果结果不等于 0，则程序执行转移到"目的地址"所指向的指令语句执行。如果减 1 后的结果等于 0，则程序向下继续顺序执行。例如：

  DJNZ R1, LOOP ;其中 LOOP 为语句标号，代表程序要转移到的目的语句

（4）加 1 和减 1 指令：INC、DEC

MCS-51 单片机专门定义了加 1 指令 INC 和减 1 指令 DEC，以方便程序中对相关存储单元的内容进行加 1 和减 1 运算。具体指令格式如下：

  INC A   ;对累加器 A 中的数值加 1

  INC direct   ;对直接地址所指向的存储单元中的值加 1

  INC Rn   ;对工作寄存器中存储的数值加 1。指令中的 Rn 代表所有工作寄存器，可以是 R0~R7 中的任何一个

```
INC DPTR           ;对寄存器 DPTR 中的数值加 1
INC @Ri            ;对寄存器 Ri 中所存储的地址单元中的数值加 1。其中的 Ri 代表;
                    间接寻址寄存器,可以是 R0、R1 两个寄存器中的任何一个
DEC A              ;对累加器 A 中的数值减 1
DEC Rn             ;对工作寄存器中存储的数值减 1。指令中的 Rn 代表所有工作寄存
                    器,可以是 R0~R7 中的任何一个
DEC direct         ;对直接地址所指向的存储单元中的数值减 1
DEC @Ri            ;对寄存器 Ri 中所存储的地址单元中的数值加 1。其中的 Ri 代表;
                    间接寻址寄存器,可以是 R0、R1 两个寄存器中的任何一个
```

3. 循环程序结构的 C51 语言程序实现

MCS-51 系列单片机控制程序中的循环程序也可以采用 C51 语言编写。具体实现方法如下:

(1) 无条件循环的实现

采用 C51 语言进行单片机应用系统编程时,无条件循环通常采用 while 语句实现,并将 while 语句中的判断条件恒定设置为 1。举例如下:

假定 MCS-51 单片机的 P1.5 引脚连接一个 LED,高电平点亮,试编程使所连接的 LED 灯不停闪烁。

由于示例要求 LED 要不停闪烁,并没有给出闪烁停止的要求,因此程序需要采用无条件循环的方式实现。采用 C51 语言的参考程序及注释如下:

```
#include <reg52.h>
sbit LED = P1^5;
void main()
 {
    int j;
    while(1)                      //用判断条件恒成立的 while 语句构成死循环
    {
      LED = 1;
      for(j = 0;j<100;j++)        //此处实现延时一段时间
       {;}
      LED = 0;
       for(j = 0;j<100;j++)       //此处实现延时一段时间
       {;}
    }
 }
```

(2) 判断条件循环的实现

单片机应用系统 C51 语言控制程序中,通常也是采用 while() 语句实现有条件的循环。举例如下。

假定 MCS-51 单片机的 P1.5 引脚连接一个 LED,高电平点亮,试编程实现当累加器 A 的值小于 10 时,所连接的 LED 灯不停闪烁;否则,LED 灯熄灭。

参考程序及注释如下:

```
#include <reg52.h>
   sbit LED = P1^5;
   void main()
   {
      int j;
      while(ACC<10)                    //控制循环次数
      {
         LED = 1;
         for(j=0;j<100;j++)            //此处实现延时一段时间
          {;}
         LED = 0;
         for(j=0;j<100;j++)            //此处实现延时一段时间
          {;}
      }
   }
```

（3）规定次数循环的实现

对于规定次数循环程序，通常使用 for 循环语句来实现。for 循环语句的具体形式为：

for(循环次数变量初值;结束循环条件;循环变量的变化步长)
{
    循环体;
}

实际上，上面的参考程序中，延时程序的实现就采用了 for 循环语句，重新摘录和解释如下：

for(j=0;j<100;j++)
 {;}

上述 for 循环语句的功能是：以整型变量 j 为循环次数控制变量，变量 j 的初始值设置为 0，以 j<100 作为循环退出条件，每循环一次，变量 j 的变化步长为 1。这样就决定了下面的循环体将会被循环执行 100 次。

四、项目汇编语言控制程序编写

根据所绘制的项目控制程序流程图和所学的上述控制程序编写的相关知识，就可以在 Keil 程序开发平台上编写本项目的控制程序。当然，项目控制程序的编写既可以采用汇编语言，也可以采用 C51 高级语言。

（一）汇编语言程序的初步编写

请根据所确定的控制程序流程图，编写本项目的汇编语言控制程序，并在 Keil 单片机应用程序开发平台上编译通过。

程序编写过程中，可以一个模块一个模块地编写和编译，逐步增加程序代码模块，以提高程序编译过程中排除语法错误的效率。

也可以扫描左侧的二维码，获取本项目的汇编语言参考程序。

项目四
初步完成的汇编
语言参考程序

仔细阅读上述二维码所提供的参考程序可以发现：

① 汇编语言程序书写比较烦琐，代码段整体较长。这正是汇编语言存在的不足。

② 汇编语言程序中的每一条语句都对应了单片机工作过程中的一项操作，因此，从汇编语言程序中能够清晰地看到单片机的每一步动作过程，这可以在单片机控制程序的调试过程中带来较大的帮助，这是汇编语言编程的优势所在。

③ 在汇编语言程序中，第二条 LJMP MAIN 语句，使用转移指令 LJMP 和语句标号 MAIN 相配合，实现了程序的无条件循环。

④ 参考程序中有很多重复书写的代码段，比如："保持一段较长时间"对应的代码段被重复书写了 2 遍；而"保持一段较短时间"的代码段，则更被重复书写了 12 遍，这些代码段的重复书写，正是导致汇编语言程序代码整体较长的主要原因。

那么，有没有好的方法可以减少汇编语言代码段的长度呢？

答案是：有。

方法就是：在汇编语言程序中定义和使用子程序。

（二）汇编子程序的定义和调用

1. 什么是汇编语言子程序？

对于汇编语言中需要重复书写多遍的代码段，可以通过子程序的方式，大大减少代码书写的繁复程度，也可以通过使用子程序大大减少程序代码的整体长度，从而减少所需的程序存储器空间。

子程序是指在汇编语言程序中能够完成一定功能，只需要书写一遍，但却可以被反复使用的代码段。汇编语言的子程序，类似于高级编程语言中的函数。

在 MCS-51 单片机汇编语言程序中，子程序分为普通子程序和中断服务子程序，中断服务子程序的定义和使用方法，我们在学习中断的时候再去学习。现在先来学习普通子程序的定义和使用方法。

2. 如何定义 MCS-51 单片机汇编语言程序中的普通子程序？

普通子程序的定义分成两大步：

① 在代码段的第一行添加一个语句标号，作为子程序的名称。

② 在代码段的最后一行添加一条返回语句 RET，作为子程序的结束。

比如，我们将上述项目汇编语言程序中"保持一段较短时间"功能的代码段，定义为一个子程序。方法如下：

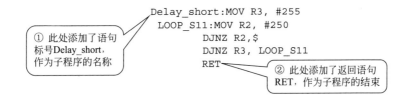

原来的程序段经过上述两步处理后，就定义成为一个名称为 Delay_short 的子程序，在程序中就可以作为一个子程序使用了。

类似的，我们也可以将上述项目汇编语言参考程序中的"保持一段较长时间"功能代码段，定义为一个子程序使用。如下所示：

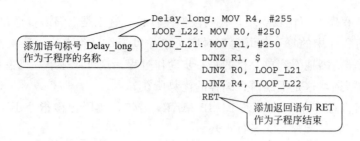

子程序的定义需要注意两点：

① 子程序的名称要符合汇编语言的语句标号命名规则，并尽量能够反映出子程序的基本功能。比如上面的子程序名称 Delay_long，表示延时一段较长的时间。

② 一定不能忘记子程序最后的返回语句 RET，否则，程序的执行将无法从子程序返回到主程序。

3. 定义好的 MCS-51 单片机汇编语言程序子程序如何使用？

方法是通过子程序调用指令进行调用。

MCS-51 单片机定义了 2 条子程序调用指令，分别是：

长调用指令：LCALL 子程序名称。

绝对调用指令：ACALL 子程序名称。

两条调用指令的主要区别在于调用范围不同。在程序存储器中，子程序调用语句对应存储单元的地址和子程序定义语句所在存储单元的地址之间的范围就是子程序调用指令的调用范围。如图 4-5 所示。

长调用指令 LCALL 的调用范围为 64KB。

绝对调用指令 ACALL 的调用范围为 2KB。

如果不想计算子程序的调用范围，就在程序中全部使用长调用指令 LCALL。

上面定义的两个子程序就可以使用子程序调用指令在程序中进行调用。

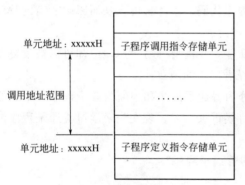

图 4-5　MCS-51 单片机子程序调用指令调用范围示意图

（三）项目汇编语言程序子程序化改进

学会子程序的定义和调用指令之后，我们就可以使用子程序对前述的项目汇编语言参考程序进行改进。将原参考程序中的"延时一段较长时间"和"延时一段较短时间"功能代码段，分别定义成子程序 Delay_Long 和 Delay_Short，并调用这两个子程序，实现所需要的延时。

可扫描左侧的二维码，获取改进后的汇编语言参考程序，对比使用子程序前的汇编语言程序和使用子程序后的汇编语言程序，不难发现，使用子程序后整个程序代码长度大大缩短，程序的结构层次也更加清晰。

对于上面使用子程序改进后的汇编语言程序，还能否再进一步改进呢？

仔细阅读并分析上面改进后的汇编语言程序，可以发现，程序中实现黄灯闪烁的代码段也被重复使用了多遍，根据子程序定义的思想，我们也可以将其定义为一个子程序。参考如下：

项目四
初步改进的汇编
语言参考程序

```
Yellow_flash: MOV P1, #11100001B  ；黄灯点亮
              ;调用子程序保持一段较短时间
              LCALL DELAY_SHORT
              MOV P1, #11100000B  ；黄灯熄灭
              ;调用子程序保持一段较短时间
              LCALL DELAY_SHORT
              RET
```

（Yellow_flash 作为子程序的名称）
（子程序返回语句）

有了上面定义的黄灯闪烁子程序后，我们可以使用这个子程序对项目的汇编语言程序进一步改进，改进如下。

```
/****************************************/
/*基本交通灯控制参考程序                      */
/*以 MCS-51 单片机为核心,控制东、西、南、北四个方向交通灯  */
/*以 P1.0 引脚控制四个方向黄灯,输出高电平黄灯点亮        */
/*以 P1.1 引脚控制南、北两个方向绿灯,输出高电平点亮     */
/*以 P1.2 引脚控制南、北两个方向红灯,输出高电平点亮     */
/*以 P1.3 引脚控制东、西两个方向绿灯,输出高电平点亮     */
/*以 P1.4 引脚控制东、西两个方向红灯,输出高电平点亮     */
/****************************************/
            ORG 0000H
            LJMP MAIN

            ORG 0100H
    MAIN:   ;南、北方向绿灯亮,东、西方向红灯亮,其他灯熄灭,
            ;不用的引脚默认输出高电平
            MOV P1, #11110010B
            LCALL DELAY_LONG          ;调用子程序保持一段较长时间
                                      ;红绿灯熄灭,黄灯闪烁
            LCALL Yellow_flash        ;黄灯第一次闪烁
            LCALL Yellow_flash        ;黄灯第二次闪烁
            LCALL Yellow_flash        ;黄灯第三次闪烁
            ;南、北方向红灯亮,东、西方向绿灯亮,其他灯熄灭,
            ;不用的引脚默认输出高电平
            MOV P1, #11101100B
            LCALL DELAY_LONG          ;点亮状态保持一段较长时间
                                      ;红绿灯熄灭,黄灯闪烁
            LCALL Yellow_flash        ;黄灯第一次闪烁
            LCALL Yellow_flash        ;黄灯第二次闪烁
            LCALL Yellow_flash        ;黄灯第三次闪烁
            LJMP MAIN                 ;回到程序开始,控制交通灯下一轮循环点亮
            ;子程序的定义 1
Delay_short:MOV R3, #255
LOOP_S11:   MOV R2, #250
            DJNZ R2, $
            DJNZ R3, LOOP_S11
```

```
                    RET
        ;子程序的定义 2
Delay_long: MOV R4,#255
LOOP_L22:   MOV R0,#250
LOOP_L21:   MOV R1,#250
            DJNZ R1,$
            DJNZ R0,LOOP_L21
            DJNZ R4,LOOP_L22
            RET
        ;子程序定义 3
Yellow_flash:MOV P1,#11100001B        ;黄灯点亮
            LCALL DELAY_SHORT         ;保持一段较短时间
            MOV P1,#11100000B         ;黄灯熄灭
            LCALL DELAY_SHORT         ;保持一段较短时间
            RET
            END
```

对比进一步改进后的汇编语言程序和改进前的程序，可以发现：

① 进一步改进后的程序代码长度大大缩短，从开始的 116 行缩短到了现在的 64 行。同时，主程序的程序执行流程也更加清晰。

② 在子程序 3（也就是 yellow_flash 子程序）定义中，调用了子程序 1（delay_short），这种程序编写方式称为子程序的嵌套。也就是在一个子程序中还可以调用其他的子程序，并且可以进行多层子程序的嵌套调用。

③ 单片机应用系统控制程序的编写一般难以一蹴而就，而是一个不断改进优化的过程。对于控制程序的编写，一定要树立精益求精、不断改进的思想。

五、项目 C51 语言控制程序的编写

本项目控制程序也可以采用 C51 语言编写完成，请根据绘制的程序流程图，自行用 C51 语言编写本项目的控制程序。

项目四
C51 语言参考程序

也可扫描左侧的二维码，获取本项目 C51 语言的参考程序（参考程序中每一条语句的功能均已注释说明，可自行阅读理解，如对 C51 语言有疑问，可自行参阅 C 语言编程方面的书籍和学习资料）。

从上面的 C51 语言程序中可以看到：

① 在 C51 程序中使用 while() 循环语句构成了无条件循环，也就是通常说的死循环，同时使用 for() 循环语句构成了规定次数循环。

② 对比汇编语言程序中的子程序和 C51 语言程序中的函数可以发现，汇编语言中的子程序就相当于高级语言（比如 C 语言）中的函数。

③ 对比上面实现的本项目汇编语言程序和 C51 语言程序，我们可以发现两种语言的编程思路是一样的，只不过语句的具体写法不同。因此，计算机程序编制的关键在于编程思路要正确、清晰，我们学习计算机编程时，重点应该放在编程思路的训练方面，而训练编程思路的最好方法就是认真绘制程序流程图。

请在 Keil 平台下，完成项目控制程序的输入和编译，排除程序中的语法错误。

Keil 平台下程序的输入和编译过程可以扫描下面的二维码观看演示视频。

项目四
Keil 平台下汇编语言
程序输入与编译

任务四　项目控制程序的调试和完善

在单片机应用系统的控制程序编写初步完成后，可以在相应的集成开发平台上完成控制程序的初步仿真调试。

对于 MCS-51 单片机系统开发常用的 Keil 平台，基本的调试过程和调试方法我们已经在本书项目三中学习过。现在我们在前面学习的基础上，进一步学习子程序（函数）的调试和使用断点调试的方法。

（一）子程序和函数的单步调试

如前所述，汇编语言中的子程序就相当于高级语言中的函数，因此，对于汇编语言子程序和 C51 语言程序中函数的调试方法，我们放在一起学习。

Keil 集成开发平台提供了 3 种不同的单步调试方法，分别是 step into、step over、step out。在没有汇编子程序调用或者 C51 语言函数调用的情况下，这 3 种方式的程序执行过程是相同的。当程序中有汇编子程序调用或者 C51 语言函数调用时，3 种程序执行方式的不同之处在于：

① step over 执行方式，一次执行完一条指令或语句，而无论要执行的是普通指令和语句，还是子程序调用指令和 C51 语言函数调用指令，程序执行过程不会跟踪进入汇编语言子程序或者 C51 语言函数中。因此，当我们只调试主程序（主函数）中的语句，而不调试子程序（函数）中的语句时，通常使用 step over 单步执行方式。

② step into 程序执行方式，在遇到汇编子程序调用指令或者 C51 语言函数调用语句时，会跟踪进入汇编语言子程序或者 C51 语言函数中。当我们需要调试子程序或者普通函数中的语句功能时，必须使用 step into 方式，才能进入子程序（函数）中，对子程序（函数）的功能进行调试。

③ step out 程序执行方式是从汇编子程序或者 C51 语言函数中一步跳出来，使程序执行重新回到上一级调用程序中。step out 调试方式主要用于调试到子程序或者函数的中间，不想再单步调试子程序或者函数的剩余语句时，从子程序或者函数中一步跳出来。

通常情况下，我们可以先使用 step into 对子程序或者函数的功能进行调试，待子程序或者函数的功能经过调试正常后，再对主程序或者主函数的功能进行全面调试验证，此时遇到子程序或者函数调用语句时，就可以使用 step over 方式，而不用再跟踪进入子程序或者函数中了。

（二）使用断点调试的方法

对于比较复杂的程序，Keil 平台还提供了设置程序执行断点进行调试的功能。

程序执行断点是指在程序调试过程中，为了中断程序的执行而在程序中某一条语句上设置的程序执行中断点。程序执行断点可以根据程序调试的需要自主设置。

对于设置了程序执行断点的程序，在程序调试过程中使用全速运行（Run）方式时，程序将直接执行完断点语句之前的所有语句，而后停止在设置断点的语句处。

使用断点进行程序调试的具体方法如下：

（1）程序执行断点的设置和取消

使用执行断点方式对程序进行调试时，必须首先在相应的语句处设置断点。以 Keil 平台为例，程序执行断点的设置方式如下：

第一步：程序编译通过。

程序开始调试前，首先源程序要编译通过，没有语法错误或警告，如图 4-6 所示。

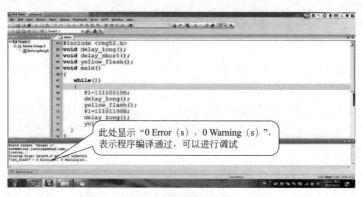

图 4-6　程序编译通过

第二步：设置程序执行断点。

设置程序执行断点的方法如下：

程序执行断点既可以在程序编辑状态下设置，也可以在程序调试状态下设置，设置方法是一样的，将光标置于需要设置断点的语句行，可以按快捷键 F9 设置断点，也可以使用鼠标点击界面上的快捷按钮"Insert/Remove Breakpoint"设置断点。正确设置断点后，相应的语句前面会出现断点设置标记，如图 4-7 所示。

图 4-7　程序执行断点的设置示意图

当需要取消所设置的断点时，将光标置于有断点标记的语句行，重新设置一遍断点，原来设置的断点就自动取消了。

（2）程序的带断点执行

设置好断点后，就可以点击调试界面中的"Run"快捷按钮，程序就将直接执行到设置断点的语句处。如图 4-8 所示。

图 4-8　程序设置断点调试示意图

可以扫描右侧二维码观看本项目程序在开发板上的运行效果。

多盏交通灯顺序
点亮运行效果

任务五　人行横道交通灯的控制（教学拓展任务）

利用所学到的相关知识，完成下述交通灯控制器设计。

设计要求：在所完成的本项目交通灯控制器的基础上，为道口增加人行横道灯的控制，即：道口东、西、南、北 4 个通行方向各增加 1 组人行横道交通灯，每组包含 2 个绿灯、2 个红灯，人行横道灯的绿灯随对应方向机动车道交通灯的绿灯点亮，其他时间均亮红灯。

请自行编制系统的硬件设计说明书、绘制程序流程图、完成对应的控制程序编写，并调试验证系统功能。

项目总结

本项目主要是在项目三的基础上，进一步熟悉和掌握单片机应用系统开发过程，以及控制程序编写和调试方法。本项目的学习结束了，下列各项知识和技能你掌握了吗？

① 单片机应用系统开发的完成过程。
② 系统需求分析的基本方法。
③ 硬件设计过程中，输入/输出信号逻辑抽象的基本思路。
④ 硬件设计说明书应包含的主要内容和编写方法。
⑤ 单片机应用系统控制程序流程图的绘制方法。
⑥ MCS-51 单片机多个引脚输出状态同时控制的实现方法。
⑦ MCS-51 单片机汇编语言程序中循环程序的实现方法。
⑧ MCS-51 单片机汇编语言程序中子程序的定义和调用方法。
⑨ MCS-51 单片机汇编语言程序中相关指令的功能和使用（包括数据传输指令 MOV、无条件转移指令 LJMP 和 SJMP、加 1 指令 INC、减 1 指令 DEC、逻辑操作指令 ANL 和 ORL、子程序调用指令 ACALL 和 LCALL、子程序返回指令 RET）。

⑩ C51 程序中的变量赋值、逻辑运算和循环控制的实现。
⑪ Keil 平台下汇编语言子程序和 C51 语言函数的跟踪调试，以及设置断点调试的程序调试方法。

自测练习

一、填空题

（1）单片机应用系统硬件电路设计过程中，应通过对系统的逻辑抽象分析，确定系统所需单片机输入信号的_____和_____，以及单片机输出信号的_____和_____。

（2）编写单片机应用系统控制程序过程中，具体编写代码前应首先绘制_____，以便理清程序的编写思路。

（3）单片机应用系统控制程序中，通过设置_____的值来控制单片机引脚的输出状态。

（4）在单片机应用系统控制程序中，常用的同时控制多个单片机引脚输出状态的方法主要有_____和_____。

（5）常见的基本逻辑运算包括_____运算、_____运算和_____运算。

（6）C51 语言中实现循环的语句主要包括_____语句和_____语句。

二、选择题

（1）下列 MCS-51 单片机指令中，属于逻辑运算指令的是_____指令。
A. MOV　　　　B. LJMP　　　　C. ANL　　　　D. LCALL

（2）下列 MCS-51 单片机指令中，当需要调用子程序时，应该使用_____指令。
A. MOV　　　　B. LJMP　　　　C. ANL　　　　D. LCALL

（3）下列指令中，_____指令是 MCS-51 单片机汇编语言子程序中必须要有的。
A. RET　　　　B. LJMP　　　　C. ANL　　　　D. LCALL

（4）当 MCS-51 单片机汇编语言程序中需要实现无条件循环时，应该使用_____指令。
A. RET　　　　B. LJMP　　　　C. ANL　　　　D. LCALL

三、简答题

（1）在 MCS-51 单片机的汇编语言程序中，如何将一段需要反复使用的代码段定义为普通子程序使用？

（2）在 MCS-51 单片机的汇编语言程序中，如何实现代码段的循环执行？

多想一步

本项目实现了多盏交通灯的顺序轮流点亮，如果留心就会发现在一些城郊接合部的交通道口，由于夜间通行的车辆和行人较少，通常是 4 个方向的红、绿颜色交通灯全部熄灭，只有各方向的黄灯闪烁，提醒车辆和行人注意观察，慢速通过。

不妨思考一下，如何对本项目实现的交通灯控制器进行改进，为交通灯增加夜间通行模式？

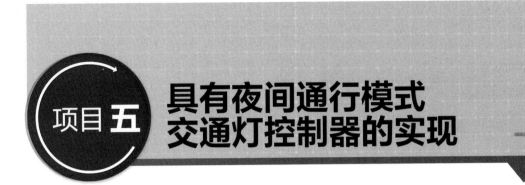

项目描述

现有一个南北方向和东西方向交叉的十字道口,欲设置交通信号灯1组,请设计交通灯控制器1套,具体要求如下:

① 每个方向设置红、黄、绿3种颜色的交通灯。
② 交通灯有两种不同的工作模式,一是白天工作模式,二是夜间通行模式
③ 白天工作模式下,南北方向、东西方向的交通灯亮灯状态应能按照图5-1所示进行工作状态转换。

图5-1 道口交通灯工作状态转换示意图

④ 夜间通行模式是指夜间道口通行车辆较少时的工作模式。夜间通行模式下,4个方向红、绿2色交通灯全部熄灭,4个方向的黄灯闪烁,提醒过往车辆注意观察,减速自行通过道口。
⑤ 在控制器上设置模式切换开关,以便交通管理人员能够控制交通灯在白天和夜间两种工作模式间进行切换。

学习目标

① 进一步熟悉单片机应用系统开发过程。
② 掌握单片机应用系统硬件设计说明书的编写方法。
③ 掌握单片机引脚输入状态的判断方法。
④ 掌握单片机控制程序中分支程序的实现方法。
⑤ 熟悉和掌握分支程序的调试方法。

⑥ 养成精益求精的工匠精神。

任务一　系统总体方案设计

一、项目需求分析

分析上述项目描述，我们可以知道，本学习项目和前面已经完成的项目四相比，主要区别在于：本项目要实现的交通灯多了一种夜间工作模式，从而使系统具备了两种不同的工作模式，并要求能够通过切换开关，完成两种不同工作模式之间的切换控制。

对比本项目和前面已经完成的项目四，可以发现，本项目要求的交通灯白天工作模式我们已经在项目四中完成，夜间工作模式的黄灯闪烁控制我们也已经学习过如何实现。因此，本项目实现的关键在于：如何在控制器中设置工作模式切换开关，并通过判断切换开关的输入信号状态，进而确定交通灯的工作模式。

二、总体方案设计

首先需要明确的是：对于单片机应用系统设计来说，其总体实现方案以及相应的硬件实现方案和控制程序都常常不止一种，具体选择哪一种实现方案，需要综合考虑性能指标、实现成本、开发进度、器件供应等多种实际因素。

根据上述项目需求分析，并考虑单片机应用系统中软、硬件实现的实际成本，本项目的一种总体实现方案如下：在本书项目四所示实现方案的基础上，于硬件电路中选择一个单片机空闲引脚作为信号输入引脚，并连接一个拨动式开关作为交通灯工作模式切换开关，通过控制程序判断模式转换开关的信号输入状态，进而控制交通灯的实际工作方式。

任务二　系统硬件电路设计

一、单片机 I/O 引脚的确定

根据上述项目的总体实现方案以及和项目四的对比可知，本项目和项目四所需要的单片机信号输出引脚一样，不同的是，项目四不需要信号输入引脚，而本项目需要一个信号输入引脚，且引脚的输入信号类型是开关信号。

如果项目采用 MCS-51 单片机，根据 MCS-51 单片机 4 个并行 I/O 端口的使用方式，可以选择一个 P1 端口的空闲引脚作为信号输入引脚，比如选择 P1.7 引脚，当然也可以选择其他不用的引脚。

二、系统硬件电路设计

（1）工作模式切换信号输入的硬件电路实现

按照项目总体实现方案，要在选定的单片机信号输入引脚上连接一个拨动开关，作为交通灯工作模式切换开关。拨动开关是指通过拨动开关手柄实现输出状态转换的电气开关，如图 5-2 所示。

普通拨动开关

金属摇杆式拨动开关

跷跷板式拨动开关

图 5-2　形式多样的拨动开关

其中，普通拨动开关常直接焊接在电路板上使用，金属摇杆式拨动开关一般放置在设备的面板上，跷跷板式拨动开关一般作为设备的电源开关使用。

那么，如何在硬件电路中使用拨动开关呢？

以普通拨动开关为例，在硬件电路板上的实现方式通常如图 5-3 所示。

（2）项目硬件设计说明书的编写

交通灯工作模式切换开关的硬件电路实现方式确定后，就可以在项目四硬件电路设计的基础上，完成本项目的硬件电路设计并编写出本项目的硬件设计说明书。

也可扫描右侧二维码，获取硬件设计参考方案。

图 5-3　开关在电路中的使用方式示意图

项目五
硬件设计参考方案

任务三　系统控制程序编写

在单片机应用系统的硬件设计方案确定后，就可以编写控制程序了。由于本项目要求根据工作模式切换电路输出信号状态，控制交通灯处于不同的工作模式，因此，本项目的控制程序就需要实现夜间工作模式和白天工作模式两个不同分支，是一个典型分支程序。

一、分支程序流程图的绘制

正如前面我们所学习到的，为了提高程序的编写效率，应该先绘制程序的流程图。根据项目描述中所要求的系统工作过程，本项目控制程序的参考流程图如图 5-4 所示。

从图 5-4 可以看出，程序在对工作模式判断后，形成了 2 个不同的分支："白天工作模式"分

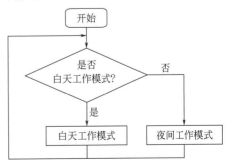

图 5-4　项目控制程序总体流程图

支和"夜间工作模式"分支。每个分支运行结束后，程序回到判断语句，重新判断程序需要执行哪一个分支。因此，本控制程序既包含了分支程序结构，也包含了循环程序结构。

二、系统控制程序编写分析

由图 5-4 可见，本项目程序既包含了分支程序结构，也包含了循环程序结构，由于本书项目四中已经学习了循环程序的实现方法，本项目程序实现的关键主要在于如下几点：

① 本项目程序包含"白天工作模式"和"夜间工作模式"两个不同的程序分支，程序的分支如何实现？

② 本项目程序是根据单片机某个引脚（如硬件设计参考方案中的 P1.7 引脚）的信号输入状态，决定程序运行过程中需要执行的具体分支，那么，程序中如何判断单片机引脚的信号输入状态？

③ 无论是交通灯的"白天工作模式"还是"夜间工作模式"，在程序实现时都需要同时控制多个单片机引脚的输出状态，并且不能影响到其他不用的单片机引脚输出状态。

三、项目控制程序实现的关键知识学习

（一）单片机引脚输入状态的判断方法

对于单片机的信号输入引脚而言，其所输入信号的电平状态会反映在引脚对应的端口寄存器中。通常情况下，当一个单片机引脚输入高电平时，其所对应的端口寄存器位的值为 1，当一个单片机引脚输入低电平时，其所对应的端口寄存器位的值为 0。

比如：对于 MCS-51 单片机，其 P1.7 引脚对应的端口寄存器位是 P1 端口寄存器的最高位，称为 P1.7，如图 5-5 所示。

图 5-5　MCS-51 单片机 P1 端口寄存器示意图

由图 5-5 可见，MCS-51 单片机 P1 端口寄存器共有 8 个寄存器位，分别对应了 P1 端口的 8 个引脚，当引脚作为输入引脚使用时，引脚的输入信号电平状态就存储在相应的寄存器位中。

因此，对单片机输入引脚状态的判断方法就归结到判断引脚对应端口寄存器位值的判断，也就是说通过判断端口寄存器位的值是"1"还是"0"，来间接判断相应引脚输入信号的状态是高电平还是低电平：如果对应端口寄存器位的值为"0"，就代表引脚输入的是低电平，如果端口寄存器位的值为"1"，就代表引脚输入的是高电平。

（二）汇编语言程序实现的关键点

(1) 单片机引脚输入状态的判断

在单片机应用过程中，常常需要通过单片机的一些引脚将外界信息输入到单片机中，单片机根据相应信号输入引脚上所输入的外界信息的不同信号状态，运行不同的程序分支，完成不同的控制动作。比如，本项目就是将交通灯工作模式切换信号通过 MCS-51 单片机的 P1.7 引脚输入到单片机中，单片机判断 P1.7 引脚的输入信号状态（高电平还是低电平）后，决定交通灯是工作于白天模式还是夜间模式。

因此，在单片机应用系统的控制程序中，如何正确判断单片机引脚的输入信号状态，是单片机应用系统开发过程中必须掌握的一项基本编程技能。

那么，在汇编语言程序中，如何实现对单片机引脚输入信号状态的判断呢？

方法是：通过单片机所定义的判位转移指令进行判断。当然，不同型号的单片机可能定义有不同的判位转移指令，具体可查阅所使用单片机的使用手册等资料。

以 MCS-51 系列单片机为例，就定义了 2 条直接对单片机引脚对应寄存器位进行判断的指令，分别是：

```
JB   bit,rel
JNB  bit,rel
```

上述两条指令中：

JB 和 JNB 是指令的操作码，也是指令的助记符。

bit 是要判断的位，可以是可直接位寻址的寄存器位，也可以是直接给出可以位操作的内存单元的位地址。

rel 是程序执行需要转移时，转移到的目的语句的相对地址。实际使用时，rel 一般用语句标号表示。

上述两条指令都可以直接对指定的位进行判断，并根据判断结果控制程序执行的转移，两条指令的区别在于：

JB bit，rel 指令，当所判断的位的值为"1"时，程序转移到 rel 指向的语句；当所判断的位的值为"0"时，程序不转移，顺序执行 JB bit，rel 语句下面紧接着的语句。

JNB bit，rel 指令，当所判断的位的值为"0"时，程序转移到 rel 指向的语句；当所判断的位的值为"1"时，程序不转移，顺序执行 JNB bit，rel 语句下面紧接着的语句。

例如，参考程序中的语句

```
JNB P1.7,NIGHT_MODE
```

所实现的功能就是：判断 P1.7 端口寄存器位的值，如果为"0"，程序转移到语句标号 NIGHT_MODE 指向的语句；如果 P1.7 端口寄存器位的值为"1"，则程序不转移，继续执行下一条语句，也就是参考程序中的 ANL P1，♯11110010B。

总结：在 MCS-51 单片机的汇编语言控制程序中，通过直接使用 JB 指令或者 JNB 指令，来实现对单片机引脚输入信号状态的判断。

(2) 分支程序的实现

汇编语言程序中，主要通过条件判断转移指令完成对"分支条件"的判断，并引导程序执行不同的程序分支。

不同型号单片机条件判断转移指令可能不同，具体可参阅所使用单片机的使用资料。

以 MCS-51 单片机为例，其定义了 10 条不同用途的条件判断转移指令，本项目汇编语言参考程序中使用的 JNB 指令就是 MCS-51 单片机所定义的一条条件判断转移指令。参考程序中正是通过使用 JNB 指令实现了对"分支条件"（也就是 P1.7 引脚是否输入低电平）的判断，并根据判断结果引导程序执行不同的程序分支。

可见，在 MCS-51 单片机汇编语言控制程序中，使用 JB 指令或者 JNB 指令，同时实现了对引脚输入状态的判断和程序分支的控制。

需要注意的是：在编写 MCS-51 单片机的汇编语言分支程序时，由于不同分支的实现代码段是按照前后顺序依次编写的，在最后一个分支之前的其他分支代码段的最后必须增加一条转移指令，以跳过不应该执行的程序分支。

比如参考程序中"白天工作模式"代码段作为程序中先出现的一个分支，"夜间工作模式"代码段作为后出现的程序分支，在"白天工作模式"分支代码段的最后就加上了语句

　　　　　　　　SJMP LOOP　　　;跳过不应该执行的程序分支

　　这条语句是不可缺少的，否则，程序在执行完"白天工作模式"分支后，会继续执行下面的"夜间工作模式"分支，也就是说两个分支都会被执行，这显然是不正确的。因此，前一个分支的最后必须加上转移指令，以跳过下面不应该执行的分支。

　　(3) 逻辑操作的使用

　　在前面项目四的实现例程中，我们使用直接赋值的方式，实现对单片机输出引脚的控制。比如：

　　　　　　　　　　　　MOV P1,＃11110010B

　　直接控制单片机输出引脚的输出状态，同时将未使用引脚设置为输出高电平。

　　但是本项目的 P1.7 引脚要作为信号输入引脚使用，其引脚输入信号的状态会随时发生变化，在程序中是不可预知的。在此情况下，就不可以使用赋值操作，而必须使用逻辑操作，在控制单片机信号输出引脚状态的同时，要保持信号输入引脚的状态不发生变化。

　　不同型号的单片机可能会定义不同的逻辑操作指令，具体可查阅相应型号单片机的使用手册等资料。

　　MCS-51 系列单片机定义有与逻辑"与""或""非"操作对应的操作指令，分别为 ANL、ORL 和 CPL，这几条逻辑操作指令的具体使用方法在项目四中我们已经学习过，读者可以进一步温习掌握。

　　(三) C51 语言程序的关键点

　　(1) 单片机输入引脚状态的判断

　　在 C51 语言的控制程序中，对单片机输入引脚状态的判断方法通常可分为两步：

　　第一步：定义一个特殊功能寄存器位类型的变量，并指向需要判断状态的单片机引脚所对应的端口寄存器位。如：

　　　　　　　　　　　　sbit Mode_Key = P1^7;

　　就是定义了一个特殊功能寄存器位类型的变量 Mode_Key，并将该变量初始化指向 P1.7 引脚所对应的端口寄存器位 P1.7。

　　第二步：在程序中使用 if 条件判断语句，直接判断所定义的位变量的值，进而间接判断单片机信号输入引脚的状态。如：

```
                    If(Mode_Key = = 1)
                    {
                    ……
                    }
                    else
                    {
                    ……
                    }
```

　　就是在第一步变量 Mode_Key 定义的基础上，通过 if-else 语句对所定义的变量 Mode_Key 的值进行判断，从而间接判断出单片机信号输入引脚 P1.7 的状态。

　　(2) 分支程序的实现方法

　　C51 语言中定义了 if-else 语句，实现对程序执行条件的判断，并形成不同的程序执行分支。if-else 语句的具体使用形式如下：

　　　　　　　　　　　　if(分支条件)
　　　　　　　　　　　　{

```
                    程序分支 1
                }
                else
                {
                    程序分支 2
                }
```

上述 if-else 语句的执行过程是：当"分支条件"成立时，执行"程序分支 1"；当"分支条件"不成立时，执行 else 后面的"程序分支 2"。从而根据"分支条件"是否成立，形成两个不同的程序分支。

（3）逻辑操作的使用

在前面项目四实现程序中，我们使用直接赋值方式，实现对单片机输出引脚的控制。比如：

```
                    P1 = 0xf2;
```

直接控制单片机输出引脚的输出状态，同时将未使用引脚设置为输出高电平。

但是本项目参考硬件设计方案中的 P1.7 引脚要作为信号输入引脚使用，其引脚输入信号的状态会随时发生变化，在程序中是不可预知的。在此情况下，就不可以使用赋值操作，而必须使用逻辑操作，在控制单片机信号输出引脚输出状态的同时，要保持信号输入引脚的状态不发生变化。

C51 语言中定义了相应的逻辑操作运算符，分别是：

逻辑"与"运算符"&"，其功能是实现运算符前后两个数据的按位相与；

逻辑"或"运算符"｜"，其功能是实现运算符前后两个数据的按位相或。

上述两个逻辑运算符的具体使用方法可以参见本项目参考程序。

四、项目控制程序的编程实现

本项目程序实现的关键知识掌握后，可尝试编制本项目的控制程序。

对应本项目的硬件设计参考方案，系统汇编语言参考控制程序和 C51 语言参考控制程序，可分别扫描下面二维码获取并参考。

项目五
汇编语言参考控制
程序

项目五
C51 语言参考控制
程序

任务四　系统控制程序的调试

一、分支程序的调试内容和调试方法

如前所述，本项目的控制程序包含两个不同的分支，在程序调试过程中，就需要对程序的每一个分支功能进行调试验证，并对不同分支之间的转换进行调试验证。

(一) 分支程序的调试内容

分支程序的调试内容主要包括两个方面：

(1) 每个分支功能的调试验证

在分支程序中，每个程序分支完成的功能不同，程序调试过程中，必须对不同分支的功能分别进行验证和调试。对于调试过程中存在问题的分支程序代码，需要分析原因、修改代码后重新进行功能验证，直至所有分支的功能能够满足项目开发需求。

(2) 不同分支间的正常转换

分支程序中的不同程序分支通常不会同时执行，而是需要根据分支条件是否满足，在不同的程序分支之间进行转换。因此，分支程序调试的另一个主要内容就是验证在分支条件发生变化时，程序能否正确地在不同的分支之间顺利完成转换。

比如，对于本项目控制程序的调试，就要验证当 P1.7 引脚的输入信号由高电平状态转换为低电平状态后，程序执行能否从"白天工作模式"的程序分支转换到"夜间工作模式"的程序分支；反之，也要验证，当 P1.7 引脚的输入信号由低电平状态转换为高电平状态后，程序执行能否从"夜间工作模式"的程序分支转换到"白天工作模式"的程序分支。

(二) 分支程序的调试方法

分支程序具体如何调试才能效率比较高呢？

分支程序调试时，可以按照下述原则进行，以便提高调试效率。

(1) 先仿真调试，后软、硬件联调

和其他单片机应用程序的调试相类似，单片机应用系统分支程序的调试环境主要有两种：软件仿真和软、硬件联合调试。

- 软件仿真调试。

软件仿真就是利用程序开发平台提供的仿真调试功能，对编写的控制程序进行功能验证。软件仿真调试的优点是：调试环境搭建方便，只要一台装有程序开发平台软件的计算机即可；调试手段丰富，可以提供单步执行、断点执行、全速运行等多种调试手段；可以随时查看程序运行过程中常用寄存器的值以及内存单元的值以判断程序运行是否正确，及时发现程序代码中存在的问题。

软件仿真调试的缺点在于：对于需要进行时间控制的单片机应用程序，软件仿真时的程序运行时间和实际硬件电路板上程序运行时间会存在一定的偏差；同时，软件仿真调试环境下，无法对系统的硬件电路功能进行验证，更无法验证系统中软件和硬件相互配合的情况。

- 软、硬件联合调试。

软、硬件联合调试是指将初步调试后的控制程序下载到硬件电路板上的程序存储器中，或者通过硬件仿真器将程序开发平台和硬件电路板相连接，使控制程序能够在实际的硬件电路环境下运行，这通常称为系统的软、硬件联调。

软、硬件联调的优点在于：可以验证控制程序在真实硬件环境下的运行情况，以及整个单片机应用系统的实际工作情况。

软、硬件联调的缺点在于：调试环境搭建较为复杂，必须要有实际硬件电路板和开发计算机相连接，在线仿真时还需要购买相应型号单片机的仿真器。在没有仿真器的离线仿真情况下，则难以跟踪控制程序的运行过程，只能根据系统的总体反应查找存在的问题。

因此，实际调试时，通常先对控制程序进行软件仿真调试，初步验证软件功能，再进行软、硬件联合调试,对系统功能进行最后验证和改进。

(2) 先验证分支功能,后验证分支转换

在分支程序的调试过程中,通常先设定分支条件,对程序的每一个分支功能进行调试验证,发现问题及时改进。待每一个程序分支的功能均正常后,再改变分支条件的满足情况,对不同分支之间的转换情况进行验证。最后应能保证系统能够按照功能需求正确进入相应的程序分支,并正确完成相应分支的功能。

二、分支程序的调试

下面,我们以常用的 MCS-51 单片机应用开发平台和本项目前述控制程序为例,学习分支程序的调试方法和调试过程。

(一) Keil 平台下分支程序的仿真调试

在 Keil 平台下,本项目上述参考程序的调试过程如下:

第一步:程序的输入和编译。

打开 Keil 集成开发平台,创建一个新的工程,将前述汇编语言的控制程序输入平台,并加入到所创建的工程项目中,编译通过,如图 5-6 所示。

图 5-6 程序编译界面示意图

第二步:程序的仿真调试。

打开 Keil 平台下的程序调试界面,并打开 P1 端口寄存器,如图 5-7 所示。

图 5-7 P1 端口寄存器打开过程示意图

P1 并行端口打开后的调试界面如图 5-8 所示。

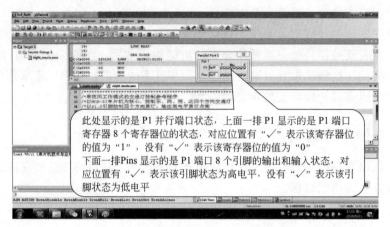

图 5-8　P1 并行端口打开后的调试界面

对于单片机的信号输入引脚，在程序调试过程中，可以通过鼠标左键单击对应的引脚，改变输入信号的电平状态：如果原来引脚输入的是高电平，鼠标左键单击一次变为低电平，反之亦然。

对于 MCS-51 系列单片机，由于初始化时 P1 端口寄存器的值是"0xFF"，因此，调试界面启动时，P1 并行端口的 8 个端口寄存器位和 8 个引脚对应的位置都有"√"。

上述调试界面正确启动后，就可以开始分支程序的仿真调试了。

（1）"白天工作模式"程序分支的调试

按照本项目的硬件电路设计和程序编写，当 P1.7 引脚输入高电平时，控制程序应该进入"白天工作模式"的程序分支。调试过程如下：

由于 P1.7 引脚初始时默认输入高电平，因此程序运行后，默认进入"白天工作模式"分支。使程序全速运行，注意观察 P1 并行端口对应引脚输出状态的变化情况。如图 5-9 所示。

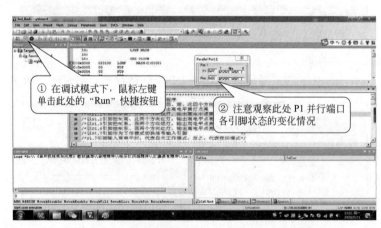

图 5-9　"白天工作模式"程序分支调试运行示意图

如图 5-9 所示，当程序运行于"白天工作模式"时，注意观察 P1 并行端口各信号输出引脚的状态变化是否和项目的开发要求相一致。

（2）"夜间工作模式"程序分支的调试

根据项目的硬件设计方案，当 P1.7 引脚输入低电平时，控制程序应该执行"夜间工作模式"程序分支，以控制交通灯工作于"夜间工作模式"。"夜间工作模式"程序分支的调试方法如下。

在打开的程序调试界面中，用鼠标左键单击 P1 并行端口的 P1.7 引脚位置，使此处的"√"消失，表示 P1.7 引脚输入低电平，而后单击"Run"快捷按钮，观察 P1 并行端口各信号输出引脚的状态变化是否和项目开发要求相一致。如图 5-10 所示。

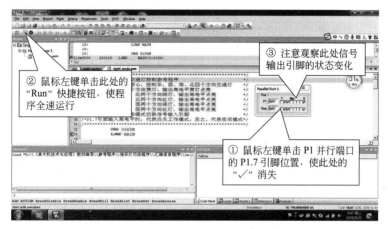

图 5-10 "夜间工作模式"程序分支调试示意图

如果程序运行效果达不到项目功能要求，则可以使用单步执行和断点执行等调试手段，查找问题并加以改进，直至程序分支功能满足项目开发要求为止。

（3）不同程序分支间的转换功能调试

对于分支程序的调试，每一个程序分支的功能都调试正常后，还应进行不同程序分支间的转换调试，以保证控制程序能够在满足不同的分支条件时，正确实现不同程序分支之间的执行转换。

不同程序分支间转换调试的关键在于，明确不同程序分支的判断条件，并在调试时，人为创设不同的分支判断条件，使程序运行能在不同的程序分支间进行转换。

本项目程序具有"白天工作模式"和"夜间工作模式"两个不同的程序分支，不同分支的转换条件是 P1.7 引脚输入的电平状态。其调试过程如下：

第一步：在每个程序分支的功能初步调试正常后，按照前述方法打开程序调试界面，并打开 P1 并行端口。

第二步：使程序全速运行，并观察 P1 并行端口各信号输出引脚的信号输出状态，验证程序是否正确执行"白天工作模式"程序分支。

第三步：在程序运行过程中，使用鼠标左键单击 P1.7 引脚位置，使 P1.7 引脚的信号输入状态由高电平转换为低电平，观察 P1 并行端口各信号输出引脚的信号输出状态，验证程序执行是否从"白天工作模式"程序分支转换为"夜间工作模式"程序分支。

第四步：在程序运行过程中，反复进行 P1.7 引脚信号输入状态的切换，观察程序执行能否在两个不同的程序分支间正确转换。

以本项目 C51 语言可控制程序的仿真调试为例，程序分支转换功能的实际调试过程如图 5-11 所示。

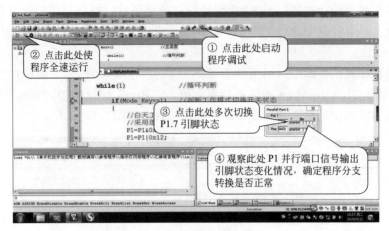

图 5-11　程序分支转换调试过程示意图

（二）项目程序的软、硬件联合调试

按照前述项目学习的软、硬件联合调试方法，搭建软、硬件联合调试环境，根据项目硬件设计方案，将电路板上的单片机 P1.0～P1.4 引脚分别连接到相应的红绿灯上，将上述经初步仿真调试通过的控制程序下载到电路板上运行，分别将单片机的 P1.7 引脚连接高电平和低电平信号，观察交通灯能否分别按照项目要求的"白天工作模式"和"夜间工作模式"正常工作。如不能正常工作，则查找原因，加以改进，直至满足项目开发要求为止。

任务五　添加人行横道灯的控制程序（教学拓展任务）

在本项目已实现功能的基础上，为道口东、西、南、北 4 个通行方向各增加 1 组人行横道交通灯，每组包含 2 个绿灯、2 个红灯。"白天工作模式"下，人行横道灯的绿灯随对应方向机动车道交通灯的绿灯点亮，其他时间均亮红灯。"夜间工作模式"下，各组人行横道灯红灯全部熄灭，绿灯闪烁点亮，提醒行人注意观察，安全通过道口。

请自行编写系统的硬件设计说明书，完成对应的控制程序编写，并调试验证系统功能。

自测练习

一、填空题

（1）拨动开关主要有 2 种不同的信号输出状态，分别是_____和_____。
（2）MCS-51 单片机通常用作信号输入引脚的主要是_____并行端口。
（3）单片机引脚输入信号的状态有_____和_____两种不同的状态。
（4）C51 语言中实现分支程序常用的语句是_____语句。
（5）C51 语言中实现逻辑"与"运算的运算符是_____。

二、选择题

（1）对于 MCS-51 单片机，判断单个引脚输入电平状态时常使用_____指令。

A. MOV　　　　　　　　　　　B. LJMP
C. ANL　　　　　　　　　　　D. JNB

（2）下列 MCS-51 单片机指令中，属于逻辑操作指令的是_____。

A. JB　　　　　　　　　　　B. LJMP
C. ANL　　　　　　　　　　 D. LCALL

（3）当需要将某几个单片机引脚的输出状态设置为 0，而保持其他引脚状态不变时，应使用_____指令。

A. ANL　　　　　　　　　　 B. LJMP
C. MOV　　　　　　　　　　 D. ORG

（4）当需要将某几个单片机引脚的输出状态设置为 1，而保持其他引脚状态不变时，应使用_____指令。

A. ORL　　　　　　　　　　 B. LJMP
C. ANL　　　　　　　　　　 D. MOV

（5）在 C51 语言中，指向某个单片机并行端口引脚的变量应定义为_____数据类型。

A. int　　　　　　　　　　　B. bit
C. reg　　　　　　　　　　　D. sbit

参考答案

多想一步

本项目通过在单片机某个引脚上连接一个开关，作为工作模式切换开关，实现了交通灯不同工作模式之间的转换，实际上很多系统不同工作模式的切换控制都是采用这种思路实现的。

仔细观察本项目实现的交通灯运行过程，当通过工作模式切换开关进行工作模式切换时，系统往往并不会立即做出响应，其原因在于：在系统控制程序中，是通过判断开关所连接单片机引脚的输入状态，完成系统工作状态切换的。因此，系统中开关状态的改变，控制程序并不会立即知道，而是只有系统控制程序运行到单片机引脚输入状态判断语句时，才能感知到系统的实际工作模式，才能发生转换。

不妨思考一下，如果系统要求所接开关状态改变后，系统需要立即做出响应，又当如何实现呢？

项目六 交通灯控制器紧急通行模式的实现

项目描述

现有一个南北方向和东西方向交叉的十字道口,欲设置交通信号灯 1 组,请设计交通灯控制器 1 套,具体要求如下:

① 每个方向设置红、黄、绿 3 种颜色的交通灯。
② 交通灯共设置 2 种控制模式:正常通行模式和紧急通行模式。
③ 正常通行模式下,南北方向、东西方向的交通灯亮灯状态应能按照图 6-1 所示进行工作状态转换。

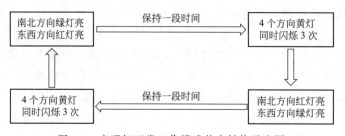

图 6-1 交通灯正常工作模式状态转换示意图

④ 紧急通行模式是指在交通灯状态转换过程中,当有救护车、消防车、军用车等特种车辆经过路口时,交通灯立刻转换为东、西、南、北 4 个方向全亮红灯,黄、绿颜色的灯全部熄灭。紧急状态结束后,交通灯及时恢复到正常工作状态。

学习目标

① 初步了解单片机对事件的响应机制。
② 初步理解中断的概念和中断处理过程。
③ 熟悉并掌握 MCS-51 单片机中断的使用方法。
④ 熟悉并掌握中断程序的编写和调试方法。
⑤ 不断提高自主学习能力。
⑥ 培养和提高探索、创新精神。

任务一　系统总体方案设计

一、项目需求分析

仔细阅读和分析本项目的描述，可以发现，本项目要求的正常工作模式在前面的学习项目完成过程中已经实现，紧急状态下点亮红灯、熄灭其他颜色灯的实现方法我们也已经掌握。本项目实现的关键在于：当有紧急车辆通过道口时，如何能够控制交通灯立刻（注意此处的用词）从正常工作模式转换到紧急通行模式，也就是要求对紧急状态的响应要尽可能地快。

我们在前面的项目五中，实现了交通灯在"白天工作模式"和"夜间工作模式"之间的转换，能不能直接将项目五中的"夜间工作模式"替换成本项目要求的"紧急通行模式"，来实现本项目呢？

仔细观察项目五系统的工作过程，就会发现，在交通灯"白天工作模式"的工作过程中，如果将 P1.7 引脚的输入信号从高电平状态切换到低电平状态，交通灯的运行并不会立刻就转换到"夜间工作模式"，而是要等到图 6-1 所示的 1 轮状态转换结束后，才能从"白天工作模式"转换到"夜间工作模式"，也就是说，工作模式的转换不能立即完成。因此，采用项目五的实现方式不能满足本项目的实现需求。

那么，本项目又该采用什么方法来实现呢？

这就需要我们了解计算机系统对内、外部事件的响应机制和响应方式。

二、计算机对内、外部事件的响应机制学习

如前所述，单片机可以说是最简单、规模最小的计算机，单片机对内、外部事件的响应机制和计算机对内、外部事件的响应机制是相类似的。

那么我们熟悉的计算机又是如何对内、外部事件作出响应的呢？

我们知道，计算机的核心是中央处理器（也就是我们常说的 CPU），键盘、鼠标、显示器、网卡等设备器件，通常称为计算机的外部设备，简称外设，包括各种信号的输入/输出设备。当 CPU 外部的各种设备器件有信息需要 CPU 处理时，我们就称为有外部事件需要 CPU 进行响应。

计算机的 CPU 又是如何知道有外部事件发生并对外部事件的发生作出响应呢？

计算机 CPU 对外部事件的响应通常采用两种不同的机制。

（一）CPU 对外部事件的查询响应机制

1. 什么是查询机制？

查询机制是指计算机 CPU 每隔一定的时间间隔，去查找和询问外部设备有无事件需要 CPU 进行响应和处理。由于计算机的外设通常不止一种，比如计算机系统都有键盘、鼠标、网络接口等，CPU 通常需要对不同的外部设备进行轮流查询，因此，查询机制通常也称为轮询机制。

2. 查询机制有什么特点？

查询机制对事件的响应具有如下主要特点：

（1）不需要CPU内部特殊的硬件支持

采用查询机制时，可以完全通过编制响应的查询处理程序来完成，不需要CPU内部设置特定的硬件电路，因此，可以在一定程度上降低硬件实现成本。

（2）查询的时间间隔需要仔细斟酌

采用查询机制需要CPU每间隔一定的时间段查询一次有无外部事件需要响应和处理。在此情况下，查询的"时间间隔"必须要仔细斟酌：如果时间间隔过短，则CPU需要花费大量的运行时间完成查询操作，对某个具体事件的处理就会被频繁打断；如果时间间隔过长，则会对外部事件的响应不够及时，甚至会遗漏对某些外部事件的响应和处理，因为某些外部事件持续的时间较短，如果此时间段不在CPU的查询时间段内，CPU就无法得知此事件的发生，从而就会遗漏对该事件的响应和处理。

（3）CPU工作效率较低

采用查询机制时，即使没有外部事件需要CPU处理，CPU仍需要花费较多的时间用于事件的查询，因此CPU的工作效率会受到较大的影响，CPU的有效工作效率就会相对较低。

（4）对事件的响应不够及时

采用查询机制时，CPU总会间隔一定的时间段才会查询一次具体外设的相关事件，CPU无法及时响应具体的外设事件。

3. 查询机制主要用在什么场合？

由于查询机制无法及时对外部事件的发生作出响应和处理，因此，查询机制通常用于对事件响应速度要求不高的场合。

比如我们前面完成的项目五，当交通灯模式切换开关从"白天工作模式"切换到"夜间工作模式"后，交通灯工作模式的实际切换延迟数十秒、甚至几分钟，并不会对交通灯的工作效果产生明显的不良影响，因此，项目五的实现我们就采用了查询机制，每隔一定时间查询一下模式切换开关的位置，来决定接下来交通灯的运行模式。

（二）CPU对外部事件的中断响应机制

1. 什么是中断？

中断是指计算机CPU中止和断掉正在进行的任务，转而去处理其他任务，待其他任务处理完毕后再回来继续原来任务的过程。

"中断"是一种事件的处理机制和方式。现实生活中也有不少"中断"的事例，比如：上课铃响后教师关门讲课，有迟到的学生敲门欲进入教室，老师只好中止和断掉讲课过程，去打开教室门让迟到的学生进教室听课，待迟到学生坐下，教室恢复安静后，重新恢复讲课。这就是一个典型的"中断"方式处理异常事件的过程。

2. 中断响应机制有哪些特点？

相对于查询响应机制，中断响应机制具有如下特点：

（1）对事件的响应及时

采用中断响应机制时，当有需要CPU处理的外部事件发生时，能够通过一定的硬件机制及时告知CPU，即使CPU正忙于其他信息处理过程，也能及时感知外部事件的发生，从而使需要处理的外部事件能够及时得到CPU的响应和处理。

（2）CPU工作效率高

在中断响应机制下，当没有外部事件需要CPU响应和处理时，CPU可以专心处理现行的信息处理任务，而不用花费大量的时间用于无谓的查询操作，因此，CPU的工作效率得到很大提高。

(3) 需要 CPU 内部的硬件支持

在中断响应机制下，外部事件发生时必须及时主动地告知 CPU，CPU 才能及时对事件作出响应和处理，这需要有特定的硬件支持才能实现。比如 MCS-51 单片机 P1 并行端口的引脚外部输入信息改变时是无法主动通知 CPU 的，而只有当 CPU 通过控制程序查询相应信号输入引脚状态时，才能知道引脚输入信号状态的改变，之所以这样，就是因为 P1 并行端口引脚的内部电路实现不支持中断响应机制。

3. 为什么要采用中断响应机制？

在计算机系统中引入中断响应机制，主要目的有两方面：

(1) 实现对紧急事件的快速响应和处理。

在计算机应用过程中，有些外部事件要求计算机 CPU 必须尽快作出响应和处理。尤其是单片机，常被用于工业控制领域，如果对某些紧急事件的发生不能作出及时的响应，将可能导致安全生产事故，甚至造成重大的人员伤亡和财产损失。比如：使用单片机构建的工业锅炉运行控制系统，当锅炉内温度或压力超标时，就要求单片机控制系统必须马上进行响应和处理，否则可能造成安全生产事故，甚至导致锅炉爆炸起火。

因此，计算机系统中引入了中断响应机制，以实现对紧急事件的响应和处理。

(2) 提高 CPU 的工作效率

使用中断响应机制的另一个目的在于避免在外部事件没有发生的情况下，CPU 空耗时间去查询事件的发生情况，从而提高计算机 CPU 的工作效率。

实际上，我们使用的计算机对键盘、鼠标等外设事件的处理，采用的就是中断响应机制。如果不采用中断机制的话，即使我们没有使用键盘或者鼠标，计算机 CPU 也需要每隔一段很短的时间就要检测一遍有没有键盘或者鼠标操作，以免遗漏键盘或者鼠标的操作事件，这样显然会对计算机的正常运行造成较大影响，从而使 CPU 的工作效率大大降低。而使用中断响应机制后，在没有键盘或者鼠标事件发生时，CPU 就可以专心处理其他信息，当有键盘或者鼠标事件发生时，就通过中断响应机制主动通知 CPU 进行处理，从而大大提高 CPU 的工作效率。

4. 中断响应机制主要应用在哪些场合？

由于 CPU 中断响应机制的特点，中断响应机制主要用于以下场合：

(1) 用于对紧急事件的响应处理

包括单片机在内的计算机应用系统中，当有事件需要作为紧急事件进行处理时，通常采用中断响应机制，以加快对紧急事件的响应速度。

(2) 用于对动作较慢的计算机外设信息的处理

大多数计算机外设对信息的处理速度要远远低于 CPU 的处理速度，此时也常常采用中断响应机制，以便提高计算机 CPU 的工作效率。

比如：打印机打印资料的速度远远低于计算机 CPU 的信息处理速度，所以当有信息需要发送给打印机打印时，CPU 将信息发送给打印机后不会等待打印机打印结束，而是当打印机打印结束后，通过中断响应机制将状态报告发送给 CPU。

5. 中断响应机制如何实现？

包括单片机在内的计算机系统中断响应机制的实现，必须解决好以下几方面的问题：

(1) CPU 如何知道中断事件的发生？

通常将需要 CPU 采用中断响应机制响应的事件称为中断事件。要想 CPU 采用中断响应机制对中断事件的发生及时作出响应和处理，首先要解决的一个问题是：CPU 如何知道中断事件的发生，或者说，当中断事件发生后，CPU 如何能够及时知道。

对于上述问题，通常的解决办法是：由计算机或单片机内部特定的硬件电路检测中断事件的发生，并在中断事件发生时设置相应的中断标志信号，CPU 在一条内部指令执行结束后，自动检测各中断标志信号，从而判断有无中断事件发生。但是不同型号的计算机或者单片机内部结构不同，对此问题的具体解决方法可能又有所不同。

（2）CPU 需要响应中断时如何找到中断处理程序？

CPU 对中断事件如何进行处理是由响应事件的中断处理程序告诉 CPU 的。那么 CPU 需要响应中断时如何找到中断处理程序，就是中断响应机制需要解决的又一个关键问题。

此问题的一种解决思路是：将不同中断事件的中断处理程序分别固定存放在不同的程序存储器位置，当 CPU 需要处理某个中断事件时，直接到相应的存储位置找到对应的中断处理程序。

（3）当有多个中断事件同时发生时，CPU 如何进行响应？

为了适应实际的计算机应用需求，包括单片机在内的计算机通常支持不止一种中断信号源，或者说可以支持多个中断信号源，但计算机的 CPU 在同一时刻只能响应和处理其中的一个中断信号源。

那么当两个或两个以上的中断信号同时产生时，CPU 又如何对多个信号源进行响应呢？或者说，当多个中断信号同时产生时，CPU 应该先响应哪一个中断信号呢？

此问题的解决思路通常是这样的：制订一个规则，对不同中断信号的紧急性和重要性进行排队，并分配不同的响应级别，这个响应级别称为响应优先级。越重要、越紧急的中断信号优先级越高，紧急性和重要性不高的中断信号响应的优先级就低。

当然，不同型号的单片机所支持的中断信号的类型和数量可能不同，排定优先级的规则也可能不同，具体要参照所用型号单片机的使用资料。

下面，我们了解常用的 MCS-51 单片机对中断的支持和使用方法。

三、MCS-51 单片机的中断及其管理

如前所述，MCS-51 系列单片机是使用最为广泛的 8 位单片机。为了在使用过程中，满足对紧急事件处理的需要，MCS-51 系列单片机对中断响应机制提供了相应的支持，以及相应的中断管理机制。

MCS-51 单片机对中断的支持和管理方式可以概括为两句话：第一句话是"五源中断"，第二句话是"二级管理"，来看一下这两句话是什么意思。

（一）MCS-51 单片机支持哪些中断信号？

MCS-51 单片机所支持的中断信号可以概括为一句话，那就是"五源中断"。"五源中断"描述的是 MCS-51 单片机对中断信号数量的支持能力，具体是指 MCS-51 系列单片机支持五个中断信号源，分别是：

1. 外部中断 0

MCS-51 单片机的外部中断 0（外部引脚名称 $\overline{INT0}$）是单片机的一种外部中断信号源，外部中断信号指这种中断信号来源于单片机外部。主要用于单片机对外部的紧急事件作出快速反应。

MCS-51 单片机的外部中断 0 所需要的外部信号，从单片机的 P3 并行端口的 P3.2 引脚输入到单片机内。也就是说，如果要使用 MCS-51 单片机的外部中断 0，就需要将外部信号连接到单片机的 P3.2 引脚。

2. 外部中断 1

MCS-51 单片机的外部中断 1（外部引脚名称 $\overline{INT1}$）和外部中断 0 类似，是 MCS-51 单片机所支持的又一个外部中断信号源，和外部中断 0 的不同之处主要在于，外部信号要从 P3.3 引脚输入。

3. T0 定时/计数器中断

T0 定时/计数器中断用来对 T0 定时/计数器事件进行响应。具体用来对定时器的定时时间到或者计数器的计数满事件进行紧急情况响应。

4. T1 定时/计数器中断

T1 定时/计数器中断，用来对 T1 定时/计数器事件进行响应。具体用来对定时器的定时时间到或者计数器的计数满事件进行紧急情况响应。

5. 串行通信口中断

MCS-51 单片机对外提供串行通信口，并提供串行通信口中断，以便对串行通信过程中的信息接收和发送事件进行及时的响应和处理。

MCS-51 单片机的串行通信中断实际上又包含了两个具体的中断：信息发送中断 TI 和信息接收中断 RI。

由于信息发送中断 TI 和信息接收中断 RI 被看作同一个中断源，在响应串行通信口中断时，必须首先判断本次产生中断的到底是信息发送中断 TI，还是信息接收中断 RI，而后再分别做进一步的处理。

上述五个中断源在什么情况下会产生中断呢？

（二）MCS-51 单片机的"五源中断"在什么条件下产生？

MCS-51 单片机的上述五个中断源产生中断的条件分别如下：

1. 外部中断的产生条件

MCS-51 单片机的两个外部中断产生的条件是：相应引脚（P3.2 和 P3.3 引脚）输入低电平或者信号下降沿到来。信号下降沿是指输入信号状态由高电平到低电平的变化过程，反过来，信号状态由低电平到高电平的变化过程，称为信号的上升沿。如图 6-2 所示。

图 6-2 信号电平状态和变化过程示意图

从图 6-2 可以看出：信号的高、低电平状态会持续一段相对较长的时间，而信号的上升沿和下降沿则持续时间非常短暂，对于理想的方波脉冲信号，其信号上升沿和下降沿只是一瞬间的事情。

因此，通常情况下，对于持续时间较长的外部紧急事件，采用低电平中断方式；而对于持续时间非常短暂的外部紧急事件，则采用信号下降沿中断方式。

2. 定时/计数器中断的产生条件

MCS-51 单片机两个定时/计数器中断的产生条件是：如果作定时器使用，产生中断的条件是所定时的时间到；如果作计数器使用，产生中断的条件是计数满，也就是所设定的计数值达到了。

3. 串行通信口中断的产生条件

MCS-51 单片机串行通信口中断产生的条件是：当一个字节的数据通过串行通信口发送完毕后产生发送中断 TI；当有数据到达串行通信口的接收缓冲器时，产生信息接收中断 RI。

（三）MCS-51 单片机 CPU 如何知道有中断事件需要处理？

如前所述，计算机的中断事件发生后，要能主动通知 CPU 进行响应和处理，那么这是如何做到的呢？

对于 MCS-51 单片机而言，主要通过两个大的步骤来实现。CPU 对中断事件产生的发现过程：

第一步：硬件自动设置中断标志。

对于 MCS-51 单片机而言，当有中断事件发生时，单片机硬件会自动设置相应的中断标志。这些中断标志分别存放在单片机定义的两个中断标志寄存器中。分别是：

① 定时/计数器控制寄存器 TCON。

TCON 是 MCS-51 单片机定义的一个 8 位特殊功能寄存器（SFR），其中存储着相应中断事件的中断标志，具体如下：

表 6-1 TCON 寄存器各位功能定义一览表

项目	7	6	5	4	3	2	1	0
位功能	TF1	TR1	TF0	TR0	IE1	IT1	IE0	IT0

各位的具体含义和功能如下：

TF1：T1 溢出中断标志位。该寄存器位保存定时/计数器 T1 的溢出中断情况，当 T1 产生溢出中断时，TF1 标志位的值会由硬件控制自动设置为"1"，没有 T1 溢出中断时，TF1 标志位的值会由硬件控制自动设置为"0"。

TR1：T1 运行控制位。将 TR1 寄存器位的值设置为"1"，定时/计数器 T1 启动；将 TR1 寄存器位的值设置为"0"，定时/计数器 T1 停止工作。

TR0：T0 运行控制位。将 TR0 寄存器位的值设置为"1"，定时/计数器 T0 启动；将 TR0 寄存器位的值设置为"0"，定时/计数器 T0 停止工作。

TF0：T0 溢出中断标志位。该寄存器位保存定时/计数器 T0 的溢出中断情况，当 T0 产生溢出中断时，TF0 标志位的值会由硬件控制自动设置为"1"，没有 T0 溢出中断时，TF0 标志位的值会由硬件控制自动设置为"0"。

IE1：外部中断 1 标志位。该寄存器位保存外部中断 1 的中断情况，当外部中断 1 产生中断时，IE1 标志位的值会由硬件控制自动设置为"1"，没有外部中断 1 中断时，IE1 标志位的值会由硬件控制自动设置为"0"。

IE0：外部中断 0 标志位。该寄存器位保存外部中断 0 的中断情况，当外部中断 0 产生中断时，IE0 标志位的值会由硬件控制自动设置为"1"，没有外部中断 0 中断时，IE0 标志位的值会由硬件控制自动设置为"0"。

IT1：外部中断 1 中断触发方式控制位。当 IT1 寄存器位的值设置成"1"时，外部中断 1 的触发方式为下降沿触发；当 IT1 寄存器位的值设置成"0"时，外部中断 1 的触发方式为低电平触发。

IT0：外部中断 0 中断触发方式控制位。当 IT0 寄存器位的值设置成"1"时，外部中断

0 的触发方式为下降沿触发；当 IT0 寄存器位的值设置成"0"时，外部中断 0 的触发方式为低电平触发。

② 串行通信口控制寄存器 SCON。

串行通信口的中断标志位在串行通信口控制寄存器 SCON 中。SCON 是 MCS-51 单片机定义的又一个 8 位特殊功能寄存器，该寄存器的最低两位保存了串行通信中断状态。具体如表 6-2 所示。

表 6-2 SCON 寄存器各位功能定义一览表

项目	7	6	5	4	3	2	1	0
位功能							TI	RI

其中：

TI：串行通信口信息发送中断标志位。当一个字节的数据发送完毕后，MCS-51 单片机 SCON 寄存器 TI 标志位的值会由硬件自动设置为"1"。在 CPU 响应发送中断后，在控制程序中由程序把该标志位的值设置为"0"。

RI：串行通信口信息接收中断标志位。当有数据达到串行通信口的接收缓冲区 (SBUF) 时，RI 标志位的值由硬件自动设置成"1"，当 CPU 响应数据接收中断后，在控制程序中由程序把该标志位的值设置为"0"。

第二步：CPU 及时检测中断标志状态。

当中断事件发生、相应的中断标志位由硬件结构自动设置后，还需要 CPU 及时检测并判断中断标志位的状态，这样 CPU 才能及时发现中断事件的发生，进而对中断事件进行响应和处理。当然，不同型号的单片机对中断标志的具体检测方法和检测过程可能有所不同。

MCS-51 单片机 CPU 对中断标志的检测方法是：在每一条指令执行完毕后，也就是指令的最后一个机器周期执行完毕后，都会自动检测所有中断标志位，以便了解是否有中断事件发生，当检测到有中断事件发生且需要进行响应处理时，CPU 再按照相应的信息处理过程进行处理。

TCON 和 SCON 都是 8 位寄存器，既可以按照字节操作，也可以按位操作。

（四）MCS-51 单片机如何对中断的响应进行管理？

MCS-51 单片机对中断的响应采用"二级管理"方式进行管理。"二级管理"是指 MCS-51 单片机对五个中断源产生中断的响应过程所采取的管理方式。具体是指 MCS-51 单片机对五源中断采用"屏蔽管理"和"优先级管理"两级管理方式。具体如下：

1. 中断屏蔽管理

（1）什么是中断屏蔽管理？

中断"屏蔽管理"是指当中断事件发生后，计算机对是否对该中断进行响应的一种管理机制。当某个中断被屏蔽时，即使该中断事件已经发生，计算机 CPU 也不会对该中断进行响应和处理。而只有某个中断不被屏蔽（或者说中断被打开时），该中断产生时才可能得到 CPU 的响应和处理。

设置中断屏蔽管理机制的目的是能够根据系统实际运行的需要，灵活地控制对各中断源的中断响应过程。

MCS-51 单片机又是如何实现对中断源的中断屏蔽管理的呢？

(2) 如何实现中断屏蔽管理？

不同型号的单片机对中断屏蔽管理的具体实现方式可能不同。对于 MCS-51 单片机而言，中断屏蔽管理的实现需要硬件结构和控制程序配合。具体来说：

① 硬件方面：

在单片机内部硬件结构方面，为每个中断源设置两级控制开关，如图 6-3 所示。

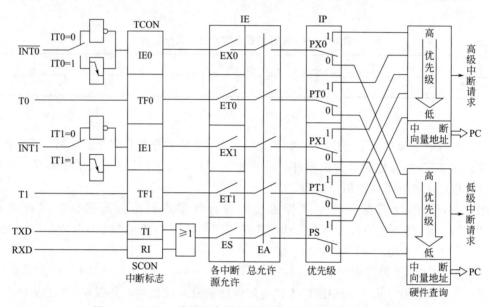

图 6-3 MCS-51 单片机中断的两级管理硬件控制结构示意图

从图 6-3 可见，在 MCS-51 单片机内部硬件结构方面，为每个中断源设置了二级屏蔽管理开关。

第一级中断屏蔽管理开关对应每一个中断源，如表 6-3 所示。

表 6-3 MCS-51 单片机中断源与对应的中断屏蔽控制一览表

项目	外部中断 0	外部中断 1	定时/计数器 T0 中断	定时/计数器 T1 中断	串行通信口中断
中断屏蔽控制	EX0	EX1	ET0	ET1	ES

第二级中断屏蔽管理开关对应的所有五个中断源，称为 EA。

对于 MCS-51 单片机而言，任何一个中断信号要想得到 CPU 的响应和处理，一个前提条件就是响应中断源中断屏蔽管理的两级管理开关必须全部接通。

MCS-51 单片机上述中断屏蔽管理开关通过相应的中断屏蔽寄存器 IE 进行操作。IE 寄存器是 MCS-51 单片机内部定义的一个 8 位特殊功能寄存器。每一位的定义如表 6-4 所示。

表 6-4 中断屏蔽寄存器 IE 各位定义一览表

项目	7	6	5	4	3	2	1	0
位功能	EA	—	—	ES	ET1	EX1	ET0	EX0

注意：

- IE 寄存器的 IE.6 和 IE.5 两位暂时没用。

- IE 寄存器在控制程序中既允许按照字节操作，也可以按位操作。

在控制程序中，将 IE 寄存器的某一位设置为"1"，该位所对应的中断响应开关接通，对应中断源的中断信号可以传递到 CPU。将 IE 寄存器的某一位设置为"0"，该位所对应的中断响应开关断开，对应中断源的中断信号会被屏蔽，不能够传递到 CPU。

比如：假设我们想要外部中断 0 的中断信号能够得到 CPU 的响应和处理，按照 MCS-51 单片机中断屏蔽的二级管理方式，根据上述 IE 寄存器各位的定义，就需要同时将 IE 寄存器的 EA 和 EX0 两位同时设置成"1"。

② 软件方面：

单片机对于中断信号的响应和处理，还需要软件（也就是单片机应用系统的控制程序）配合。

在单片机中断响应过程中，控制程序要完成的主要工作包括：初始化中断响应条件，实现好中断响应程序，并将中断响应程序和相应的中断关联起来。只有这样，单片机才能按照中断响应程序的要求和信息处理过程，完成对响应中断信号的处理。中断处理程序的具体编写方法，详见下面中断处理程序的编写。

2. 中断优先级管理

（1）什么是中断优先级？

如前所述，单片机 CPU 在同一时刻只能对一个中断信号进行响应和处理，当有多个中断信号同时产生时，CPU 必须按照各中断事件的轻重缓急，对不同中断事件排定响应的先后顺序和级别。不同中断信号的响应顺序和级别就称为中断被响应的优先级。

（2）如何进行中断优先级管理？

不同型号的单片机对中断信号源的优先级管理可能各不相同。MCS-51 系列单片机对中断优先级的管理方法如下：

MCS-51 单片机在设计和制造过程中，为五个中断源排好了默认的优先级，即响应顺序。具体如图 6-4 所示。

按照上述中断优先级的默认顺序，当某个外部事件比较紧急，希望其能够尽快得到 CPU 响应的话，就应该将该外部事件发生的信号连接到 MCS-51 单片机的外部中断 0 上。

如果我们不想使用单片机的默认中断响应优先级，MCS-51 单片机也提供了改变默认优先级的方法。那就是 MCS-51 单片机内部设置了中断优先级寄存器 IP，以便用户能够根据自己的需要设置不同中断信号源的响应优先级。

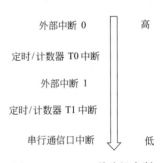

图 6-4　MCS-51 单片机中断默认优先级示意图

IP 是 MCS-51 单片机所定义的一个 8 位特殊功能寄存器，其各位定义如表 6-5 所示。

表 6-5　中断优先级寄存器 IP 各位定义一览表

项目	7	6	5	4	3	2	1	0
位功能	—	—	—	PS	PT1	PX1	PT0	PX0

注意：

① IP 寄存器的最高三位 IP.7、IP.6 和 IP.5 暂时没用。

② IP 寄存器在控制程序中既可按照字节操作，也可以按位操作。

③ 在控制程序中，将 IP 寄存器的某一位设置为"1"，该位对应的中断响应级别为"高"

优先级;将 IP 寄存器的某一位设置为"0",该位对应的中断响应级别为"低"优先级。

④ 使用 IP 寄存器只能将中断的响应优先级区分为"高""低"两个不同的优先级别。

由于 MCS-51 单片机有五个不同的中断信号源,因此,仅靠 IP 寄存器是无法区分开五个中断信号源的优先级的,而需要使用 IP 寄存器的优先级配置和单片机内部的默认优先级相互配合,共同排定五个中断信号源的优先级。

⑤ 中断优先级的响应原则是:低优先级不能打断高优先级的响应过程,同优先级别的中断响应不能相互打断。同优先级别的中断同时发生时,按照默认优先级决定响应顺序。

四、总体方案设计

回到本学习项目,由于要求一旦有紧急车辆通过道口,交通灯必须立即转换为紧急通行模式,显然,采用查询机制无法满足项目的功能需求,而必须采用中断响应机制。

通过上面对中断相关知识的学习后,我们就可以对本项目的总体方案进行设计。本项目的总体方案设计参考如下:

项目整体以 MCS-51 单片机为核心,正常通行模式的实现和项目五相同,紧急通行模式采用 MCS-51 单片机的外部中断实现:硬件上设置交通灯工作模式转换开关,工作模式转换开关的输出信号作为外部中断信号连接到 MCS-51 单片机外部中断信号输入引脚上,采用外部中断的方式,并和相应的控制程序配合,实现交通灯紧急通行模式。

任务二 系统硬件电路设计

一、MCS-51 单片机外部中断的使用

根据上述项目总体设计方案,交通灯紧急通行模式主要通过 MCS-51 单片机外部中断方式实现,我们先详细学习 MCS-51 单片机外部中断的使用。

MCS-51 单片机共定义了 2 个外部中断资源供用户使用:外部中断 0 和外部中断 1。其中外部中断 0 的触发信号连接到 P3.2 引脚,外部中断 1 的触发信号连接到单片机的 P3.3 引脚。这两个外部中断在使用过程上没有区别,可以根据需要自主选用其中一个,也可以根据需要同时使用。

同时,MCS-51 单片机的外部中断有两种不同的触发方式:低电平触发和信号下降沿触发;实际使用时,要根据外部中断信号持续时间的长短,选用正确的外部中断触发方式。如果外部中断的触发信号持续时间较长,一般使用低电平中断触发方式;如果实际的触发信号持续时间非常短,只是一瞬间,一般采用信号下降沿触发方式。

二、项目硬件电路设计

根据项目功能需求和初步确定的项目总体实现方案,同时结合所学 MCS-51 单片机中断的相关知识,确定该项目的硬件设计方案,并编写完成项目的硬件设计说明书。

也可扫描左侧二维码,获取参考设计方案。

项目六
硬件电路设计参考方案

任务三　系统控制程序编写

一、系统控制程序的编写分析

在初步完成项目的硬件电路设计后，就可以着手编写系统的控制程序了。通过前面的分析知道，本项目要求实现的交通灯控制系统正常工作模式的控制程序我们已经实现。同时本项目系统要使用 MCS-51 单片机的外部中断方式，实现交通灯的紧急通行模式控制，因此，本项目控制程序实现的关键在于中断程序的编写。

那么，又该如何编写单片机的中断控制程序呢？

二、系统控制程序实现的关键知识学习

单片机应用系统的中断控制程序编写需要解决以下几个关键问题：

（一）如何保证所使用的中断能够得到 CPU 的响应？

包含中断处理的单片机系统控制程序，首先要解决的问题就是要保证系统中所使用的中断发生时，能够得到 CPU 的及时响应。

那么，如何才能保证所使用的中断能够得到 CPU 的及时响应呢？

不同型号单片机的具体操作不同。对于 MCS-51 单片机，为了使中断能够得到 CPU 的及时响应，控制程序中需要完成的主要工作包括：

① 在中断屏蔽过程中，打开相应的中断屏蔽寄存器位和中断屏蔽的总控制位。该过程称为开中断。

② 如果使用 MCS-51 单片机的外部中断，还要正确设置所用外部中断的触发方式。

③ 如果系统中使用了不止一种中断，则要设置好不同中断的响应优先级。

（二）所使用的中断得到响应时，CPU 如何找到对应的中断处理程序？

中断的具体处理过程通常放在对应的中断处理程序中，控制程序必须要保证 CPU 在响应相应的中断时，能够快速、准确地找到对应的中断处理程序。

MCS-51 单片机对"五源中断"中的每一个中断信号源，分别规定了各自固定不变的中断程序入口地址，如表 6-6 所示。程序入口地址是指中断处理程序在系统的程序存储器中存储的起始地址。程序执行过程中，CPU 正是通过程序的入口在程序存储器中找到相应的程序代码，并读入 CPU 中进行执行。

MCS-51 单片机中断服务程序的入口地址也被称作中断向量。

表 6-6　MCS-51 单片机中断程序入口地址一览表

中断来源	入口地址
外部中断 0	0003H
定时/计数器 T0	000BH
外部中断 1	0013H
定时/计数器 T1	001BH
串行通信口中断	0023H

注意：仔细观察表6-6可以发现，MCS-51单片机五个中断源的入口地址，相邻两个中断服务程序的入口地址只相隔8B的存储空间，一般情况下是存储不下相应的中断服务程序的。因此，实际编写中断处理程序时，通常在对应的入口地址处放置一条转移指令，而将真正的中断处理程序存储到其他程序存储空间中。

（三）中断处理程序如何对信息进行正确处理？

不同的单片机应用系统中，中断处理程序所要完成的功能不同，因此中断处理的内容和处理过程也各不相同，需要根据具体的项目功能需求，进行分析确定。

三、MCS-51单片机汇编语言中断控制程序的实现

使用汇编语言编程时，MCS-51单片机中断处理程序又该如何实现呢？

（一）MCS-51单片机汇编语言程序中断处理程序的编写方法

在使用汇编语言编写中断处理程序时，通常将真正的中断信息处理程序作为一个子程序，称为中断服务子程序。整体的 MCS-51 单片机汇编语言中断处理程序通常由三大部分组成：

(1) 中断服务程序入口定义

此部分主要是根据系统所使用的中断情况定义好相应的中断服务子程序的入口。具体方法如下：

ORG 入口地址   ；其中"入口地址"根据所使用的中断，查阅表6-6得到。
LJMP 中断子程序名称 ；其中"中断子程序名称"由编程人员自行定义。

假定某 MCS-51 单片机应用系统使用外部中断0，其中断服务子程序名称设定为 MY_INT，其中断的入口定义如下：

```
ORG   0003H
LJMP  MY_INT
```

(2) 中断初始化

中断初始化要完成的主要工作包括打开相应的中断响应、设置好中断触发条件、完成所使用的相关寄存器的初始化以及程序所需要的其他初始化工作。

(3) 中断服务子程序实现

主要是根据对中断信息的处理要求，完成相应中断信息的处理工作。

（二）本项目汇编语言参考程序

在学习并掌握上述相关知识后，请画出系统控制程序流程图，并编写系统汇编语言控制程序。

也可扫描左侧二维码获取参考硬件设计方案对应的汇编语言参考程序。

项目六
汇编语言参考控制程序

> **拓展知识1** ▶▶

普通子程序和中断服务子程序有什么相同和不同之处？

我们在前面项目汇编语言程序的编制过程中，学会了使用子程序，大大方便了汇编语言程序的编制。在本项目汇编语言程序的编制过程中，我们使用了一种特殊类型的子程序——中断服务子程序，就是上述程序中的 "Jinji_TongXing" 子程序。相对中断服务子程序，

我们可以把其他子程序称为普通子程序。

那么，普通子程序和中断服务子程序又有哪些相同和不同之处呢？

（一）相同之处

① 普通子程序和中断服务子程序，都是汇编语言中的子程序，作为子程序，二者都可以在程序运行过程中被反复使用。

② 作为子程序，普通子程序和中断服务子程序的最后一行代码都必须是返回指令，以便子程序执行完毕能够返回到主程序继续执行。

（二）不同之处

普通子程序和中断服务子程序，虽然都是汇编语言子程序，但二者又存在着不同之处，主要包括：

① 入口地址不同。

普通子程序没有固定的入口地址，其入口地址由程序编写人员在输入程序代码过程中确定，同一个子程序，放在整体程序中的位置不同，可以有不同的入口地址。

中断子程序的入口地址是固定的，在单片机设计和制造过程中已经确定，单片机使用人员在编程过程中必须遵守，不可更改，否则，将导致 CPU 处理中断时找不到相应的中断处理子程序。

② 调用方式不同。

普通子程序在调用时必须使用子程序调用指令（比如 LCALL、ACALL）进行调用。

中断子程序在调用时，不需要在程序中使用调用指令，而是由 CPU 通过相应的中断服务程序入口自动调用。

③ 返回指令不同

普通子程序的返回指令是 RET。

中断服务子程序的返回指令是 RETI。

拓展知识 2

子程序的嵌套调用

（一）什么是子程序的嵌套调用？

子程序的嵌套调用是指在一个子程序中再调用其他子程序，如图 6-5 所示。

图 6-5 的子程序既可以是普通子程序，也可以是中断服务子程序。

例如：在上述本项目的实现程序示例中的黄灯闪烁子程序 Yellow_flash 中，就又调用了短时间延时子程序 DELAY_SHORT，这个过程就是一个典型的子程序嵌套调用。

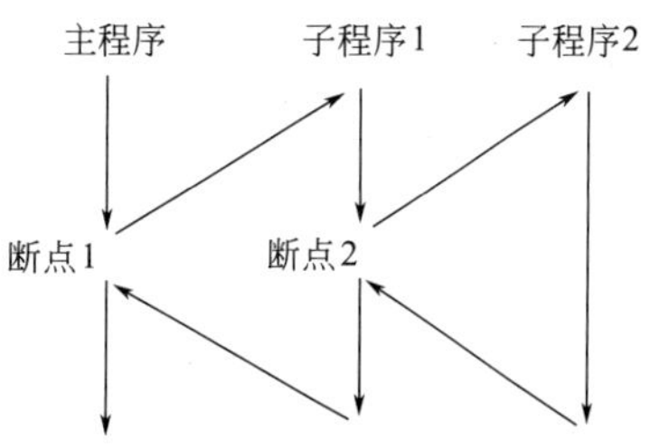

图 6-5 子程序嵌套调用示意图

（二）程序断点的保存和恢复

（1）什么是程序断点？

在子程序调用过程中，调用子程序时原程序执行中止时的位置称为程序断点，例如图 6-5 中的断点 1 和断点 2。在子程序执行遇到子程序的返回指令（RET 或者 RETI）时，程序将返回到原来的程序断点处，继续执行原来断开的程序，称为断点的恢复。

在 MCS-51 单片机中，专门定义了一个 16 位的特殊功能寄存器，称为程序计数器（简称 PC）。在程序运行过程中，程序计数器 PC 的值始终指向将要执行的下一条指令在程序存储器中的存储地址。在 MCS-51 单片机程序的子程序调用过程中，程序断点具体指的就是程序断开时 PC 的值。

（2）为什么要进行断点的保存和恢复？

在有子程序的单片机控制程序执行过程中，调用子程序时断开了主程序的执行，在子程序执行完毕后，程序执行必须正确回到主程序断开的地方，继续执行主程序，直到整个控制程序执行完毕。

可见，在子程序调用过程中，必须首先记住主程序从什么地方断开，子程序执行完毕后，又能正确地回到主程序断开的地方，只有这样，才能保证整个控制程序的正确执行。

因此，在子程序调用过程中，必须正确完成程序断点的保存和恢复。

（3）如何进行程序断点的保存和恢复？

从图 6-5 可以看到：在子程序嵌套调用过程中，先断开的程序断点应该后恢复，而后断开的程序断点应该先恢复，断点恢复的顺序绝对不可以出错。为了做到这一点，单片机内存中专门开辟了堆栈区域，以便子程序嵌套调用过程中断点的保存和恢复，即，对 MCS-51 单片机来说，在调用子程序时，将主程序断点的 PC 值保存到堆栈中，在子程序调用返回时，再将保存在堆栈中的断点 PC 值恢复出来。由于堆栈操作具有"先进后出"的操作特点，因此，采用堆栈进行程序断点的保存和恢复，可以保证先断开的程序断点后恢复，后断开的程序断点先回复。

在单片机控制程序中，程序断点的恢复和保存是由编译程序来完成的，不需要程序编写人员显式地书写专门的实现代码。

（三）子程序调用过程中运行现场的保存和恢复

在包含子程序调用的控制程序中，还必须注意程序运行现场的保存和恢复。

（1）什么是程序运行现场？

程序运行现场是指在子程序调用过程中，主程序断开时所用到的各相关寄存器的值，这些寄存器的值代表了程序运行的实时状态，我们称之为程序运行的现场。

比如：假设某 MCS-51 单片机应用系统控制程序需要调用子程序，并且在主程序中使用了通用寄存器 R0、R1，则在调用子程序时，通用寄存器 R0 和 R1 的值就是主程序断开时的程序运行现场。

（2）为什么要保存和恢复程序的运行现场？

在单片机应用系统的控制程序中，主程序和子程序可能会使用相同的寄存器，在此情况下，如果不把主程序断开时相应寄存器的值保存下来，当调用完子程序后，相应寄存器的值就会变成子程序的运行结果，而原来主程序断开时寄存器的值就会丢失，这将导致主程序运行结果的差错。

例如，在某单片机应用系统中，使用 MCS-51 单片机的 P1.3 引脚连接有 1 只发光二极管，高电平点亮。要求编写相应控制程序使发光二极管闪烁 10 次。

参考程序如下：

ORG 0000H

```
            LJMP MAIN
            ORG 0100H
    MAIN:   MOV R0,#10
    LOOP:   SETB P1.3
            LCALL DELAY
            CLR P1.3
            LCALL DELAY
            DJNZ R0,LOOP
            SJMP $
    DELAY:  MOV R0,#200    ;在子程序中也使用R0
    LOOP1:  MOV R1,#200
    LOOP2:  MOV R2,#200
            DJNZ R2,$
            DJNZ R1,LOOP2
            DJNZ R0,LOOP1
            RET
            END
```

在上述示例程序中，包含了延时子程序 DELAY，并且在主程序和子程序中都使用了通用寄存器 R0，在调用子程序时 R0 的值就是程序断开时的运行现场。

如果像上述示例这样编写控制程序，由于子程序中并没有对主程序的运行现场进行保护和恢复，在第一次调用子程序后，R0 的值就会被减为 0，发光二极管是不会闪烁 10 次的，而只会闪烁 1 次。若想达到发光二极管闪烁 10 次的目的，就必须对主程序的运行现场进行保护和恢复。

（3）如何保存和恢复程序运行的现场？

程序运行现场的保存和恢复，通常放在子程序中进行，方法是：使用堆栈操作指令，在子程序开始时保存主程序的运行现场，在子程序返回指令之前，恢复主程序运行现场。

保存程序运行现场的操作指令是：

PUSH 直接地址

恢复程序运行现场的操作指令是：

POP 直接地址

上述 PUSH 和 POP 指令中的"直接地址"是指单片机内存的存储单元地址，比如 3FH，也可以用特殊功能寄存器代替，比如：

PUSH DPL

POP DPL

需要注意的是：

① 通用寄存器 R0~R7 不能直接出现在 PUSH 和 POP 指令中。

当需要使用堆栈保存和恢复通用寄存器 R0~R7 时，程序不能直接写为

PUSH 通用寄存器名称

或者

POP 通用寄存器名称

而必须在指令中使用相应通用寄存器的存储地址。如果使用堆栈保存和恢复通用寄存器

R0，且使用的是第 0 组工作寄存器，则使用堆栈保存和恢复 R0 的指令应写为

```
PUSH 00H      ;保存 R0 的值,其中的 00H 为 R0 对应的存储地址
…             ;其他指令代码
POP 00H       ;恢复 R0 的值,其中的 00H 为 R0 对应的存储地址
```

通用寄存器对应的存储单元地址如表 6-7 所示。

表 6-7 MCS-51 单片机通用寄存器对应地址一览表

组号	工作寄存器	对应的内存地址
0	R0～R7	00H～07H
1	R0～R7	08H～0FH
2	R0～R7	10H～17H
3	R0～R7	18H～1FH

MCS-51 单片机上电复位后，默认使用第 0 组通用寄存器。如果不想使用第 0 组通用寄存器，可以通过程序状态字（即 PSW）寄存器选择其他组的工作寄存器。具体选择方法可参考本书的项目二。

② 累加器 A 不能直接出现在 PUSH 和 POP 指令中。

累加器 A 是 MCS-51 单片机中使用最多的寄存器，但是在需要使用堆栈保存和恢复累加器 A 的值时，不能直接写成如下形式：

PUSH A

或者

POP A

而必须以 ACC 代替 A，相应指令的正确书写形式为

PUSH ACC

或者

POP ACC

③ 当需要保存和恢复多个数据时，多个数据保存和恢复的顺序不能出错。

比较复杂的单片机应用系统的控制程序，在调用子程序的过程中可能需要保存和恢复不止一个数据，此时必须注意：鉴于堆栈"先进后出"的操作特点，数据保存和恢复的顺序必须相反。如下所示：

```
            PUSH 00H
            PUSH 02H
            PUSH 03H
               …
            POP 03H
            POP 02H
            POP 00H
```

使用堆栈操作指令将上述示例程序改成：

```
    ORG 0000H
    LJMP MAIN
    ORG 0100H
```

```
      MAIN: MOV R0,#10    ;以 R0 作为循环次数计数器
      LOOP: SETB P1.3
            LCALL DELAY
            CLR P1.3
            LCALL DELAY
            DJNZ R0,LOOP   ;R0-1 如果不等于 0,继续下一次闪烁
            SJMP $
     DELAY: PUSH 00H       ;保存主程序运行现场,将 R0 的值存入堆栈
            MOV R0,#200    ;在子程序中使用 R0
     LOOP1: MOV R1,#200
     LOOP2: MOV R2,#200
            DJNZ R2,$
            DJNZ R1,LOOP2
            DJNZ R0,LOOP1
            POP 00H        ;子程序返回前,从堆栈中恢复程序运行现场
            RET
            END
```

改进后的示例程序的延时子程序中,首先使用 PUSH 00H 指令语句,将主程序断开时的 R0 寄存器的值保存到堆栈中,并在子程序返回指令 RET 之前;然后使用 POP 00H 指令语句,将保存在堆栈中的 R0 的值恢复,从而保证了调用完子程序后 R0 寄存器的值仍是主程序断开时的值,进而保证了整个控制程序运行结果的正确。

任务四　单片机中断控制程序的调试

一、Keil 平台下中断程序的仿真调试

在 Keil 集成开发平台下,也可以对中断程序进行仿真调试。但需要注意的是,由于中断响应子程序是在中断事件发生时由 CPU 自动调用的,且中断事件的发生是难以事前预知的,因此,在程序调试过程中,无法通过单步调试直接跟踪进入中断响应子程序。

那么,如何跟踪验证中断响应子程序的功能呢?

解决方法是:首先,在中断服务子程序中设置程序断点,通过断点进入中断响应子程序;而后,通过平台的单步调试功能,跟踪中断服务子程序的执行过程,从而验证程序的功能执行是否正常。

以本项目的中断程序仿真调试为例,具体调试过程如下:

第一步:输入程序并编译通过,如图 6-6 所示。

第二步:启动程序调试,如图 6-7 所示。

第三步:设置断点,如图 6-8 所示。

第四步:跟踪进入中断响应子程序,如图 6-9 所示。

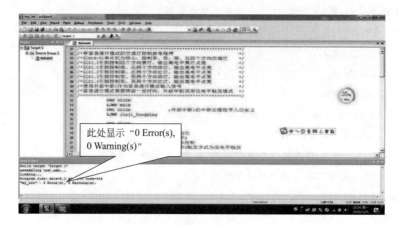

图 6-6　程序编译通过示意图

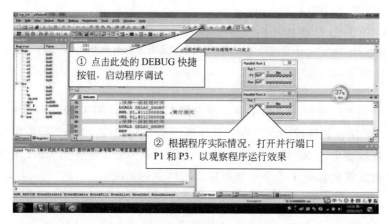

图 6-7　启动程序调试示意图

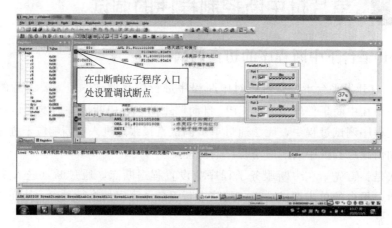

图 6-8　在程序中设置调试断点

二、中断程序调试时的排障思路

对于包含中断的单片机应用系统，如果调试过程中发现程序不能正常进入中断响应子程序，通常可以从以下几个方面查找并排除问题：

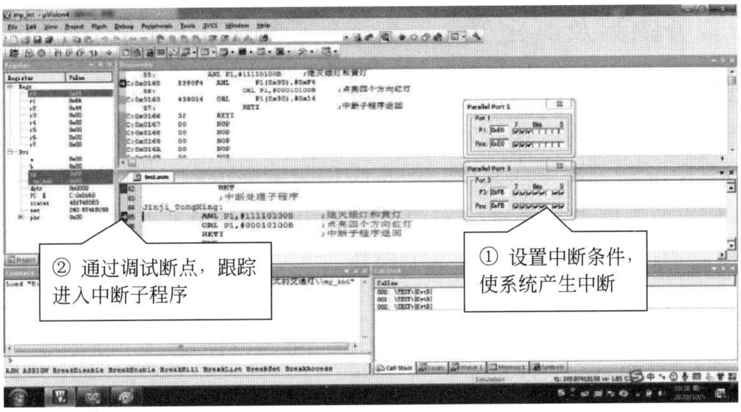

图 6-9　通过调试断点跟踪进入中断响应子程序

（1）中断信号能否正常产生

只有产生了中断信号，程序才会进入并执行中断响应子程序，因此，如果系统调试过程中发现程序执行不能正常进入中断响应程序，首先要检查中断事件有没有真实发生。比如：使用外部中断仿真调试时，要检查有没有正确地设置中断；软、硬件联合调试时，要仔细检查外部中断发生电路工作是否正常，可以用示波器测量外部中断信号输入引脚的信号波形，以判断中断产生电路的工作情况。

（2）程序中中断的初始化是否正确

中断事件发生后，能否得到 CPU 的响应，还取决于控制程序中对相应中断的初始化是否正确，包括：中断有无正确地开放，尤其是 MCS-51 单片机的中断屏蔽总控制位 EA 设置是否遗漏；系统同时使用多个中断时，中断的优先级设置是否合适；使用 MCS-51 单片机的外部中断时，还应仔细检查程序中外部中断的触发方式设置是否正确。总之，只有控制程序中对中断正确地进行初始化，当中断发生时，程序才能正确执行相应的中断响应子程序。

（3）程序中中断的入口地址是否正确

控制程序不能正常进入中断子程序的另一个原因是中断子程序的入口地址指定错误。如前所述，单片机为了在中断发生时及时找到相应的中断响应程序，为各个中断源分别设定了固定不变的中断响应程序入口地址。因此，在编写控制程序时，如果中断响应程序入口地址指定错误，程序运行时是不可能进入响应的中断处理程序的。

比如，如果某 MCS-51 单片机应用系统中使用的是外部中断 0，但是控制程序中不小心将中断响应程序放在了外部中断 1 的入口地址处，在外部中断 0 事件发生时，程序执行当然不可能进入外部中断 0 的响应子程序。

因此，一定要仔细检查控制程序中中断入口地址是否指定正确。

任务五　项目 C51 控制程序的编写和调试（教学拓展任务）

C51 编程语言在通用 C 语言的基础上，针对 MCS-51 单片机编程的需要，进行了针对性的修改和完善，其中就包括了对 MCS-51 单片机中断的支持。具体如下：

一、中断服务函数及其定义

（1）什么是中断服务函数？

在汇编语言程序中，中断信息的处理采用子程序方式实现，即汇编语言中的中断响应子程序。在 C51 语言中没有子程序的概念，而是采用函数完成相关信息的处理。C51 编程语言针对 MCS-51 单片机的中断信息处理，专门定义了中断服务函数。中断服务函数就是 C51 语言中定义的、专门用来处理中断信息的一类函数。

（2）如何定义中断服务函数？

C51 编程语言中专门增加了一个关键字 interrupt，以便将一个函数定义为中断服务函数。具体定义方法如下：

函数类型　函数名(形式参数表)［interrupt n］［using n］

其中：

① 关键字 interrupt 表示该函数是一个中断服务函数，紧跟在后面的 n 是该中断服务函数所对应的中断号，该中断号对应了单片机各个中断源及中断服务程序入口。

对于 MCS-51 单片机，中断号 n 取值为 0~4，编译器从 $8n+3$ 处确定相应的中断程序入口。MCS-51 单片机中断源对应的中断号和中断程序入口地址如表 6-8 所示。

表 6-8　C51 语言中 MCS-51 单片机中断源、中断号、中断程序入口地址对应表

中断号 n	中断源	中断程序入口地址
0	外部中断 0 中断	0003H
1	定时/计数器 T0 中断	000BH
2	外部中断 1 中断	0013H
3	定时/计数器 T1 中断	001BH
4	串行通信口中断	0023H

② ［using n］中的 n 是指所使用的 MCS-51 单片机工作寄存器组。MCS-51 单片机共定义了 4 组工作寄存器，组号是 0~3，默认使用第 0 组工作寄存器，因此，如果使用第 0 组工作寄存器，［using n］可以省略不写。

二、C51 语言中断应用程序示例

假设某 MCS-51 单片机应用系统实现对某工业锅炉的控制，锅炉内压力监测传感器负责监测锅炉内的压力，当压力超过设定值时，系统压力监测电路产生低电平输出信号，并传递给 MCS-51 单片机的外部中断 1 信号输入引脚。单片机的 p1.3 引脚负责控制锅炉泄压阀，当 P1.3 引脚输出低电平时，泄压阀开启。P1.5 引脚连接超压告警灯，P1.5 输出高电平时，告警灯点亮。

要求：编程实现当锅炉压力超过设定值时，泄压阀开启释放锅炉内压力，同时超压告警灯点亮。

采用 C51 语言的该系统控制程序可参考如下：

```
#include<reg52.h>
sbit alart_light = P1^5;
```

```
sbit pru_release = P1^3;
void pressure_alart();
void main()                    //主函数
{
        pru_release = 1;       //泄压阀关闭
        alart_light = 0;       //告警灯熄灭
        SP = 0x60;//中断初始化
        EA = 1;
        EX1 = 1;
        IT1 = 0;
        while(1);//等待中断
}
        void pressure_alart() interrupt 2 using 0
{
        alart_light = 1;       //点亮告警灯
        pru_release = 0;       //开启泄压阀
}
```

请注意上例中中断服务程序的定义方法。

三、系统 C51 语言控制程序的实现

请根据以上 C51 语言中断程序处理方法，编制本项目的 C51 语言程序，并调试通过。

也可扫描右侧二维码，获取和参阅本项目对应参考硬件设计方案的 C51 语言控制程序

项目六
C51 语言参考程序

项目总结

本学习项目主要学习计算机中中断的概念，以及单片机中中断的管理和使用方法。对于 MCS-51 单片机，重点要掌握的是：

① MCS-51 单片机所支持的中断源，以及每一个中断源的中断产生条件。
② MCS-51 单片机中断标志寄存器 TCON、SCON 每一位的功能定义。
③ MCS-51 单片机中断管理所用到的寄存器 IE 和 IP 每一位的定义。
④ MCS-51 单片机汇编语言中断应用程序的编写方法。
⑤ C51 语言中断服务程序的定义和编写方法。
⑥ 中断应用程序中程序运行现场的保存和恢复方法。

自测练习

一、填空题

（1）MCS-51 单片机片内有_____个中断源，其中_____个外部中断源、2 个_____中断源、1 个_____中断源。

(2) MCS-51 单片机汇编语言编写的单片机中断应用程序主要由三大部分组成,分别是_____、_____和_____。

(3) C51 语言中,通过_____将中断服务程序和相应的中断源进行关联。

(4) MCS-51 单片机外部中断具有_____触发和_____触发两种不同的触发方式。

(5) MCS-51 单片机定时/计数器中断的触发条件是:_____。

(6) MCS-51 单片机外部中断的状态标志位于_____寄存器中。

二、选择题

(1) 对外部紧急事件的响应,单片机应该采用下列_____响应机制。
A. 定时查询机制　　　　　　　　B. 随机查询机制
C. 中断机制都可以　　　　　　　D. 以上机制都可以

(2) 下列选项中不是中断响应机制优点的是_____。
A. 响应速度快　　　　　　　　　B. CPU 工作效率高
C. 单片机制造成本低　　　　　　D. 减少单片机外围设备的等待时间

(3) MCS-51 单片机中缺省优先级级别最高的是_____。
A. 外部中断 0　　　　　　　　　B. 外部中断 1
C. 串行通信口中断　　　　　　　D. 定时/计数器 T0 中断
E. 定时/计数器 T1 中断

(4) MCS-51 单片机中用来实现中断屏蔽管理的寄存器是_____。
A. IE 寄存器　　　　　　　　　 B. IP 寄存器
C. TCON 寄存器　　　　　　　　D. SCON 寄存器

(5) MCS-51 单片机定时器 T1 的中断入口地址是_____。
A. 0003H　　　　　　　　　　　B. 001BH
C. 0023H　　　　　　　　　　　D. 000BH

(6) 要使 MCS-51 能同时响应定时器 T1 和串行接口中断,它的中断允许寄存器 IE 的内容应是_____。
A. 98H　　　　　　　　　　　　B. 84H
C. 42H　　　　　　　　　　　　D. 22H

(7) MCS-51 单片机汇编语言程序中,中断服务子程序必须使用_____指令,以便子程序执行完毕返回主程序。
A. MOV　　　　　　　　　　　　B. RETI
C. RET　　　　　　　　　　　　 D. ORG

三、简答题

(1) 什么是 MCS-51 单片机的"五源中断""二级管理"?

(2) MCS-51 单片机汇编语言程序中中断服务子程序和普通子程序有什么区别?

(3) 单片机的中断响应机制主要特点有哪些?

四、综合题

图 6-10 所示为某单片机控制系统的故障显示电路,其功能为系统的各部分正常工作时,4 个故障源的输入均为高电平,发光二极管全不亮;当有某个部分出现故障时,则相应的输入由高电平变为低电平,相近的发光二极管亮。试根据电路编写相应的控制程序。

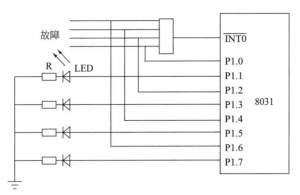

图 6-10 某单片机应用系统硬件电路示意图

参考答案

多想一步

观察实际的交通灯可以发现,相应方向的通行时间通常可以以秒为单位倒计时显示,如何给本项目完成的交通灯控制器加上通行时间的倒计时显示功能呢?

项目七 交通灯控制器通行时间倒计时显示的实现

项目描述

现有一个南北方向和东西方向交叉的十字道口,欲设置交通信号灯1组,请设计交通灯控制器1套,具体要求如下:

① 每个方向设置红、黄、绿3种颜色的交通灯。

② 交通灯共设置两种控制模式:正常通行模式和紧急通行模式。

③ 正常通行模式下:南北方向、东西方向的交通灯亮灯状态应能按照图7-1所示进行工作状态转换。

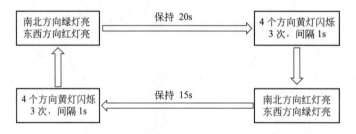

图7-1 交通灯正常工作模式状态转换示意图

④ 向通行车辆和行人倒计时显示剩余的通行时间(以秒为单位),每秒更新一次时间显示。

请根据上述项目功能需求,确定系统的硬件设计方案,并撰写系统硬件设计说明书,画出系统控制程序流程图,编写系统控制程序并调试通过。

学习目标

① 进一步熟悉单片机中断的概念和使用。

② 熟悉并掌握MCS-51单片机定时器的使用方法。

③ 熟悉并掌握单片机应用系统中数码管的使用方法。

④ 锻炼和提高自主学习能力。

⑤ 培养探索和创新精神。

任务一　系统总体方案设计

一、项目需求分析

仔细阅读和分析本项目的描述，可以发现：

（1）本项目需要对时间进行精确控制

功能需求中多处对时间提出了明确要求，包括：南北方向通行时间为20s，东西方向通行时间为15s；黄灯每秒闪烁一次；数码管显示的时间每秒更新一次。

在前面交通灯控制器的实现过程中，我们对时间的控制都是采用延时子程序（汇编语言程序）或者延时函数（C51语言程序）来实现的，但是延时子程序或者延时函数对时间的控制无法精确到秒，不能实现精准的时间控制。因此本项目的实现必须学习新的时间控制方法。

（2）剩余通行时间要以秒为单位倒计时显示

项目描述中明确提出，剩余的通行时间要以秒为单位倒计时显示。这就必须为系统添加数字信息显示接口。

那么上述两项需求又该如何实现呢？

二、单片机应用系统中精确定时的实现

如前所述，单片机主要应用于各种控制场合。在实际应用过程中，常常需要对时间进行精准控制，比如洗衣机、微波炉等常用家电的时间控制，以及诸多工业生产线的定时控制等。为满足实际使用过程中对时间的精确控制，大部分单片机都提供了内部硬件定时器，以实现对时间的精确控制。也就是说，可以使用单片机内部的硬件定时器，实现对时间的精确控制。

三、单片机应用系统中数字显示的实现

在单片机应用系统中，常常需要显示一定的数字信息，供系统操作人员或者系统用户了解系统的工作状态，数字显示接口是单片机应用系统中人机接口的重要组成部分。

那么单片机应用系统的数字显示如何来实现呢？

单片机应用系统中数字的显示，常用的实现方式主要包括：

（一）采用数码管显示

数码管也称七段数码管，是一种通过点亮字码段的不同组合来显示数码和简单英文字母的电子器件，常用的数码管如图7-2所示。

图7-2　数码管及其显示效果

相对其他常用的数字显示方式,数码管显示数字的主要特点包括:
(1) 显示颜色丰富、选择范围大

数码管内部是用发光二极管实现的,可以实现红、黄、绿、蓝、白多种颜色的数字显示,显示颜色较为丰富,且大小规格多种多样,可供选择的范围较大。

(2) 实现技术成熟、实现成本低

数码管实现技术已经非常成熟,使用简单,且价格便宜,在单片机应用系统中使用数码管实现数字的显示,实现成本较低。

(3) 显示亮度高、观看距离远

数码管内部使用发光二极管发光完成数字显示,显示亮度高、使用寿命长,且观看距离可以较远,因而应用十分广泛。

(4) 数字显示需要译码过程

数码管在显示数字时,一般不能直接把显示的数字送往数码管,必须经过一个译码过程,把要显示的数字翻译成数码管应该点亮的对应字段。译码过程的实现可以采用硬件译码方式,也可以采用软件译码方式,其中:

① 硬件译码方式。

硬件译码方式通过使用专门的硬件译码器件完成译码过程,具有译码可靠,系统控制程序相对简单的优点,但需要购买专门的器件,会增加电路板制作成本。同时需要注意的是:数码管有共阴极数码管和共阳极数码管之分,其所对应的硬件译码电路不同,使用硬件译码方式时,一定要根据使用的数码管类型,配置相应的译码电路,译码电路的类型和型号一定要和所使用的的数码管相对应。

② 软件译码方式。

数码管的软件译码方式是通过单片机应用系统的控制程序完成译码过程。使用软件译码方式的优点在于:不用购买专门的硬件译码电路,节省系统的硬件制作成本。不足之处在于:单片机应用系统的控制程序较为复杂。

(二) 采用液晶显示

液晶显示也是单片机应用系统中常用的一种信息显示方式。液晶是液态晶体的简称,其显示信息的原理是,在一定的温度范围内,通过改变输入电压改变晶体分子的排列顺序,从而达到显示信息的目的。常用的液晶显示器件如图 7-3 所示。

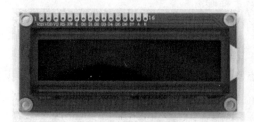 

图 7-3　液晶显示器件示意图

相对数码管显示,液晶显示的主要特点包括:
(1) 封装轻薄,体积小巧

相对数码管,液晶显示器件常常封装成比较轻薄的显示屏形式,体积更加小巧。

(2) 显示信息丰富,总体功耗低

液晶显示不仅可以显示数字，还可以显示汉字甚至图形、图像。相对数码管，液晶显示的信息类型要丰富得多，且功耗很低，加之体积小巧，液晶显示常被用来作为便携式电子设备的显示器件。

（3）亮度较低，视野距离较近

相对数码管显示，液晶显示的亮度通常较低，能够观看的距离较近，因此，多用于需要近距离观察信息的单片机应用系统。

四、项目系统总体方案设计

根据上述需求分析和相关知识的了解，本项目的实现可以在本书项目六的基础上进行改进和完善，一种可供参考的系统总体方案如下：

仍以 MCS-51 单片机为核心，对各交通灯控制的硬件电路连线同本书项目六，本项目要求的时间精确控制通过单片机内部的硬件定时器实现，通行时间采用共阴极数码管倒计时显示，数码管译码方式采用软件译码，以节省系统硬件实现成本。

需要再次强调的是，系统方案设计没有标准答案，本书提供的所有软、硬件设计方案只是供大家参考，大家也可以根据自己对相关知识的了解，自行设计确定其他的实现方案。

任务二　系统硬件实现方案设计

根据上述总体设计方案，时间精确控制使用单片机内部的硬件定时器，不需要在单片机外部电路板上进行电路连接。而时间的显示采用共阴极数码管，需要在硬件电路板上通过相应的连线，将数码管和单片机的输出引脚连接。

所以，本系统硬件设计的关键在于数码管和单片机之间的连接，这就需要我们对数码管及其使用做深入了解。

一、深入了解数码管

（一）数码管及其内部结构

LED 数码管（LED segment displays）通常由 7 个发光二极管构成不同的字段，并将不同字段按照一定的图案排列封装在一起，因此常被称为七段数码管。也有的数码管内部包含 8 个发光二极管，其中 7 个 LED 组成显示字符和数字的不同字段，1 个 LED 构成小数点。通过点亮不同排列位置的字段，可以显示 0~9 共 10 个数字，以及 A、B、C、D、E、F 等简单的英文字符。按数码管内部发光二极管连接方式的不同，LED 数码管有两大类：共阴极数码管和共阳极数码管，如图 7-4 所示。

共阴极数码管内部将所有发光二极管的阴极连接在一起，并通过一个公共引脚引出到数码管的外部，当字段对应的外部引脚输入高电平时，相应字段点亮。

共阳极数码管内部将所有发光二极管的阳极连接在一起，并通过一个公共引脚引出到数码管的外部，当字段对应的外部引脚输入低电平时，相应字段点亮。

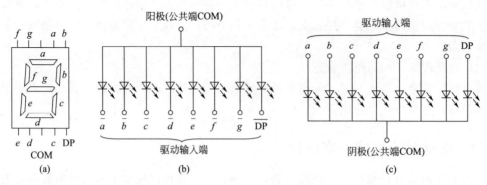

图 7-4 数码管字段排列示意图

从图 7-4 可见，数码管字段排列的规律是：小数点在右下方，顶部的字段编号为 a，沿顺时针方向，字段编号依次 b，c，d，e，f，中间字段的编号为 g。根据上述字段排列规律，如果要显示数字"0"，应点亮字段 a，b，c，d，e，f，同时将字段 g 熄灭，如果有小数点字段，小数点字段也熄灭。如果要显示数字"2"，应点亮字段 a，b，g，e，d，同时熄灭字段 f，c，如果有小数点字段，小数点字段也熄灭。其他数字的显示方式依此类推。

在单片机应用系统中，使用单片机控制数码管显示时，通常将小数点位看作数据的最高位，将 a 字段看作数据的最低位。如表 7-1 所示。

表 7-1 数码管字段和对应数据位关系一览表

项目	DP	g	f	e	d	c	b	a
数据位	D7	D6	D5	D4	D3	D2	D1	D0

（二）数码管显示过程中的译码

1. 什么是数码管显示的译码？

数码管显示过程中的译码是指将要显示的数字或字符，翻译成数码管应该点亮字段的过程。

比如：将要显示的数字"0"，翻译成数码管字段 a，b，c，d，e，f 点亮，同时将字段 g 熄灭，如果有小数点字段，小数点字段也熄灭。送给数码管控制字段点亮和熄灭的代码称为数码管的段选码，比如 06H。将要显示的字符或数字翻译成数码管段选码的过程就是数码管显示的译码过程。

2. 为什么需要译码过程？

在控制数码管显示数字或字符的过程中，之所以需要译码过程，是因为按照数码管的字段排列规律和表 7-1 的数据对应关系，如果要将要显示的数据直接送给数码管，数码管无法直接正确显示所要显示的数字或字符，因此，必须增加译码的过程。

3. 如何实现译码？

（1）明确要显示的数字或字符和点亮字段的对应关系

要想完成数码管显示的译码，首先需要明确欲显示的数字或字符与数码管需要点亮和熄灭字段的对应关系。由于共阳极数码管和共阴极数码管字段的点亮方式不同，相应地，欲显示的数字或字符与数码管需要点亮和熄灭字段的对应关系也不相同，具体如表 7-2 和表 7-3 所示。

表 7-2　共阳极数码管译码对应关系一览表

欲显示的数字或字符	对应段选码	欲显示的数字或字符	对应段选码
0	C0H	8	80H
1	F9H	9	90H
2	A4H	a	88H
3	B0H	B	83H
4	99H	C	C6H
5	92H	D	A1H
6	82H	E	86H
7	F8H	F	84H

表 7-3　共阴极数码管译码对应关系一览表

欲显示的数字或字符	对应段选码	欲显示的数字或字符	对应段选码
0	3FH	8	7FH
1	06H	9	6FH
2	5BH	a	77H
3	4FH	B	7CH
4	66H	C	39H
5	6DH	D	53H
6	7DH	E	79H
7	07H	F	71H

由表 7-2 和表 7-3 可见，对共阳极数码管和共阴极数码管来说，显示同样的数字时所对应的段选码完全不同，比如同样显示数字 0，使用共阳极数码管的段选码是 C0H，而使用共阴极数码管时，相应的段选码就是 3FH。

因此，在使用数码管时，一定要清楚所使用的数码管类型，是共阴极数码管还是共阳极数码管。

使用数码管完成数字和简单字符显示时，必须经过译码的过程。那么译码又要如何才能实现呢？

(2) 使用硬件实现数码管显示的译码过程

译码的一种实现方式是使用专门的硬件译码电路，市场上可以买到专门的数码管显示译码器。硬件译码电路已经将表 7-2 和表 7-3 的对应关系制作进相应的集成电路中，可以将输入到译码器的数字直接翻译成相应的段选码，驱动数码管进行显示。

由于数码管有共阳极和共阴极之分，相应的显示译码电路也有共阳极和共阴极之分。共阳极数码管必须搭配共阳极译码器使用，共阴极数码管必须搭配共阴极译码器使用，不可用错。常用的共阳极数码管译码器有 74LS47 或 74HC47，常用的共阴极数码管译码器有 74LS48 或 74HC48。译码器与数码管之间的连接关系如图 7-5 所示。

如图 7-5 所示，使用硬件译码器时，译码器根据所输入的 4 位 ABCD 十进制编码数据，直接翻译成驱动数码管的段选码，驱动数码管显示出相应的数字或字符。可见，使用硬件译码方式可以节省单片机的引脚资源。

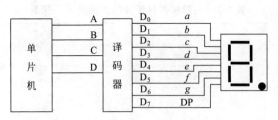

图 7-5 译码器和数码管连接示意图

译码器 A、B、C、D 4 位输入信号中，A 是二进制数据的最低位，D 是二进制数据的最高位。对于 8421BCD 码简单介绍如下：

数字的 BCD 编码表示

BCD(binary-coded decimal) 码用 4 位二进制数来表示 1 位十进制数中的 0~9 这 10 个数码，是一种二进制的数字编码形式，是用二进制编码的十进制代码。

BCD 码有多种不同的编码形式，其中最基本和最常用的一种称为 8421 加权 BCD 码。8421BCD 码是指所用 4 位二进制数从高到低的权重分别为 8、4、2、1。8421BCD 码的编码和十进制数的对应关系，如表 7-4 所示。

表 7-4　8421BCD 码-十进制数对应关系一览表

十进制数	8421BCD 码	十进制数	8421BCD 码
0	0000	5	0101
1	0001	6	0110
2	0010	7	0111
3	0011	8	1000
4	0100	9	1001

在实际使用过程中，也常用 4 位 8421BCD 码表示 1 位十六进制数，对应关系如表 7-5 所示。

表 7-5　8421BCD 码-十六进制数对应关系一览表

十六进制数	8421BCD 码	十六进制数	8421BCD 码
0	0000	8	1000
1	0001	9	1001
2	0010	a	1010
3	0011	b	1011
4	0100	c	1100
5	0101	d	1101
6	0110	e	1110
7	0111	f	1111

（3）使用软件实现数码管显示的译码过程

考虑到使用硬件译码方式需要增加系统的制作成本，单片机应用系统中常使用软件译码的方式完成数码管显示的译码工作。软件译码就是将表 7-2 或表 7-3 所示的对应关系表编写进系统的控制程序中，当需要控制数码管显示数据时，可通过控制程序查询出相应的数码管段选码，进而控制数码管显示出所要显示的数字或者字符。

（三）数码管显示的驱动方式

在实际的单片机应用系统中，单片机驱动数码管显示主要有两种不同的形式：静态显示方式和动态显示方式。

1. 静态显示方式

静态显示方式是指当需要显示数字或字符时，数码管相应字段的发光二极管会一直处于点亮或者熄灭状态，也就是说，数码管对应字段的亮度在显示过程中保持不变。

采用静态显示方式时，线路连接方式如图 7-6 所示。

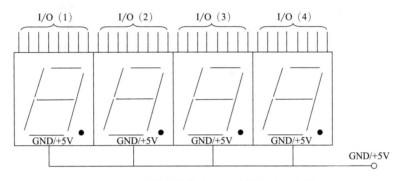

图 7-6　4 位数码管静态显示连线方式示意图

可见，采用静态显示方式时，多位数码管的公共端可以并联在一起，而每位数码管的段选信号线则需要连接不用的数据信号线。

数码管采用静态显示方式的主要特点包括：

① 能够以较小的驱动电流获得较高的显示亮度且字段显示亮度稳定不闪烁。

② 每一位数码管都需要至少 7 根驱动线，当需要显示的数字位数较多时，需要占用大量的单片机外部引脚资源。

③ 只适合于要显示的数字位数较少的单片机应用系统。

2. 动态显示方式

动态显示方式是指当需要显示数字或字符时，多位数码管的相应字段间隔一段时间轮流点亮，也就是说，数码管对应字段的亮度在显示过程中是动态变化的。

采用动态显示方式时，线路连接方式如图 7-7 所示。

可见，采用动态显示方式时，多位数码管的段选线是并联在一起的，而各位数码管的公共端则需要独立接到不同的信号线上，此时，连接数码管公共端的信号线（图 7-7 中的 $D_0 \sim D_7$），称为数码管的位选线。

因此，采用动态显示方式的数码管连线特点是：段选线并联，位选线独立。

数码管动态显示方式的主要特点是：

① 各位数码管轮流点亮，需要进行多位数码管显示的动态刷新。

② 欲达到和静态显示方式同样的显示亮度需要更大的驱动电流。且动态刷新不及时的话，数码管的显示容易出现闪烁，甚至出现各位数码管只能轮流显示而不能同时显示的现象。

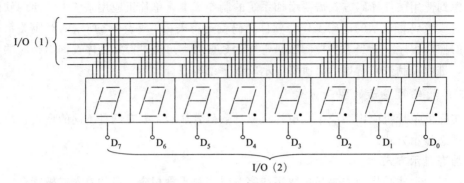

图 7-7 采用动态显示方式的 8 位数码管线路连接示意图

③ 由于多位数码管的段选线是并联在一起的，相对静态显示方式，当数码管位数较多时，动态显示方式可以大大节省单片机的外部引脚资源。因此，当需要使用数码管同时显示多位数字时，常常采用动态显示方式。

二、多位数码管与单片机信号连线设计

单片机由于受到体积等多方面的限制，其外部引脚数量有限，常常不能满足直接连接外围器件的要求，如何节省单片机的外部引脚资源，常常成为单片机应用系统硬件电路设计过程中需要重点考虑的问题之一。

对于多位数码管与单片机之间的连线设计，即使采用动态显示方式以节省单片机引脚资源，多位数码管的位选线仍然会占用较多的单片机引脚。在此情况下，常常通过通用译码电路实现多位数码管的位选连线，以进一步节省对单片机外部引脚的占用，同时，也可以为其他单片机外围器件提供相应的片选信号。

常用的译码电路有二四译码器和三八译码器，以三八译码器为例，我们来学习译码器在单片机系统中的应用。

（一）了解三八译码器

译码器是一种根据输入状态的不同组合，在输出端实现不同输出状态的组合逻辑电路器件。在单片机应用系统中，常常使用译码器来实现以较少的输入信号控制较多的输出信号。三八译码器就是有 3 个输入端、8 个输出端的译码器，其要实现的功能是：将 3 个输入端信号状态的不同组合，翻译成 8 个不同输出端的输出状态。译码器输入、输出之间的对应关系常用译码器的功能真值表来表示。

以常用的 74LS138 三八译码器为例，其外部引脚定义如图 7-8 所示。

其中：

A0、A1、A2 是译码器的信号输入引脚，称为地址线；

Y0~Y7 引脚是 8 个信号输出引脚；

E1、E2、E3 是译码器芯片的使能控制信号输入引脚；

V_{CC} 和 GND 是芯片的电源正极和接地信号引脚。

74LS138 功能真值表如表 7-6 所示。

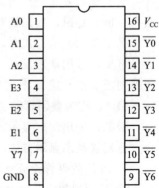

图 7-8 74LS138 译码器引脚示意图

表 7-6 74LS138 译码器逻辑功能真值表

输入					输出							
E1	$\overline{E2}+\overline{E3}$	A2	A1	A0	$\overline{Y0}$	$\overline{Y1}$	$\overline{Y2}$	$\overline{Y3}$	$\overline{Y4}$	$\overline{Y5}$	$\overline{Y6}$	$\overline{Y7}$
0	X	X	X	X	1	1	1	1	1	1	1	1
X	1	X	X	X	1	1	1	1	1	1	1	1
1	0	0	0	0	0	1	1	1	1	1	1	1
1	0	0	0	1	1	0	1	1	1	1	1	1
1	0	0	1	0	1	1	0	1	1	1	1	1
1	0	0	1	1	1	1	1	0	1	1	1	1
1	0	1	0	0	1	1	1	1	0	1	1	1
1	0	1	0	1	1	1	1	1	1	0	1	1
1	0	1	1	0	1	1	1	1	1	1	0	1
1	0	1	1	1	1	1	1	1	1	1	1	0

从表 7-6 可以看出：当 74LS138 译码器的 3 个附加控制信号端 E1、$\overline{E2}$ 和 $\overline{E3}$ 如表 7-6 前两行所示时，芯片处于不工作状态，8 个输出引脚全部输出高电平。而当 3 个控制输入端的信号输入状态如表 7-6 中第三行所示时，三八译码器芯片进入正常工作状态。

在正常工作状态下，根据 3 个输入端输入状态的不同组合，在任意时刻，8 个输出端中只能有一个输出低电平，其他 7 个输出端全部输出高电平。

使用三八译码器，实现了由 3 个输入信号控制 8 个输出信号，相当于为单片机扩展了 5 个信号输出引脚。

（二）三八译码器在单片机系统中的常见应用

在单片机应用系统中，三八译码器常被用来作为扩展外围芯片时的地址线译码器件，为单片机应用系统中的单片机外围器件提供芯片选通信号（简称片选信号），并确定单片机外围芯片的操作地址，从而实现用较少的单片机引脚控制较多的外围器件。

一种常见的使用方式如图 7-9 所示。

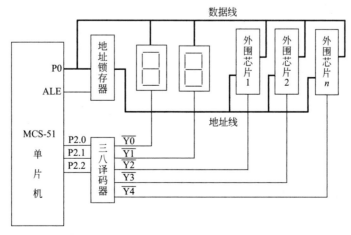

图 7-9 三八译码器在单片机应用系统中的使用示意图

图 7-9 中，通过使用三八译码器，用 MCS-51 单片机 P2 并行端口的 3 个引脚，实现了对 2 位数码管和 3 个外围芯片共 5 个单片机外围器件的操作控制。

三、系统硬件电路的设计

项目七
硬件电路设计参考
方案

请根据以前项目完成过程中对系统硬件设计说明书的了解以及本项目前述相关知识的学习，自行完成本项目的硬件设计方案，并编写相应的硬件设计说明书。

也可扫描左侧二维码查阅随本书提供的设计参考方案。

任务三　系统控制程序编写

在项目系统的硬件设计方案初步确定后，就可以根据单片机引脚的使用情况，开始编写系统的控制程序了。

一、系统控制程序的编写分析

仔细分析本项目控制程序的功能需求和本项目的硬件电路设计参考方案，并对比已经完成的本书项目六的控制程序，可知本项目控制程序实现的关键在于：

（1）数码管显示的控制

本项目硬件设计参考方案使用数码管完成通行时间的倒计时显示，并且采用动态驱动方式，这就需要控制程序控制数码管的显示和刷新，如何实现数码管的动态刷新是控制程序实现的一个关键所在。

（2）定时器的使用

本项目要求数码管的显示按秒精确倒计时，需要使用单片机内部的硬件定时器精准控制时间。定时器的编程是本项目控制程序实现的又一个关键所在。

二、系统控制程序实现的关键知识学习

（一）MCS-51 单片机定时器的深入了解

1. MCS-51 单片机的定时器

为了满足单片机应用系统中对时间的精准控制，很多单片机都提供了内部的硬件定时器资源。MCS-51 单片机也提供了 2 个 16 位递增的定时/计数器资源，分别称为 T0 和 T1，供用户使用。

这两个定时/计数器（包括 T0 和 T1）既可以作为定时器使用，也可以作为计数器使用。实际上，T0 和 T1 就是 2 个计数器，只不过计数的对象不同。

当计数的对象是外部事件时，就作为计数器使用，外部事件从对应的单片机引脚输入，分别为：T0 计数器对应的外部事件从单片机的 P3.4 引脚输入，T1 计数器对应的外部事件从单片机的 P3.5 引脚输入。

当计数的对象是单片机内部的机器周期时，就是作为定时器使用。因为单片机系统所使

用的晶体振荡器频率确定后，单片机内部的机器周期也就确定了，通过对机器周期进行计数，就可以实现对时间的精确计时。

比如：假定单片机系统所使用的晶振频率 f 为 6MHz，那么，一个振荡脉冲的周期 T 就是

$$T = \frac{1}{f} = \frac{1}{6\text{MHz}} = \frac{1}{6}\mu s$$

而一个机器周期＝12 个振荡周期。

所以，一个机器周期：$T_{机器} = 12 \times \frac{1}{f} = 12 \times \frac{1}{6\text{MHz}} = 2\mu s$，一个机器周期的时间是固定不变的。

此时，MCS-51 单片机内部的计数器对其机器周期进行计数，比如，对机器周期计 30 个数，所花费的时间就是 $2 \times 30 = 60\mu s$。

这就是单片机定时器的工作原理。

需要注意的是：

① MCS-51 单片机的定时/计数器是 16 位计数器。

MCS-51 单片机的定时/计数器是两个 16 位的计数器，其最大的计数值是

$$2^{16} = 65536$$

当作为定时器使用时，其能够定时的时间存在一个最大值，其一次能够定时的最长时间就是 65536 个机器周期。

比如：当单片机应用系统使用 6MHz 的晶体振荡器时，根据上面的计算我们得知，单片机一个机器周期是 $2\mu s$，此时单片机定时器一次能够定时的最大值就是

$$65536 \times 2\mu s = 131072\mu s = 131.072\text{ms}$$

同样的道理，我们可以计算出，当 MCS-51 单片机应用系统使用 12MHz 的晶体振荡器时，其定时器一次能够定时的最大值是

$$T_{\text{MAX}} = 65536 \times 12 \times \frac{1}{12}\mu s = 65536\mu s = 65.536\text{ms}$$

② 是递增计数器。

MCS-51 单片机的 2 个定时/计数器都是递增计数器，递增计数就是来一个计数事件，计数器的值加 1，并且当计数器计数到最大值时，计数器溢出标志置"1"，如果相应的中断是开放，则产生相应的定时/计数器溢出中断。

因此，MCS-51 单片机定时/计数器在实际使用过程中，计数的实际数值为

计数实际值＝计数的最大值－计数器的初始值

2. MCS-51 单片机定时器的控制

MCS-51 单片机定时器的工作主要受到以下几个特殊功能寄存器的控制：

（1）定时/计数器控制寄存器 TCON

定时/计数器控制寄存器 TCON 控制着定时/计数器的启动和停止，并标记和存储定时/计数器的溢出和中断情况，见表 7-7。具体如下：

表 7-7　TCON 寄存器各位功能定义一览表

项目	7	6	5	4	3	2	1	0
位功能	TF1	TR1	TF0	TR0	IE1	IT1	IE0	IT0

其中：

TF1：为定时/计数器 T1 中断标志位，当定时/计数器 T1 产生中断时，该位的值自动变为"1"，否则该位的值为"0"。

TR1：为定时/计数器 T1 运行控制位，将该位的值设置成 1，定时/计数器 T1 开始工作，将该位的值设置成"0"，定时/计数器 T1 停止工作。

TF0：为定时/计数器 T0 中断标志位，当定时/计数器 T0 产生中断时，该位的值自动变为 1，否则该位的值为"0"。

TR0：为定时/计数器 T0 运行控制位，将该位的值设置成 1，定时/计数器 T0 开始工作，将该位的值设置成"0"，定时/计数器 T0 停止工作。

(2) 定时/计数器工作模式控制寄存器 TMOD

定时/计数器工作模式控制寄存器 TMOD 是 MCS-51 单片机定义的一个 8 位特殊功能寄存器，主要功能是实现对定时/计数器工作模式的控制。该寄存器各位的功能定义如表 7-8 所示。

表 7-8　TMOD 寄存器各位功能定义一览表

项目	7	6	5	4	3	2	1	0
位功能	GATE	C/$\overline{T}$	M1	M0	GATE	C/$\overline{T}$	M1	M0

高 4 位控制定时/计数器 T1　　低 4 位控制定时/计数器 T0

整个 8 位的 TMOD 寄存器分成高 4 位和低 4 位使用，高 4 位用来控制定时计数器 T1 的工作，低 4 位用来控制定时/计数器 T0 的工作。相关控制位的具体使用方法如下：

GATE——门控位。

GATE = 0：T0 或 T1 的启动不受 $\overline{INT0}$ 或 $\overline{INT1}$ 的控制；

GATE = 1：T0 或 T1 的启动分别受 $\overline{INT0}$ 或 $\overline{INT1}$ 的控制。

C/$\overline{T}$——工作方式选择位

将该位的值设置成"0"，表示 T0 或 T1 工作于定时器方式；

将该位的值设置成"1"，表示 T0 或 T1 工作于计数器方式。

M1，M0——定时/计数器工作模式选择位，用于选择定时/计数器的工作模式。

MCS-51 单片机的定时/计数器共定义了 4 种不同的工作模式，分别是：

模式 0：是 13 位的定时/计数器。

模式 1：是 16 位的定时/计数器。

模式 2：是 8 位的定时/计数器，且计数初值可以自动重装。

模式 3：是 8 位的定时/计数器，但此种模式下 T1 停止工作，只有 T0 运行，也就是说只有定时/计数器 T0 具有工作模式 3，并且 T0 工作于模式 3 时，T1 是不工作的。

MCS-51 单片机的定时/计数器究竟工作于哪一种工作模式，就通过 TMOD 寄存器中的 M1、M0 寄存器位进行选择，具体对应关系如表 7-9 所示。

表 7-9 MCS-51 单片机定时/计数器选择方式一览表

寄存器位 M1	寄存器位 M0	定时/计数器工作模式
0	0	模式 0
0	1	模式 1
1	0	模式 2
1	1	模式 3

需要注意的是：

• TMOD 寄存器只能进行字节操作，不能按位操作。也就是说当需要对定时器/计数器进行控制时，TMOD 寄存器的 8 个寄存器位必须同时设置，而不能只操作其中的一位。因此，在使用 MCS-51 单片机的定时/计数器时，程序必须仔细计算好 TMOD 寄存器整个字节的值。

比如：我们将 MCS-51 单片机的定时/计数器 T0 作为定时器使用，且 T0 的启动不受外部中断 0 的控制，工作于模式 1。定时/计数器 T1 不用。

TMOD 寄存器的值计算如下。

如前所述，TMOD 的高 4 位控制 T1，低 4 位控制 T0，由于我们不用 T1，TMOD 的高 4 位不用，值可以设置成"0"，也可以设置成"1"。TMOD 的低 4 位的值计算如下：

GATE 位：要求 T0 的启动不受外部中断 0 控制，这一位的值应该设置成"0"。

C/T 位：由于 T0 要作为定时器使用，这一位的值应该设置成"0"。

M1、M0 位：由于要求 T0 工作于定时器工作模式 1，这两位的值应该分别设置成"0" "1"。

假定不用的高 4 位值全部设置成为"0"，则：

TMOD 寄存器的值用二进制表示，应该为 0000 0001B。

TMOD 寄存器的值用十六进制表示，应该为 01 H。

在控制程序中，必须使用字节操作方法设置 TMOD 寄存器的值，比如

MOV TMOD,♯00000001B

或者

MOV TMOD,♯01H

而不能使用位操作指令单独设置 TMOD 寄存器中某一位的值。

• MCS-51 单片机的两个定时/计数器 T0 和 T1 中，只有 T0 能工作在模式 3，T1 是不能工作在模式 3 的。

（3）计数初值寄存器 TH_i 和 TL_i

MCS-51 单片机为每一个定时/计数器设置了 2 个 8 位的计数初值寄存器，TH_i 和 TL_i，分别用来存储计数初值的高 8 位和低 8 位。

定时/计数器 T0 对应的计数初值寄存器为 TH0 和 TL0

定时/计数器 T1 对应的计数初值寄存器为 TH1 和 TL1

MCS-51 单片机的定时/计数器工作时，从计数初值寄存器中存储的计数初值开始计数，一直计数到设定工作模式所对应的最大计数值，产生计数溢出，对应的计数溢出标志位自动

置"1",如果对应的中断开放,则产生定时时间到或计数满中断。

(二) MCS-51 单片机定时器的使用

正如我们前面所了解的,MCS-51 单片机的定时器 T0 和 T1 是 16 位的递增计数器,并且定时器 T0 有 4 种不同的工作模式,定时器 T1 有 3 种不同工作模式。因此,在使用 MCS-51 单片机的定时器时,必须要明确究竟使用哪种工作模式,并计算出对应工作模式下的计数初值。

那么工作模式应该如何选择?选定工作模式后,计数初值又该如何计算呢?

1. MCS-51 单片机定时器工作模式的选择

MCS-51 单片机定时器工作模式的选择主要依据 2 个方面:

(1) 单片机系统所使用晶体振荡器的频率

单片机内部的定时器通过对单片机执行指令的机器周期进行计数,来完成时间的定时。而单片机机器周期的大小是由系统所使用的晶体振荡器频率所确定的。对于 MCS-51 单片机,机器周期和系统晶振频率的对应关系为

$$T_{机器} = \frac{12}{f_{晶振}} \tag{7-1}$$

其中,$f_{晶振}$ 表示单片机应用系统所使用的晶体振荡器的频率;$T_{机器}$ 表示单片机执行指令的机器周期。

由式(7-1)可见:当单片机应用系统所使用的的晶体振荡器的频率确定后,单片机执行指令的机器周期就随之确定了。

另一方面,MCS-51 单片机定时器的每一种工作模式下所使用的计数器的位数是确定的,那就是:

工作模式 0:计数器是 13 位;

工作模式 1:计数器是 16 位;

工作模式 2 和工作模式 3:计数器都是 8 位。

因此,每一种工作模式下,能够计数的最大值也是确定的,分别为:

工作模式 0:计数的最大值 $=2^{13}=8192$;

工作模式 1:计数的最大值 $=2^{16}=65536$;

工作模式 2 和工作模式 3:计数的最大值 $=2^8=256$。

所以,在单片机应用系统的晶振频率确定的情况下,定时器每一种工作模式下,一次所能定时的最大时间值也就确定了。

比如:当系统晶振频率为 6MHz 时,

对应工作模式 0:一次定时的最大值为 $8192 \times \frac{12}{6\text{MHz}} = 16384\mu s = 16.384\text{ms}$;

对应工作模式 1:一次定时的最大值为 $65536 \times \frac{12}{6\text{MHz}} = 131072\mu s = 131.072\text{ms}$;

对应工作模式 2、3:一次定时的最大值为 $256 \times \frac{12}{6\text{MHz}} = 512\mu s = 0.512\text{ms}$。

当系统晶振频率为 12MHz 时,

对应工作模式 0:一次定时的最大值为 $8192 \times \frac{12}{12\text{MHz}} = 8192\mu s = 8.192\text{ms}$;

对应工作模式 1：一次定时的最大值为 $65536 \times \dfrac{12}{12\text{MHz}} = 65536\mu s = 65.536\text{ms}$；

对应工作模式 2、3：一次定时的最大值为 $256 \times \dfrac{12}{12\text{MHz}} = 256\mu s = 0.256\text{ms}$。

从上面的计算结果我们可以知道：

● MCS-51 单片机定时器一次定时的最大时间是比较短的，在常用的 6MHz 和 12MHz 晶振频率下，最大定时时间只能达到毫秒级别。

● 系统所使用晶振频率确定情况下，工作模式 1 一次能够定时的最大时间是最长的。

（2）系统所要求定时的时间长短

在实际的单片机应用系统中，当有精确的时间控制要求时，我们使用定时器实现。也就是说，需要使用定时器时，系统中会给出明确的定时时间要求。

在单片机应用系统的晶振频率和所要求的定时时间都确定的情况下，我们就可以确定定时器的工作模式了，确定的方法是：

根据我们上面计算的每种工作模式一次定时的最大时间，看哪种工作模式一次定时的最大定时时间能够满足所要求的定时时间，就选择哪种工作模式。

比如：某 MCS-51 单片机应用系统使用 6MHz 晶体振荡器，某个系统工作状态要求持续 30ms，应该选择定时器的哪一种工作模式？

从前面的计算结果我们可以知道，在系统晶振频率为 6MHz 的情况下，只有工作模式 1 一次定时的时间大于 30ms，因此，应该选择工作模式 1。

再比如：某 MCS-51 单片机应用系统使用 6MHz 频率晶体振荡器，某个系统工作状态要求持续 2s，应该选择定时器的哪种工作模式？

从前面的计算我们知道，在 MCS-51 单片机应用系统使用 6MHz 晶体振荡器的情况下，单片机定时器一次定时的最大时间是工作模式 1 的 131.072ms，远远达不到系统所要求的 2s 的定时时间。那么应该怎么办呢？

拓展知识 2

所要定时的时间超过定时器一次定时的最大时间怎么办？

在实际的单片机应用系统中，常常会遇到系统所要求的定时时间超过单片机定时器一次定时的最大时间的情况，此问题通常采用让单片机定时器多次定时的方法来解决。具体解决办法是：

（1）采用定时器和计数器组合使用的方法

MCS-51 单片机有 2 个定时/计数器，T0 和 T1，如果 T0 和 T1 均无其他用途，且单片机的 P0、P1、P2 三个并行端口中有空闲引脚可以使用，则可以将 T0 和 T1 中一个作为定时器，另一个作为计数器。定时器定时一个较短的时间，并且每次定时时间到，都改变一次 P0、P1、P2 三个并行端口中某个空闲引脚的状态，并将空闲引脚的输出引入到计数器的计数脉冲输入引脚，用计数器对定时器的定时次数进行计数，当计数器计数到确定的次数后，总的定时时间就达到了。

例如：某 MCS-51 单片机应用系统使用 6MHz 晶体振荡器，定时/计数器 T0 和 T1 均空闲，且单片机的 P2.7 引脚空闲。现要求某个系统工作状态持续 2s。

需求分析如下：由于 MCS-51 单片机应用系统使用 6MHz 晶体振荡器的情况下，一次定时的最大时间只能达到 131.072ms，而系统要求的定时时间为 2s，远远超出了定时器一次定时的最大时间，因此只能采用定时器多次定时的方法实现。

具体实现参考方案如下：将单片机的定时/计数器 T0 作为定时器使用，定时/计数器 T1 作为计数器使用。并构建如图 7-10 所示的硬件电路。

设定 T0 一次定时 100ms，每次定时时间到，改变 P2.7 引脚的输出状态，则每定时 200ms，P2.7 引脚将输出一个高电平脉冲。T1 作为计数器使用，对 P2.7 引脚的高电平输出脉冲进行计数，并设定计数次数为 10 次，当 T1 计数满时，则总的定时时间就是 2s。

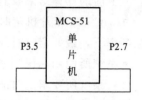

图 7-10 单片机定时器多次定时参考硬件电路示意图

(2) 采用软、硬件结合的方法解决

当单片机应用系统中没有空闲的输出引脚和多余的定时/计数器可用时，通常采用软、硬件结合的方法，对定时器的定时次数进行累加，以通过定时器的多次工作实现较长时间的定时。

具体实现思路是：在单片机系统控制程序中设置一个定时器工作次数的软件计数器，对定时器的工作次数进行计数。在汇编语言程序中，软件计数器通常用工作寄存器实现，在 C51 语言程序中，软件计数器由整型变量承担。

2. MCS-51 单片机定时器计数初值的设定

在确定好定时器的工作模式后，接下来要做的就是计算出所用定时器的计数初值，并将计算出的计数初值装载到相应的计数初值寄存器中。

(1) 计数初值的计算

MCS-51 定时器计数初值的计算采用式 (7-2)：

$$x_{初} = 2^n - \frac{tf}{12} \tag{7-2}$$

式中 $x_{初}$——要计算的定时器计数初值。

n——相应工作模式下所对应的计数位数，

　　如果是工作模式 0，则 $n=13$；

　　如果是工作模式 1，则 $n=16$；

　　如果是工作模式 2 或 3，则 $n=8$。

t——所要定时的时间。

f——单片机应用系统所使用的晶体振荡器的频率。

需要注意的是：

在使用上式计算定时器的计数初值时，所要定时的时间 t 和晶振频率 f 的单位一定要一致，才能将相应数据直接代入式 (7-2)。单位一致是指时间和频率的单位要满足表 7-10 所示的对应关系。

表 7-10 计算定时器计数初值时频率和时间的单位对应关系表

频率单位	时间单位
兆赫兹(MHz)	微秒(μs)
千赫兹(kHz)	毫秒(ms)
赫兹(Hz)	秒(s)

一定要按照表 7-10 将频率和时间的单位对应，才能将数值代入式（7-2）计算定时器的计数初值。

举例如下：

某 MCS-51 单片机应用系统使用 6MHz 晶体振荡器，某个系统工作状态要求持续 15ms。试计算定时器的计数初值。

解题：

根据前面的计算结果，当 MCS-51 单片机系统使用 6MHz 晶体振荡器时，其定时器工作模式 0 和工作模式 1 的一次最大定时时间分别为 16.384ms 和 131.072ms，均可满足系统所要求的定时 15ms 的要求。

因此，本系统可以选用定时器的工作模式 0，也可选用工作模式 1。

假设：使用定时/计数器 T0，选用工作模式 0，将相关参数代入式（7-2），可得

$$x_{初} = 2^n - \frac{tf}{12} = 2^{13} - \frac{15000 \times 6}{12} = 692$$

假设：使用定时/计数器 T0，选用工作模式 1，将相关参数代入式（7-2），可得

$$x_{初} = 2^n - \frac{tf}{12} = 2^{16} - \frac{15000 \times 6}{12} = 58036$$

可见，选用的工作模式不同，得到的计数初值就会不同。因此，在计算定时器计数初值之前，必须先确定定时器的工作模式。

（2）计数初值的装载

在计算好定时器计数初值之后，还必须将计算好的计数初值装载到定时器的计数初值寄存器中，以便定时器按照设定的计数初值完成计数和定时。对于不同的定时器工作模式，计数初值的装载方法也不相同，具体如下：

① 工作模式 0。工作模式 0 是 13 位计数的定时器，其计数初值装载到计数初值寄存器中的具体方法可分成如下两步：

第一步：将计算出的计数初值从十进制数转换为二进制数。

由于 MCS-51 单片机定时器的计数初值需要分开保存在高位寄存器 TH_i 和低位寄存器 TL_i 两个寄存器中，因此，需要将计数初值从十进制数转换为二进制数，以便找出计数初值的低位和高位。

具体转换时，现在的计算机 Windows 系统自带的计算器都有数制转换功能，直接进行转换即可。比如，使用计算机 Windows 系统自带的计算器数制转换功能，就可以将上面计算的计数初值 692 转换为二进制表示。具体方法是：打开 Windows 系统自带附件中计算器功能，并将计算器设置为"程序员"类型，如图 7-11 所示。

在程序员型计算器操作界面中先输入十进制的计数初值，而后点击"二进制"检测按钮，就可以将输入的十进制计数初值转换为二进制表示了。

转换后：692=1010110100。

第二步：将二进制表示的计数初值的低 5 位装载到寄存器 TL_i 中，再将剩余的 8 位装载到寄存器中 TH_i 中

具体如图 7-12 所示。

根据图 7-12 所示装载方法就可得到，采用工作模式 0 时，计数初值 692 装载到计数初值寄存器的结果是

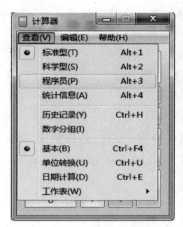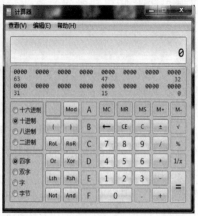

图 7-11　Windows 系统自带计算器操作示意图

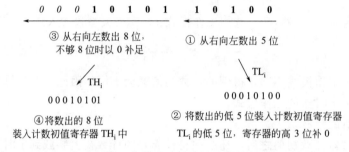

图 7-12　定时器工作模式 0 的计数初值装载过程示意图

$$TH_i = 00010101B = 15\ H$$
$$TL_i = 00010100B = 14\ H$$

　　还有一种装载的方法是：将计算出的十进制表示的计数初值除以 32，所得的商就是 TH_i 的值，所得的余数就是 TL_i 的值。

　　② 工作模式 1。采用工作模式 1 时，计数初值装载相对简单，只要将计算出的计数初值从十进制转换为二进制或十六进制，而后将高八位装载到 TH_i 寄存器中，将低 8 位装载到寄存器 TL_i 中即可。

　　例如：前面示例中计算出的工作模式 1 下的计数初值 58036，先利用 Winodws 系统自带的计算器转换为二进制或者十六进制：

$$58036 = 1110001010110100\ B = E2B4\ H$$

　　将上述二进制或十六进制计数初值的高 8 位和低 8 位分别装载到计数初值寄存器中，即可得到：

$$TH_i = 11100010\ B = E2\ H$$
$$TL_i = 10110100\ B = B4\ H$$

　　③ 工作模式 2。工作模式 2 是 8 位计数初值自动重装定时模式。在计算好计数初值后，将计算出的计数初值同时装载到计数初值寄存器 TH_i 和 TL_i 中即可。

　　需要注意的是：定时器工作模式 2 下的计数初值一定要同时装载到寄存器 TH_i 和 TL_i 中，即 TH_i 和 TL_i 两个寄存器中装载的值是相同的。只有这样，才能实现计数初值的自动重装。

④ 工作模式 3。只有定时/计数器 T0 具有工作模式 3，也是 8 位的。此时，主要使用 TL0 作为计数初值寄存器，TH0 也可作为一个 8 位定时计数器，但要使用 T1 的启动控制和中断标志。

因此，T0 在工作模式 3 下，计算好的计数初值要装载到寄存器 TL0 中。

（三）MCS-51 单片机定时器程序的编写

使用 MCS-51 单片机的定时器时，通常打开所使用定时器的中断，让定时器在后台完成定时工作，并在定时时间达到时以中断的方式通知 CPU 进行处理，以提高单片机 CPU 的工作效率。MCS-51 单片机定时器的应用程序，可以用汇编语言编写，也可以用 C51 语言编写，具体编写方法如下：

1. MCS-51 单片机定时器汇编语言应用程序的编写

如同上面所说，定时器通常采用中断的方式通知 CPU 定时时间达到，因此，定时器应用程序是一种非常典型的中断应用程序。相应地，MCS-51 单片机定时器应用程序就是典型的中断应用程序。采用汇编语言编写时，定时器应用程序也主要包括三大组成部分。

（1）中断入口定义

根据所使用的定时器是 T0 还是 T1，定义好相应的中断程序入口。

定时器 T0 的中断处理程序入口通常定义如下：

```
        ORG 000BH
        LJMP INT_T0    ;
```

语句中的 INT_T0 是定时器 T0 的中断处理子程序名称。

定时器 T1 的中断处理程序入口通常定义如下：

```
        ORG 001BH
        LJMP INT_T1    ;
```

语句中的 INT_T1 是定时器 T1 的中断处理子程序名称。

MCS-51 单片机的两个定时器 T0 和 T1，既可以使用其中任何一个，也可以同时使用。使用哪个定时器，就要在相应的系统应用程序中定义好相应的中断处理程序入口。

（2）中断初始化

由于要使用定时器的中断，在主程序中要做好中断的初始化工作。定时器中断的初始化要完成的工作主要包括：

① 堆栈指针的初始化。主要是对堆栈指针 SP 进行初始化，定义内存中堆栈的起始位置，以便调用中断子程序或其他子程序时，完成断点和程序运行现场的保存和恢复。堆栈指针初始化方法如下：

```
        MOV SP,#60H
```

② 定时器工作模式的初始化。要完成的初始化工作包括：使用定时器 T0 还是 T1；定时器启动要不要受外部中断的控制；是作为定时器使用还是作为计数器使用；作定时器使用时的工作模式是哪一种工作模式。

工作模式初始化的方法是，根据实际的使用要求给 TMOD 寄存器赋值。

比如某 MCS-51 单片机应用系统，根据系统需要将定时/计数器 T0 作为定时器使用，启动不受外部中断控制，工作在工作模式 1，定时/计数器 T1 不用。

那么，如果 TMOD 寄存器中控制 T1 的高四位全部设置成"1"（也可以全部设置成"0"），则可以计算出 TMOD 寄存器的值应该为 11110001。

工作模式初始化的具体语句如下：

MOV TMOD, #11110001B

③ 定时器计数初值的初始化。定时器工作时是从设定的计数初值开始对机器周期进行计数，因此，必须对定时器的计数初值进行初始化。计数初值初始化的具体方法就是计算出 TH_i 和 TL_i 的值，并赋值给计数初值寄存器 TH_i 和 TL_i。

比如，某 MCS-51 单片机应用系统使用定时/计数器 T0，经过计算得出 TH0 的值为 3CH，TL0 的值为 B0H，则计数初值初始化的汇编语言语句如下：

MOV TH0, #3CH
MOV TL0, #0B0H

注意：上述语句 MOV TL0, #0B0H 中，由于立即数 B0H 是以字母开始的，此种情况下，在汇编语言语句中，必须在以字母开头的立即数前面加"0"，否则会出现编译错误。这是汇编语言书写的要求。

④ 开放定时器中断。由于在定时器使用过程中，通常采用中断的方式。因此，在应用程序中需要开放相应定时器的中断。开放中断的具体工作包括：所使用定时器对应中断的开放、中断总控位 EA 的开放，实现方式是设置中断屏蔽寄存器 IE。

中断开放的具体语句如下（以使用定时器 T0 为例）：

SETB ET0
SETB EA

或者

MOV IE, #10000010B

IE 寄存器既可以按位操作，也可以按字节操作。因此上述两种操作语句都可以。

（3）中断服务子程序

中断服务子程序负责根据系统的实际功能需求完成定时时间达到时的功能处理。不同的单片机应用系统功能需求不同，中断服务子程序的具体实现也就各不相同。

需要注意的是：

① MCS-51 单片机的定时器工作模式 0 和工作模式 1，设定一次计数初值定时器只能工作一次，如果想要定时器连续多次工作，必须在定时器中断服务程序中重装定时器计数初值。

② 如果中断服务子程序中和主程序中使用了相同的寄存器或者相同的内存存储单元，还要注意程序运行现场的保存和恢复。

2. MCS-51 单片机定时器 C51 语言应用程序的编写

MCS-51 单片机定时器的应用程序，也可以采用 C51 语言编写。使用 C51 语言编写定时器应用程序要完成的工作和上述用汇编语言编写时相同，只不过把相应的功能用 C51 语言实现而已。

需要注意的是：C51 语言中断服务函数实现时，中断号一定要和所使用的定时器相对应，不能写错。否则，定时器定时时间达到后，系统会没有反应。

具体的 C51 语言 MCS-51 单片机定时器应用程序参考示例，可扫码参见本书参考程序。

三、数码管软件译码程序的实现

在单片机应用系统中，不能直接把要显示的数字送给数码管显示，必须经过译码的过程。数码管显示的译码可以采用硬件实现，也可以采用软件方式实现。考虑系统的实现成本，软件译码方式使用较多。

那么，数码管的软件译码如何实现呢？

1. 汇编语言程序中数码管显示软件译码的实现

在汇编语言程序中，通常采用查表的方式实现数码管显示的译码。参考实现程序如下：

```
/************************************************/
/*数码管译显示软件译码程序                      */
/*数码管连接于MCS-51单片机P1端口                 */
/************************************************/
            org 0000h
            ljmp main
            org 0100h
    main:   setb f0            ;f0,PSW 寄存器中的用户标志位,此处用作数码管类型标志
                               ;f0=0 表示使用共阴极数码管,f0=1 表示使用共阳极数码管
            mov r0,#00h        ;r0 用来存储要显示的数字
            lcall Yima         ;调用数码管译码子程序
            Mov P1,a           ;译码后送 P1 口相连的数码管显示
            sjmp $
            ;根据所使用数码管的类型,确定软件译码数据表的入口地址
    Yima:   jb f0,gongyangji   ;f0=1,程序转到共阳极数码管的处理
            mov dptr,#1500h    ;程序没有转移,代表使用的是共阴极数码
            sjmp contiue
gongyangji: mov dptr,#1000h
            ;查表实现软件译码,
  contiue:  mov a,r0
            movc a,@a+dptr
            ret
            ;共阳极数码管译码数据表
            org 1000h
db 0xC0,0xF9,0xA4,0xB0,0x99,0x92,0x82,0xF8,0x80,0x90
            ;共阴极数码管译码数据表
            org 1500h
db 0x3f,0x06,0x5b,0x4f,0x66,0x6d,0x7d,0x07,0x7f,0x6f
            End
```

拓展知识 3 ▶▶

MCS-51 单片机汇编语言程序中查表程序的实现

在单片机应用汇编语言程序中，常常使用查表操作实现相应的功能，比如，上述示例中数码管的译码功能。

那么在 MCS-51 单片机汇编语言程序中查表操作是如何实现的呢？

MCS-51 单片机汇编语言程序中查表操作的实现主要分成两大步。

（一）数据表的定义

在 MCS-51 单片机汇编语言应用程序中，数据表的定义需要完成 2 步工作：

1. 指定数据表在程序存储器中存放的首地址

在汇编语言程序中,数据表是存放在程序存储器中的,这样当单片机应用系统掉电时,定义好的数据表才不会丢失。为了在程序执行过程中,能够尽快找到存放在程序存储器中的数据表,在汇编语言程序中必须指定数据表在程序存储器中的首地址。

数据表首地址的指定方法是:使用 MCS-51 单片机指令系统中的定义地址伪指令 ORG,具体方法如下:

ORG 存储地址

比如:ORG 1000H

其中,存储地址通常是一个 16 位的地址,由程序编写人员自主确定。确定数据表首地址时,具体大小主要考虑 2 方面的因素:一是单片机系统所配置的程序存储器存储空间的大小,数据表的首地址必须在所配程序存储器的地址空间范围内,并且保证首地址后剩余的存储空间能够存放下所定义的数据表;二是数据表在程序存储器中可以存放在其他程序代码之前,也可以存放在其他程序代码之后,指定数据表存放首地址时,要保证程序存储器中数据表之外的存储空间能够存放下其他的程序代码。如图 7-13 所示。

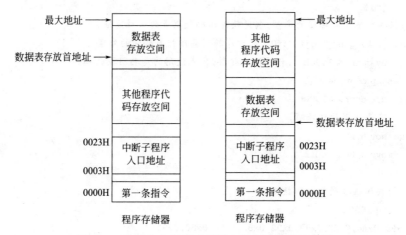

图 7-13 数据表在程序存储器中的存放位置示意图

2. 定义数据表中的数据

指定好数据表存放的首地址后,要做的第二个工作是定义数据表中的数据。数据表中数据的定义方法是,使用 MCS-51 单片机指令系统的定义数据伪指令。

MCS-51 单片机的指令系统定义了 2 条定义数据伪指令,分别是:

(1)定义字节数据伪指令 DB

"字节数据"是指由 8 个二进制位组成的数据,比如,二进制表示的 11010011,由 8 个二进制位组成,就是一个字节数据。

在汇编语言程序中,字节数据可以用十进制、二进制、十六进制表示。

用十进制表示时,在程序中直接写十进制数即可,比如:35。字节数据所能表示的十进制数范围是 0~255。

用二进制表示时,要在二进制表示的字节数据后加字母 b,以表示是二进制数,比如 11010011b。

用十六进制表示时,可以在十六进制数据前加上"0x",以表示是十六进制数,比如0x9a;也可以在十六进制数后面加上字母"h"来表示十六进制数,比如9ah。十六进制字节数据能够表示的数据范围是00h~ffh。

在汇编语言程序中,英文字符和标点符号也看作字节数据。

使用定义字节数据伪指令DB定义数据表数据的具体方法是:

DB 数据1,数据2,数据3,…,数据n

需要注意的是:

① 伪指令DB和第一个数据之间要用空格字符隔开,各个数据之间要用英文的逗号隔开,英文字符和标点符号要用单引号括起来。

例如:

org 1000h
DB 35,10101100b,0xb5,6ah,'a','c'

上面两行程序就定义了一张数据表。其中,第一行程序使用org伪指令,指定了该数据表在程序存储器中存储的首地址是1000h;第二行程序使用DB伪指令,定义了该数据表中的数据是字节长度的数据,其中第0个数据是十进制表示的数据35,第1个数据是二进制表示的数据10101100,第2个数据是十六进制表示的数b5,第3个数据是十六进制表示的数6a,第4个数据是英文字符小写的a,第5个数据是英文字符小写的c。

上述两行语句所定义的数据表在程序存储器中的存储情况如图7-14所示。

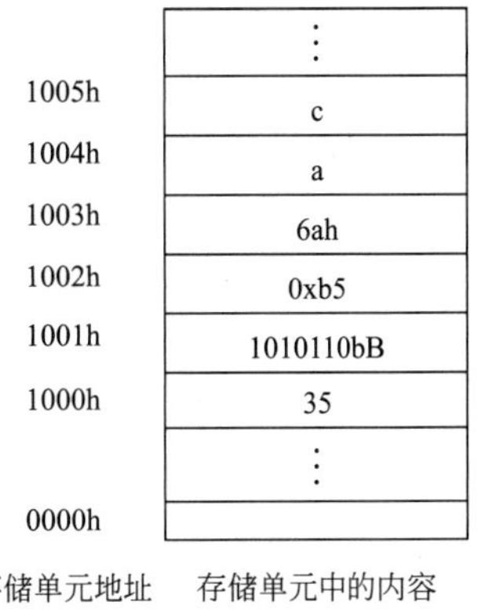

② 数据表数据的索引值是从"0"开始,而不是从"1"开始,也就是说紧跟在DB伪指令后面的数据是第"0"个数据,而不是第"1"个数据。

③ 英文字符和标点符号在存储时存储的是其对应的ASIIC码,而不是字符本身,且数据表中的英文字符是区分大小写的。

(2) 定义字伪指令DW

定义字伪指令DW的功能和用法与DB伪指令非常类似,唯一的不同之处在于:DW伪指令定义的数据表中的数据是16个二进制位长度的字,也就是2B。比如

DW 5000,1110001101010000B,3CB0H。

存储单元地址	存储单元中的内容
⋮	⋮
1005h	c
1004h	a
1003h	6ah
1002h	0xb5
1001h	1010110bB
1000h	35
⋮	⋮
0000h	

图 7-14 示例数据表在程序存储器中的存储情况示意图

(二) 数据表的查询

定义好的数据表,在汇编语言中使用专门的查表指令进行查询。MCS-51单片机汇编语言定义的查表指令是MOVC指令。MOVC指令的具体格式如下:

MOVC A,@A + DPTR

其中,MOVC是指令的操作码;A是MCS-51单片机定义的累加器;DPTR是MCS-51单片机定义的数据指针寄存器,这是MCS-51单片机唯一一个给用户使用的16位长度的寄存器。

MOVC指令的目的操作数是A,源操作数是A+DPTR,所得到的地址指向程序存储器中相应存储单元所存放的数据。

MOVC指令中源操作数的地址由两部分组成,一部分是DPTR寄存器中所存储的16位数据所代表的地址;这部分地址是不变的,称为整个地址的基地址;一部分是累加器A中数据所代表的地址,这部分地址是可改变的,称为偏移地址。由偏移地址+基地址所组成

的整个地址,会随着偏移地址的改变而改变。因此,整个源操作数的地址是可变化的,这种操作数的寻址方式就被称为变址寻址。

整条指令的功能是,将 A+DPTR 中数据作为地址,并将该地址指向的程序存储器中存储单元的数据读入到累加器 A 中。

在实际使用过程中,通常将所定义数据表的首地址赋给 DPTR 寄存器,将所要查询的数据表中数据的序号赋给累加器 A,就可以查询到数据表中指定序号的数据,因此,MOVC 指令也常被称作查表指令。

数据表的具体定义和查表方法,可以参见前面的数码管显示软件译码程序。

2. C51 语言程序中数码管显示软件译码的实现

在 C51 语言程序中,对于数码管显示的软件译码,也是采用类似汇编语言中查表的实现思路,只不过汇编语言中的数据表可以利用 C51 语言的数组实现。数组是具有相同数据类型的有序数据组合,一般来讲,数组定义后满足以下 3 个条件。

① 具有相同的数据类型;
② 具有相同的名字;
③ 在存储器中是被连续存放的。

比如共阳极性数码管真值表可以定义数组如下:

　　unsigned char Led [10] = { 0xC0,0xF9,0xA4,0xB0,0x99,0x92,0x82,0xF8,0x80,0x90 };

在这个数组中的每个值都称为数组的一个元素,这些元素都具备相同的数据类型,就是 unsigned char 型,它们有一个共同的名字 Led,不管放到 RAM 中还是 flash 中,它们都是存放在一个连续的存储空间里。

有一点要特别注意,这个数组一共有 10 (中括号里面的数值) 个元素,但是数组的单个元素的表达方式——下标是从 0 开始。因此,实际上上边这个数组的首个元素 Led [0] 的值是 0xC0,而 LedChar [9] 的值是 0x90,下标从 0 到 9 一共是 10 个元素。

Led 这个数组只有一个维数,我们称之为一维数组,还有两个维数和多个维数的,我们称之为二维数组和多维数组。比如,unsigned char a [3][4] 表示这是一个 3 行 4 列的二维数组。在大多数情况下使用的是一维数组。

(1) 数组的声明

一维数组的声明格式如下:

数据类型　数组名 [数组长度];

① 数组的数据类型声明的是该数组的每个元素的类型,即一个数组中的元素具有相同的数据类型。

② 数组名的声明要符合 C 语言规定的标识符的声明要求,只能由字母、数字、下划线这 3 种符号组成,且第一个字符只能是字母或者下划线。

③ 方括号中的数组长度是一个常量或常量表达式,并且必须是正整数。

(2) 数组的初始化

数组在进行声明的同时可以进行初始化操作,格式如下:

数据类型　数组名 [数组长度] = {初值列表};

还是以上述数码管的真值表为例来讲解注意事项。

　　unsigned char Led [10] = { 0xC0,0xF9,0xA4,0xB0,0x99,0x92,0x82,0xF8,0x80,0x90 };

应注意:

① 初值列表里的数据之间要用逗号隔开。

② 初值列表里初值的数量必须等于或小于数组长度,当小于数组长度时,数组后边没有赋初值的元素由系统自动赋值为 0。

③ 若给数组的所有元素都赋初值,那么可以省略数组的长度。

④ 系统为数组分配连续的存储单元的时候,数组元素的相对次序由下标来决定,就是说 Led[0]、Led[1]…Led[9] 是按照顺序紧挨着排下来的。

(3) 数组的使用和赋值

在 C 语言程序中,是不能一次使用整个数组的,只能使用数组的单个元素。一个数组元素相当于一个变量,使用数组元素与使用相同数据类型的变量的方法是一样的。比如 Led 这个数组,如果没加 code 关键字,那么它可读可写,我们可以写成 a = Led[0],这样来把数组中一个元素的值送给变量 a;也可以写成 Led[0]= a,这样就把变量 a 的值送给数组中的一个元素,以下 3 点要注意:

① 引用数组时,方括号里的数字代表的是数组元素的下标,而数组初始化时,方括号里的数字代表的是这个数组中元素的总个数。

② 数组元素方括号里的下标可以是整型常数、整型变量或者表达式,而数组初始化时,方括号里的数字必须是常数不能是变量。

③ 数组整体赋值只能在初始化的时候进行,程序执行代码中只能对单个元素赋值。

在 C51 语言程序中,数码管显示的软件译码参考程序如下:

```c
/****************************************/
/*数码管显示软件译码演示程序                */
/*数码管连接于 P0 端口                     */
/****************************************/
#include<reg52.h>

bit type;      //使用共阴极数码管 type = 0,使用共阳极数码管 type = 1
int i;         //变量 i 中存储要显示的数字
unsigned char YangJi[] = {0xC0,0xF9,0xA4,0xB0,0x99,0x92,0x82,0xF8,0x80,0x90};
unsigned char YinJi[] = {0x3f,0x06,0x5b,0x4f,0x66,0x6d,0x7d,0x07,0x7f,0x6f};
void display(int i,bit type);
void main()
{
    i = 2;
    type = 0;
    display(i,type);
}
void display(int i,bit type)
{
   if(type = = 0)
   {
      P0 = YinJi[i];
   }
   else
```

```
        {
            P0 = YangJi[i];
        }
    }
```

四、数码管动态刷新程序的编写

单片机应用系统中使用多位数码管时,常常采用动态刷新方式驱动数码管的显示。数码管显示动态刷新情况下,各位数码管不是同时显示的,而是各位轮流显示。因此,数码管显示动态刷新的关键在于:

(1) 如何区分出显示数字的不同位?

需要多位显示的数字会有个位、十位、百位、千位……不同位的区分,不同的位要轮流显示在不同的数码管上。因此,必须首先找出欲显示数字的不同位。

(2) 刷新的频率必须足够高

刷新频率过低会导致显示的闪烁,甚至出现较为明显的不同位轮流显示现象。

下面我们就来学习上面两个关键问题如何解决。

(一) 找出一个多位数的不同位

以一个三位数(十进制的456)为例,我们来编程找出这个三位数的百位、十位和个位。

基本思路是:将一个三位数除以100,得到的商就是这个三位数的百位数字,再将除以100后的余数除以10,再次得到的商就是这个三位数的十位数字,最后得到的余数就是这个三位数的个位数字。

比如:十进制的三位数456,我们要找出这个数的百位、十位、个位分别是数字几,按照上面的思路:

① 先把456除以100,得到商是4,余数是56,得到456的百位数是4。

② 把前一步得到的余数56除以10,得到的商是5,余数是6,得到456的十位数是5,个位数是6。

其他多位数区分不同位数字的方法依此类推。

(二) 多位数字的轮流刷新显示

为了不影响其他程序功能的执行,在单片机应用系统中,数码管动态刷新通常使用硬件定时器完成。

基本思路是:使用单片机定时器定时一个较短时间,每次定时时间到时,就轮流刷新各位数码管的显示。

假定数码管稳定显示的动态刷新周期为10ms,显示的数字每秒变化一次。使用 MCS-51 单片机的 T0 定时器,使用定时器工作模式1,每次定时 10ms。以二位数码管的轮流刷新为例,其定时器中断处理程序流程图可参考图 7-15。

五、项目控制程序的编写

学习并掌握了上述相关知识后,就可以编写本项目的控制程序了。本项目程序已经较为复杂,在具体编写代码前,应该先画出程序的流程图。

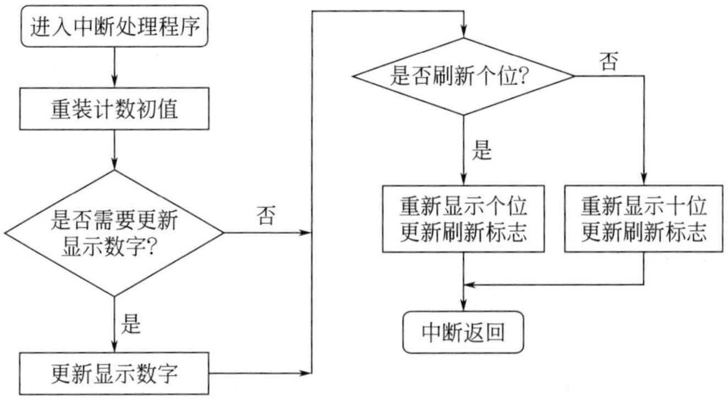

图 7-15　二位数码管定时动态刷新流程图

（一）复杂程序流程图的绘制

对于较为复杂的控制程序，应该采用模块化的编写思路，将整个控制程序按照所要实现的功能，划分成多个功能相对完整的模块。一般可划分为一个主程序模块和多个子程序模块，每个子模块对应一个汇编语言的子程序或者对应一个其他高级编程语言的函数。当然，程序模块的划分并没有固定的标准，基本原则是：每个子模块能够实现相对独立和完整的某项系统功能。相应地，程序流程图也可以按照模块绘制，即绘制每个模块对应的程序流程图，这样流程图可以显得更为简单明了。

例如，根据本项目的功能需求，控制程序要实现的功能主要包括：不同通行方向红、绿灯的点亮、黄灯的闪烁、个位和十位数码管的显示、定时器中断的处理等。相应地，整个程序可以划分为：

① 主程序模块：负责中断和其他初始化，调用其他相关子模块，完成项目所要求的交通灯状态的转换控制。

② 红、绿灯轮流点亮子模块。

③ 黄灯闪烁子模块：负责实现 4 盏黄灯的闪烁控制。

④ 个位数码管显示子模块：负责完成时间个位数字的数码管显示。

⑤ 十位数码管显示子模块：负责完成时间十位数字的数码管显示。

⑥ 定时器中断处理子模块：负责完成定时器中断的处理。

当然，也可以根据自己的编程习惯和对系统功能的理解，采用其他的模块划分方法。

请确定本项目程序的模块划分，并绘制每个模块的程序执行流程图。

（二）项目控制程序代码的编写

在初步做好系统程序的模块划分，并绘制完成各相关模块的程序流程图后，就可以开始各模块代码的编写了。各模块代码可以采用汇编语言编写，也可以采用高级语言（比如C51）编写。

在具体编写多个模块组成的控制程序时，注意以下几点：

① 在编写多模块控制程序时，应注意考虑不同模块之间的信息传递：采用汇编语言编写代码时，不同模块间可以使用工作寄存器或内存单元传递相关信息；采用高级语言（如

C51 语言）编写代码时，不同模块间可以采用全局变量或者函数的形式参数和返回值传递信息。

② 如果程序划分的模块较多，可以先编写主模块，而其余的各子模块，编写一个模块就初步调试一个模块，而不要把全部子模块都编写完毕再一起调试。每个子模块逐步编写和调试，更容易定位程序出现的错误，提高程序编写和调试的效率。

请根据自己对项目程序模块的划分和绘制的模块程序流程图，选用自己熟悉的语言，编写本项目的控制程序。

本项目的参考控制程序可扫描下面的二维码参阅。

项目七
汇编语言参考程序

项目七
C51 语言参考程序

任务四　系统控制程序的调试

在每个模块代码编写完成后，就可以开始程序的调试。对于多模块控制程序的调试，可以分成三大步完成：

（一）单个模块的仿真调试

在每个模块代码编写完成后，都应进行初步的编译和仿真调试。通过程序编译可以发现并改正代码中的书写错误和语法错误。通过初步的开发平台仿真调试，可以初步验证模块的逻辑功能。

中断处理子模块在调试过程中无法通过单步跟踪的方式进入，在调试中断处理子模块时，可以在中断处理子模块的程序入口处设置断点，而后在程序中断正确初始化的情况下，通过平台提供的仿真手段模拟中断产生的条件，使程序执行至断点处，再单步跟踪中断处理子模块的程序执行。

（二）多个模块的联合仿真调试

在单个模块初步调试完成的基础上，可以进行整个程序多模块的联合仿真调试。多模块联合仿真调试主要是测试不同模块之间的信息传递是否正常。

（三）整个程序的软、硬件联合调试

在整个程序仿真调试无误后，可以搭建程序调试的硬件环境进行系统控制程序的软、硬件联合调试，以测试系统控制程序和系统硬件电路板的配合情况。

请根据学习到的相关知识，将编写的控制程序在单片机开发板上调试通过，达到项目所要求的工作效果。

任务五　使用液晶显示器显示简单信息（教学拓展任务）

请使用 MCS-51 单片机和 1602 液晶显示器构建一个简单的信息显示系统，并编程实现在液晶显示器上显示 "this is my display system" 信息。

一、单片机应用系统中常用液晶显示器件了解

在单片机应用系统中，常用的信息显示器件，除了我们前面学习过的数码管，还有液晶显示器。相对常用的七段数码管，液晶显示器显示信息的色彩、内容、形式都更加丰富：显示色彩可以是黑白的，也可以是彩色的；显示的内容和形式既可以是简单的数码，也可以是文字、图片甚至是动态的视频信息；采用触摸式液晶显示器，还可以进一步实现信息的输入和显示一体化，因此，在单片机应用系统中，液晶显示器的使用日益增多。但相对数码管显示，液晶显示器也存在着视角范围窄、信息传递距离短的不足，一般多用于近距离显示信息的场合。

由于液晶显示器应用日益广泛，市场上的液晶显示器形式多样、型号众多。MCS-51 系列单片机作为典型的 8 位单片机，其应用系统中常用的液晶显示器包括 1602、12864 等。

其中，1602 为简单字符型液晶显示器，只能显示数字、英文字母等简单的字符，共可显示 2 行、每行 16 个简单字符；12864 是点阵式液晶显示器，可以显示汉字等复杂的字符，也可以显示图片。如图 7-16 所示。

1602 液晶显示器

12864 液晶显示器

图 7-16　MCS-51 系列单片机应用系统中常用的液晶显示器

两种常用液晶显示屏的详细资料可通过网络查找。在学习过程中，一定要学会充分利用网络这一资料宝库，为学习提供得力的帮助。

二、MCS-51 单片机应用系统中液晶显示的实现

接下来，我们以 1602 液晶显示显示器的使用为例，学习单片机应用系统中液晶显示器的使用方法，12864 液晶显示器的使用大家可以查阅网上相关资料自行学习。

（一）1602 液晶显示器的引脚功能定义

1602 采用标准的 16 脚接口，其中，

第 1 脚：V_{SS} 接地。

第 2 脚：V_{DD} 接 +5V 电源。

第 3 脚：V0 为液晶显示器对比度调整端，接电源正极时对比度最弱，接地时对比度最高，对比度过高时会产生"鬼影"，使用时可以通过一个 10K 的电位器调整对比度。

第 4 脚：RS 为寄存器选择信号，高电平时选择数据寄存器、低电平时选择指令寄存器。

第 5 脚：RW 为读写信号线，高电平时进行读操作，低电平时进行写操作。

当 RS 和 RW 同为低电平时可以写入指令或者显示地址；当 RS 为低电平 RW 为高电平时可以读忙信号；当 RS 为高电平 RW 为低电平时可以写入数据。

第 6 脚：E 端为使能端，当 E 端由高电平跳变成低电平时，液晶模块执行命令。

第 7～14 脚：D0～D7 为 8 位双向数据线。

第 15～16 脚：空脚。

1602 液晶模块内部的字符发生存储器（CGROM）已经存储了 160 个不同的点阵字符图形，这些字符有阿拉伯数字、英文字母的大小写、常用的符号、日文假名等，每一个字符都有一个固定的代码，比如大写的英文字母"A"的代码是 01000001B(41H)，显示时模块把地址 41H 中的点阵字符图形显示出来，我们就能看到字母"A"。

（二）MCS-51 单片机与 1602 液晶显示器的硬件连线设计

根据上述 1602 液晶显示器各引脚的功能定义和前面学习的 MCS-51 单片机的相关知识，MCS-51 单片机和 1602 液晶显示器硬件连线设计的一种参考连线方式如图 7-17 所示。大家也可以根据自己所用开发板的实际情况，设计硬件连线方案。

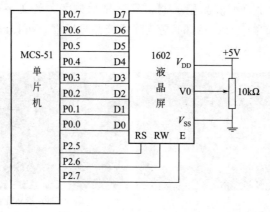

图 7-17　MCS-51 单片机与 1602 液晶显示器硬件连线示意图

如图 7-17 所示，用单片机的 P0 端口连接液晶显示器的数据端口，使用单片机 P2 端口的 P2.7、P2.6、P2.5 三个引脚连接液晶显示器的显示控制引脚，并且给 1602 液晶显示器外接一只 10kΩ 的变阻器，以便调节液晶显示器显示的对比度。

（三）MCS-51 单片机应用系统中 1602 液晶显示器驱动程序编写

在确定了单片机应用系统中液晶显示器与单片机系统的硬件连线方式后，就可以开始着手进行系统控制程序的编写了。但是在具体编写代码前，必须收集并仔细阅读所使用液晶显示器的使用说明，理解其操作过程，画出控制程序流程图，而后再动手编写代码。

1. 1602 液晶显示器的操作过程

在使用 1602 液晶显示器的单片机应用系统中，单片机通过相应的液晶显示器操作命令，完成对液晶显示器显示的控制。不同型号的液晶显示器定义的控制命令可能不同，具体要仔细阅读所使用液晶显示器的使用说明。

(1) 1602 液晶显示器的操作命令

1602 液晶显示器所定义的相关操作命令如表 7-11 所示。

表 7-11 1602 液晶显示器操作命令一览表

序号	指令功能	RS	R/W	D7	D6	D5	D4	D3	D2	D1	D0
1	清显示	0	0	0	0	0	0	0	0	0	1
2	光标返回	0	0	0	0	0	0	0	0	1	*
3	置输入模式	0	0	0	0	0	0	0	1	I/D	S
4	显示开/关控制	0	0	0	0	0	0	1	D	C	B
5	光标或字符移位	0	0	0	0	0	1	S/C	R/L	*	*
6	置功能	0	0	0	0	1	DL	N	F	*	*
7	置字符发生存储器地址	0	0	0	1	字符发生存储器地址(AGG)					
8	置数据存储器地址	0	0	1	显示数据存储地址(ADD)						
9	读忙标志或地址	0	1	BF	计数器地址(AC)						
10	写数到 CGRAM 或 DDRAM	1	0	要写的数							
11	从 CGRAM 或 DDRAM 读数	1	1	读出的数据							

表 7-11 中：

指令 1：清显示，指令码 01H，光标复位到地址 00H 位置。

指令 2：光标复位，光标返回到地址 00H。

指令 3：光标和显示模式设置。

I/D：光标移动方向，高电平右移，低电平左移。S：屏幕上所有文字是否左移或者右移，高电平表示有效，低电平无效。

指令 4：显示开关控制。

D：控制整体显示的开与关，高电平表示开显示，低电平表示关显示。C：控制光标的开与关，高电平表示有光标，低电平表示无光标。B：控制光标是否闪烁，高电平闪烁，低电平不闪烁。

指令 5：光标或显示移位。

S/C：高电平时移动显示的文字，低电平时移动光标。

指令 6：功能设置命令。

DL：高电平时为 4 位总线，低电平时为 8 位总线。N：低电平时为单行显示，高电平时双行显示。F：低电平时显示 5×8 的点阵字符，高电平时显示 5×10 的点阵字符（有些模块的 DL：高电平时为 8 位总线，低电平时为 4 位总线）。

指令 7：字符发生器 RAM 地址设置。

指令 8：DDRAM 地址设置。

指令 9：读忙信号和光标地址。BF 为忙标志位，高电平表示忙，此时模块不能接收命令或者数据，如果为低电平表示不忙。

指令 10：写数据。

指令 11：读数据。

需要注意的是：对于单片机来说，1602 液晶显示器属于慢速的外部设备，它执行命令的速度远远低于单片机 CPU 运行速度。当单片机向其发送一个命令后，它需要一定的时间去执行这个命令，如果前一条命令尚未执行结束，单片机就向 1602 液晶显示器发送下一条新的命令，它将不接收新的命令，导致新的命令丢失。因此，在向1602液晶显示器发送一条新的命令前，必须先读取忙标志位"BF"，判断LCD1602是否正在忙于执行前一条命令，如果BF＝1，表示LCD1602正忙，不能接收单片机的指令；如果BF＝0，表示LCD1602空闲，才可以接收单片机的指令。

（2）1602液晶显示器的控制过程

在单片机应用系统中，使用1602液晶显示器显示信息的控制过程主要包括如下几步：

第一步：1602液晶显示器初始化。

初始化显示屏的主要工作，包括：使用8位总线还是4位总线；使用双行显示还是单行显示；使用5×8点阵字符还是使用5×10点阵字符等。1602液晶显示器初始化的过程一般如下：

延时15ms；

写指令38H（不检测忙信号）；

延时5ms；

写指令38H（不检测忙信号）；

延时5ms；

写指令38H（不检测忙信号）；

以后每次写指令、读/写数据操作均需要检测忙信号；

写指令38H：显示模式设置；

写指令08H：显示关闭；

写指令01H：显示清屏；

写指令06H：显示光标移动设置；

写指令0CH：显示开及光标设置。

第二步：清显示屏。

主要清除显示屏上的原有信息，以便显示新的信息。

第三步：发送要显示的信息。

将要显示的信息发送到1602液晶显示器，以便在液晶显示器上显示。

2. 控制程序流程图

根据上面所述1602液晶显示器的控制过程，控制程序流程图的绘制也就比较简单，参考图7-18。

3. 1602液晶显示器显示控制程序

根据图7-18所示程序流程图，大家可以使用汇编语言或者C51语言编写出相应的控制程序，并在所购买的单片机开发板上调试通过。

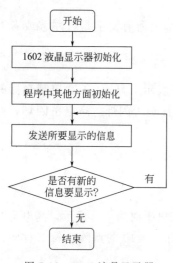

图7-18 1602液晶显示器显示控制程序流程图

项目总结

本项目主要学习的是单片机应用系统定时器的使用，以及常用显示接口的实现，包括数码管显示和液晶显示器显示。要掌握的重点包括：

① 在单片机应用系统中，如果要实现精确的时间控制，需要使用单片机内部的硬件定时器。

② MCS-51单片机内部集成了2个16位的递增定时/计数器：T0和T1，供用户使用。

③ MCS-51 单片机的定时/计数器既可作为计数器使用，也可作为定时器使用。不同之处在于：作为计数器使用时，是对输入到相应引脚的外部事件计数；作为定时器使用时，是对单片机内部的机器周期计数。

④ MCS-51 单片机定时/计数器的工作受 TMOD 的控制。TMOD 是 MCS-51 单片机定义的一个 8 位特殊功能寄存器，其高四位控制 T1 的工作，低 4 位控制 T0 的工作。需要熟记 TMOD 每一位的具体功能定义。

⑤ TMOD 只能按字节操作，不能按位进行操作。

⑥ MCS-51 单片机的定时器有 4 种不同的工作模式，不同的工作模式下对应的计数器位数不同：工作模式 0 是 13 位计数的，工作模式 1 是 16 位计数的，工作模式 2 和工作模式 3 是 8 位计数的。

⑦ MCS-51 单片机定时器工作时，是从设定的计数初值开始计数，计数到最大值产生定时时间到的中断。因此，在使用定时器的时候，必须根据系统所使用的晶振频率和所要定时的时间长短计算定时器的计数初值。

⑧ MCS-51 单片机定时器的计数初值计算方法见本项目的式（7-2），计算定时器的计数初值时，注意公式中频率单位和时间单位要换算成一致。

⑨ MCS-51 单片机定时器在每一种工作模式下都存在最大定时时间的限制，当需要定时的时间超出定时器的最大定时时间时，可以采用让定时器多次定时，而后对每次定时的时间进行计数累加的方法完成长时间的定时。

⑩ 计算好的计数初值要装载到定时器的计数初值寄存器 TH_i 和 TL_i 中，要注意不同工作模式下计数初值的装载方法。

⑪ 当 MCS-51 单片机定时器工作于工作模式 0 和工作模式 1，并且需要多次连续定时时，在定时器的中断处理程序中必须重装计数初值。

⑫ 单片机应用系统中常常使用数码管或者液晶显示器作为系统的信息显示接口。

⑬ 数码管内部是由多个发光二极管组成不同的字段，不同的字段按照一定的规律排列起来显示数字和简单的英文字符。数码管在显示数字时必须经过译码的过程，可以采用硬件译码，也可以采用软件译码。

⑭ 数码管有共阴极数码管和共阳极数码管之分，使用过程中一定要注意区分所使用数码管的类型，不同类型的数码管所使用的硬件译码器不同，对应的控制程序也不相同。

⑮ 单片机应用系统中需要使用数码管同时显示多位数字时，数码管常采用动态驱动方式，轮流点亮各位数码管，控制程序中必须注意多位数码管的轮流刷新。

⑯ 数码管的软件译码程序采用汇编语言编写时，通常采用汇编语言查表程序的形式实现。要掌握汇编语言程序中数据表的定义方法和查表方法。

自测练习

一、填空题

（1）MCS-51 单片机定时器当_____时会产生定时器定时时间到中断。

（2）定时器/计数器的工作方式 3 是指将_____拆成两个独立的 8 位计数器；而另一个定时器/计数器此时通常只可作为_____使用。

（3）设定 T1 为计数器方式，工作方式 2，则 TMOD 中的值为_____（不用的位取

"0")。

(4) 单片机应用系统中常用的显示接口器件主要有_____和_____。

(5) 数码管有_____数码管和_____数码管两种不同的类型。

(6) 数码管的译码方式有_____译码和_____译码。

(7) MCS-51单片机汇编语言程序中，在程序存储器中定义数据表时使用的是_____和_____伪指令。

(8) MCS-51单片机汇编语言程序中，查询数据表中的数据时，使用_____指令。

二、选择题

(1) 若单片机的振荡频率为6MHz，设定时器工作在方式1，需要定时1ms，则定时器初值应为_____。

A. 500　　　　　　　　　　　　B. 1000
C. 216～500　　　　　　　　　　D. 216～1000

(2) 定时器T1工作在计数方式时，其外加的计数脉冲信号应连接到_____引脚。

A. P3.2　　　B. P3.3　　　C. P3.4　　　D. P3.5

(3) 定时器若工作在循环定时或循环计数场合，应选用_____。

A. 工作方式0　B. 工作方式1　C. 工作方式2　D. 工作方式3

(4) MCS-51单片机定时器工作方式0是_____计数的工作方式。

A. 8位　　　　　　　　　　　　B. 8位自动重装
C. 13位　　　　　　　　　　　　D. 16位

(5) 七段共阴极发光二极管显示字符"H"，段码应为_____。

A. 67H　　　B. 6EH　　　C. 91H　　　D. 90H

(6) 8051单片机内有_____个定时/计数器，每个定时/计数器最大计数位数是_____位。

A. 4，16　　　B. 2，16　　　C. 3，8　　　D. 2，13

(7) MCS-51单片机中控制定时器工作方式的寄存器是_____。

A. IE　　　B. SCON　　　C. TMOD　　　D. TH

三、综合练习

(1) 若8051的晶振频率为6MHz，定时器/计数器T0工作在工作方式1，要求产生10ms定时，写出定时器的方式控制字和计数初值（分别写出TH0与TL0值）。

(2) 试编程找出十进制数12345的万位、千位、百位、十位和个位。

(3) 试编一段程序，要求初始时P1口8个引脚输出为：01H，延时100ms后，从P1.0到P1.7依次输出高电平，中间要有100ms的延时，并不断循环。系统的晶振频率为6MHz，要求用定时器T0，方式1中断的方法实现。

(4) 已知晶振频率为6MHz，在P1.0引脚上输出周期为500μs的等宽矩形波，若采用T1中断，工作方式2，试写出中断初始化程序。

参考答案

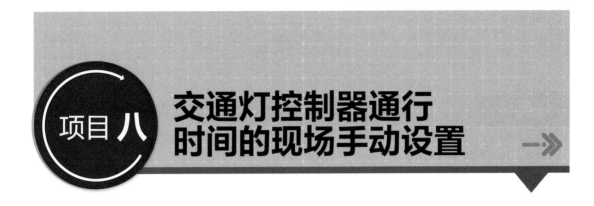

项目八 交通灯控制器通行时间的现场手动设置

项目描述

现有一个南北方向和东西方向交叉的十字道口，欲设置交通信号灯1组，请设计交通灯控制器1套，具体要求如下：

① 每个方向设置红、黄、绿3种颜色的交通灯。
② 交通灯共设置两种控制模式：正常通行模式和紧急通行模式。
③ 正常通行模式下：南北方向、东西方向的交通灯亮灯状态应能按照图 8-1 所示进行工作状态转换。

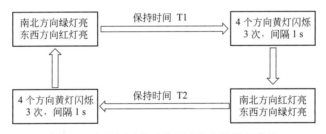

图 8-1　交通灯正常工作模式状态装换示意图

图 8-1 中南北方向的通行时间 T1 和东西方向的通行时间 T2 默认分别是 20s 和 15s，并要求 T1 和 T2 可以根据道口现场车辆排队的长短进行设置和调整，调整范围是 15～30s。

④ 向通行车辆和行人倒计时显示剩余的通行时间（以秒为单位），每秒更新一次时间显示。

请根据上述要求确定系统的硬件设计方案，撰写系统硬件设计说明书，并绘制系统控制程序流程图、编写系统控制程序并调试通过。

学习目标

① 进一步熟悉单片机中断和定时器的使用。
② 熟悉并掌握单片机应用系统中按键的使用方法。
③ 熟悉并掌握 MCS-51 单片机汇编语言程序中自定义变量的定义和使用方法。
④ 熟悉和掌握 MCS-51 单片机 C51 语言程序中按键状态的判断方法。

⑤ 锻炼和提高自主学习的能力。
⑥ 锻炼和提高勤于思考、勇于创新的职业素养。

任务一　系统总体方案设计

一、项目需求分析

仔细阅读和分析本项目的描述，可以发现：

（1）本项目需要对时间进行精确控制

功能需求中多处对时间提出了明确要求，包括：南北方向通行时间为 T1，东西方向通行时间为 T2；黄灯要求每秒闪烁 1 次；数码管显示的时间要求每秒更新一次。

（2）剩余通行时间要能以秒为单位倒计时显示

项目描述中明确提出，剩余的通行时间要以秒为单位倒计时显示。

（3）通行时间要能根据现场情况手动调整

项目中明确要求，道口南北和东西方向的通行时间，要能根据道口车辆通行情况进行设置调整，这就要求交通灯控制器必须提供通行时间的输入接口，以便操作人员输入相应的通行时间数值。

通过对本书前一个项目相关知识的学习，我们知道，对于时间的精确控制，可以通过使用单片机内部的硬件定时器实现。而对于通行时间的倒计时显示，可以通过数码管提供信息显示接口，并通过定时器对数码管的显示进行动态刷新。这些功能的实现方法我们通过完成前一个项目，应该都已经掌握。

显然，本项目完成的关键在于：如何为系统设计信息输入接口，使操作人员能够向系统输入相关信息，比如本项目要求的时间数值。

二、单片机应用系统中信息输入接口的实现

在单片机应用系统中，常常需要将外界的相关信息输入到单片机中，作为单片机系统进行决策的主要依据。单片机应用系统中所要输入的外部信息，既包括系统运行现场的外部信息，比如空调控制器测得的室内温度，也包括操作人员输入的相关信息，比如室内人员给空调设置的室内控制温度。这些信息的输入都需要单片机应用系统提供相应的信息接口。

根据所需输入信息的不同，单片机应用系统中的信息输入通常可分成如下两种情况：

（一）被控对象状态和运行环境信息的输入

被控对象状态信息和系统运行环境信息的输入是单片机控制系统的前向信息输入。单片机应用系统在工作过程中，需要的被控对象工作状态和运行环境信息通常是动态变化的，一般采用传感器进行自动采集，并根据所用传感器的输出信号情况，通过相应的信息输入接口（比如 A/D 转换接口）输入到单片机中。

（二）操作人员设定信息的输入

单片机应用系统在工作过程中，也会需要操作人员输入一定的信息，比如输入操作命令或者设定系统工作参数，以便控制单片机应用系统的工作。操作人员设定信息的输入接口是

单片机应用系统，人机接口中的信息输入接口。操作人员设定的信息一般不会随时变化，并且相对比较简单，常用的输入手段包括：

（1）传统切换开关输入

当系统需要在多种工作模式间进行切换时，通常可以采用 2 位或者 3 位切换开关作为信息输入接口，如图 8-2 所示。

2位拨动开关　　　　　多位拨动开关　　　　　金属摇杆开关

图 8-2　形式多样的切换开关

拨动式电子开关既可以直接焊接在系统电路板上，也可以安装在产品的外壳面板上，而金属摇杆式开关则多安装于产品的外壳面板上，用于实现两种不同工作模式之间的切换。如果需要在产品面板上实现多种模式的切换，也可以使用旋钮式多位开关。

（2）按键输入

当操作人员需要为单片机应用系统输入数值信息时，比如设定系统的某项工作参数值，多采用各种按键作为信息输入接口。常用的按键如图 8-3 所示。

图 8-3　单片机应用系统中常用的按键

在单片机应用系统中，常用的按键包括传统机械式按键、薄膜按键等。传统机械式按键可以直接焊接在系统电路板上，按键的功能可以直接标注在按键的旁边，也可以标注在配套的键帽上。

现在的单片机应用产品使用薄膜按键日益增多。相对传统的机械按键，薄膜按键具有体积小、重量轻、功能全面、外观新颖等优点。因此，薄膜按键越来越多地被用于各种电子产品的操作面板上。但相对传统的机械按键，薄膜按键也存在着容易磨损、使用寿命较短、操作手感较弱等不足。

（3）液晶触摸屏输入

液晶触摸屏可以实现信息输入和显示的一体化，已经成为单片机应用系统实现信息输入的一种常见手段。相对普通的按键信息输入，液晶触摸屏输入方式实现成本较高。

（4）语音输入

随着语音识别技术的不断成熟，现在的单片机应用系统也可以采用语音输入作为信息输入的手段。相对按键输入和液晶触摸屏输入，语音输入对所使用单片机的信息处理能力要求较高，同时，现在语音输入的可靠性也不如传统的按键输入和触摸屏输入。

无论采用哪种信息输入方式，对于操作人员设定信息的输入，在实现信息输入的同时，都必须提供相应的信息显示接口，以便操作人员确认所输入的信息是否正确。

拓展知识1

电子系统中开关和按键的比较

包括单片机应用系统在内的电子系统，常常使用开关和按键作为相关信息的输入器件，二者都是开关（量）电子器件，也就是说都有两种不同的输出状态：开关有"接通"和"断开"两种状态，按键有"抬起"和"按下"两种状态。但是在实际使用过程中，开关和按键又是有所区别的，主要区别包括：

（1）电路图中的表示符号不同

开关和按键作为两种不同的电子器件，在电路图中通常采用不同的符号表示，如图8-4所示。

开关器件的一般电路符号　　　　　按键器件的一般电路符号

图8-4　开关器件和按键器件在电路图中的一般符号表示

（2）状态的保持时间长短不同

开关器件和按键器件输出状态保持的时间长短不同：对于开关器件，其"接通"或者"断开"状态在没有人为干预的情况下，可以长时间保持下去。而按键器件的"按下"状态在操作人员按下动作结束后，会马上结束，由于操作人员按下按键的时间通常较短，因此，按键的"按下"状态通常只能保持较短的时间。

（3）适用场合不同

鉴于开关器件和按键器件上述的不同工作特性，二者的适用场合也就不同：当需要两个不同的状态都能长时间保持时，通常使用开关器件；当需要某个状态长时间保持，而相反状态只需保持较短时间时，通常使用按键器件。

（4）工作特性不同

开关器件内部没有弹性部件，因此可以在不同状态之间快速完成切换，不存在输出状态抖动现象。而常用的触点式按键器件，由于内部包含弹性部件，在不同状态间切换时存在抖动现象，按键的输出抖动现象如不能很好地消除，会引起对按键状态的误判断。

三、系统总体方案设计

根据前面所学习的相关知识，大家可以完成本项目的总体方案设计。一种参考设计方案如下：

整个系统以MCS-51单片机为核心，单片机相应引脚通过继电器驱动交通灯，以单片机内部的定时器实现时间的精确控制，以2位数码管实现通行时间的倒计时显示，数码管采用软件译码形式进行译码。使单片机信号输出引脚连接单点按键，实现通行时间的设置。

任务二 系统硬件电路设计

在完成系统的总体方案设计以后，就可以开始系统的硬件电路设计了。如同前面所分析的，本项目系统硬件设计的关键在于：在硬件电路中设置相应的按键，作为交通灯控制人员输入通行时间的接口。下面，我们就来详细学习单片机应用系统中按键应用的硬件连线设计。

一、单片机应用系统中的按键使用

如前所述，单片机应用系统中常用按键作为操作人员信息输入的接口。在单片机应用系统中使用按键时，首先需要清楚以下几个方面的问题：

（一）应该选用哪种形式的按键？

现在市场上按键的形式多种多样，不同形式、不同类型的按键适用于不同的场合。在单片机应用系统中需要使用按键时，应该根据按键的使用场合对按键性能、操作形式等方面的要求，选用适当种类的按键。

那么如何选用按键呢？

这就需要我们了解常用按键的种类和适用场合。

按键可以按照不同的分类方法，分成不同的种类。比如：

按照外观形式，可将按键分成传统独立式按键和薄膜按键。传统独立式按键可以直接安装在硬件电路上，但占用空间较大。而薄膜式按键体积轻盈，外表美观，占用空间小，常常用于对美观性要求较高的产品操作面板上，比如现在的家用电器、智能化仪表等的操作面板上就常常使用美观漂亮的薄膜按键，为操作人员提供产品工作模式选择、工作参数设定等操作接口。

按键按照结构原理可分为两类，一类是触点式开关按键，如机械式开关、导电橡胶式开关等；另一类是无触点式开关按键，如电气式按键、磁感应按键等。前者造价低，后者寿命长。目前，单片机应用系统中最常见的是触点式开关按键。

键盘按照按键接口原理可分为编码键盘与非编码键盘两类，这两类键盘的主要区别是识别键符及给出相应键码的方法。编码键盘主要是用硬件来实现对键的识别，非编码键盘主要是由软件来实现键盘的定义与识别。

编码键盘能够由硬件逻辑自动提供与键对应的编码，此外，一般还具有去抖动和多键、窜键保护电路；这种键盘使用方便，但需要较多的硬件，价格较贵，一般的单片机应用系统采用较少。非编码键盘只简单地提供行和列的矩阵，其他工作均由软件完成，由于其经济实用，较多地应用于单片机系统中。所以，下面我们重点学习非编码、触点式开关按键的使用，如果以后需要用到其他键盘形式，大家可以自行查阅相关资料。

（二）如何消除按键抖动的影响？

1. 触点式按键的抖动现象

常用的触点式按键内部一般都包含弹性部件，以便操作人员结束按键动作后，按键能够自动恢复到"抬起"状态。按键内部弹性部件的存在带来了按键输出状态的抖动现象。

按键的"抖动"现象是指按键从一种输出状态切换到另一种输出状态的过程中,存在的在不同输出状态间多次反复的现象。如图 8-5 和图 8-6 所示。

图 8-5 理想状态下的按键状态切换过程

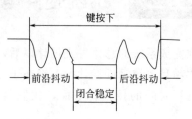

图 8-6 实际的按键状态切换过程

如果用高电平代表按键的"抬起"状态,低电平代表按键的"按下"状态,在按键按下和抬起的过程中,按键的输出状态并不能如图 8-5 所示在瞬间完成不同输出状态间的切换,而是会如图 8-6 所示,在按键按下的过程中,会检测到按键器件的输出电平状态——在高电平和低电平之间多次切换,这种现象称为按键按下过程中的"前沿抖动"。同样,当按键抬起的过程中,也会检测按键器件的输出电平状态——在高电平和低电平之间多次切换,这种现象称为按键按下过程中的"后沿抖动"。

2. 按键抖动现象对使用的影响

在触点式按键的使用过程中,是通过检测按键器件所输出的电平状态间接判断按键的工作状态的。触点式按键在状态切换过程中的抖动现象导致按键的一次按下过程中,输出电平会出现多次的状态切换,如果不能采取切实有效的措施,将会引起系统对按键状态的误判断:按键按下一次,系统可能会判断为按键按下多次。

3. 触点式按键抖动现象的消除

在抖动期间检测按键的"抬起"与"按下"状态,可能导致判断出错,即按键一次按下或释放被错误地认为是多次操作,必须采取去抖动措施,消除按键抖动现象对按键状态检测的不良影响。

按键去抖动可以从两个方面着手:硬件去抖动和软件去抖动。在键数较少时,可用硬件去抖,而当键数较多时,采用软件去抖。具体如下:

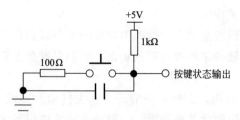

图 8-7 按键硬件去抖动电路示意图

(1) 按键的硬件去抖动

硬件去抖动是指采用一定的硬件电路消除按键抖动的影响的方法。比如,可以通过在按键的两端并联一个电容来去除按键的抖动,如图 8-7 所示。

如图 8-7 所示,电路去除按键抖动的原理是:按键按下时,电容通过按键和 100Ω 电阻构成的回路放电,当按键抬起时,电容通 1kΩ 的电阻进行通电,由于电容两端的电压不能突变,因此,按键较高频率的抖动输出会被滤除。

采用上述并联电容去除按键抖动影响的关键在于,根据实际使用按键的抖动情况,选择所并联电容的大小。当然也可以选择其他形式的硬件去除抖动的方法。

使用硬件去抖动,会增加系统的硬件制作成本。但系统的控制程序相对简单。

(2) 按键的软件去抖动

软件去除抖动是指通过在系统控制程序中采用一定措施,去除按键抖动影响的方法。软件去抖动的基本思路是延时再读。具体过程是：在检测到有按键按下时，执行一个 20 ms 左右（具体时间应视所用的按键进行调整）的延时程序后，再确认该键电平是否仍保持按下状态电平，若仍保持按下状态电平，则确认该键处于按下状态。同理，在检测到该键抬起后，也应采用相同的步骤进行确认，从而可消除抖动的影响。

软件去抖动可以节省系统的硬件成本，但控制程序相对复杂一些。

（三）按键和单片机如何连接？

在使用按键的单片机应用系统中，硬件电路设计时如何实现按键和单片机的硬件连接呢？单片机和按键之间的连接，常用的方式有 2 种：

（1）独立按键连接方式

独立按键连接方式是指系统中的每个按键在硬件连线上，都独立连接到一个单片机引脚上，相互独立，互不影响。如图 8-8 所示。

图 8-8 中按键的输入均采用低电平有效，此外，上拉电阻保证了按键断开时 I/O 口线有确定的高电平。当 I/O 口内部有上拉电阻时，外电路可不接上拉电阻。

独立式按键电路配置灵活，软件结构简单，但每个按键必须占用一根 I/O 口线，因此，在按键较多时，I/O 口线浪费较大，不宜采用。

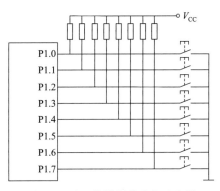

图 8-8 独立按键硬件连接示意图

（2）矩阵式键盘连接方式

单片机应用系统中，若使用按键较多时，通常采用矩阵式（也称行列式）键盘连接方式。

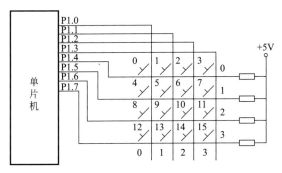

图 8-9 矩阵式键盘连线示意图

矩阵式（行列式）键盘是指将多个按键排成行、列交叉的矩阵形式。图 8-9 所表示的就是一个由 4 行 4 列共 16 个按键组成的矩阵式键盘。

由图 8-9 可见，在矩阵（行列）式键盘布局形式下，键盘和单片机的连线由多条行线和列线组成，按键位于行、列线的交叉点上。

相对独立式按键连接方式，采用矩阵式键盘可以节省单片机 I/O 引脚的占用。

如图 8-9 所示，16 个按键采用矩阵式键盘连接方式，只需要占用单片机 8 个 I/O 引脚。如果采用独立式按键方式，则需要占用单片机 16 个 I/O 引脚，可见，矩阵式键盘可以节省单片机 I/O 引脚的占用，但采用矩阵式键盘的控制程序比较复杂。

（四）单片机 CPU 如何知道有按键按下？

将按键和单片机采用一定的方式（独立式按键或矩阵式按键）连接后，单片机 CPU 如何知道有没有按键被按下呢？

通常单片机 CPU 检测按键被按下的方式有如下 3 种：

1. 编程扫描方式

编程扫描方式是指利用 CPU 完成其他工作的空余时间，调用键盘扫描子程序对所有按键的状态进行扫描，以检测有无按键按下。

编程扫描模式下，如果按键按下的时刻不在键盘扫描程序的执行时间段内，则会遗漏对相应按键动作的感知和响应。为了防止遗漏对相应按键动作的感知和响应，就要求单片机 CPU 必须非常频繁地运行键盘扫描程序，甚至不处理其他事情，而只运行键盘扫描程序。

因此，编程扫描方式只适用于系统中单片机 CPU 非常空闲，不需要处理其他信息的场合。比如：有些单片机应用系统在正式开始工作之前，需要先选择工作模式并设定相应工作参数，设置工作结束后，才开始进入正式的运行模式。在模式设定情况下，单片机 CPU 是不需要完成其他控制工作的，此时，单片机对各设置按键就可以采用编程扫描方式。

2. 定时扫描方式

定时扫描方式是 CPU 按照确定的时间间隔，每隔一段确定的时间就扫描一次键盘，以确定是否有按键被按下或者释放。

在定时扫描方式下，扫描间隔的确定是一个难点：扫描时间间隔过短，会影响单片机 CPU 对其他信息的处理；而扫描时间间隔过长，则会遗漏对某些按键动作的感知和响应。因此，需要根据单片机应用系统的实际工作情况，谨慎确定键盘定时扫描的时间间隔。

键盘定时扫描方式比较适用于按键操作时间间隔可以预知的应用系统。

3. 中断扫描方式

在操作人员对按键的操作时刻难以预知的情况下，为了不遗漏对按键操作的感知和响应，通常会采用中断扫描方式。

按键的中断扫描方式就是通过增加一定的硬件处理电路，当有按键被按下或者释放时，能够产生相对单片机的外部中断信号，从而主动通知单片机 CPU 按键状态的改变。单片机 CPU 接收到按键的中断信号后，再启动键盘扫描程序，扫描确定哪一个按键的状态发生了改变。图 8-10 就是某单片机应用系统的按键设计电路。

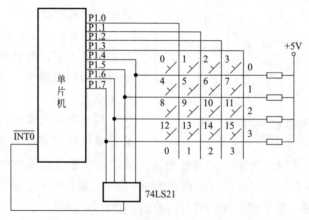

图 8-10　采用中断扫描方式的矩阵式键盘

图 8-10 中的 74LS21 是 2 路 4 输入与门逻辑芯片，当 4 个信号输入端全部为高电平时，输出是高电平，当 4 个输入端中有一个或者多个为低电平时，其输出就是低电平。

图 8-10 中，将矩阵键盘的 4 条行线信号作为 74LS21 与门电路的输入端，将 74LS21 与

门的输出端连接到单片机的外部中断输入引脚上。整个键盘的中断扫描工作过程为：使连接矩阵式键盘列线的单片机 P1.0～P1.3 共 4 个引脚作为信号输出引脚，并全部输出低电平，连接行线的单片机 P1.4～P1.7 共 4 个引脚作为信号输入引脚。

当键盘中没有按键被按下时，4 条行线由于有上拉电阻，将全部呈现高电平，74LS21 与门的输出端输出高电平，$\overline{INT0}$ 没有外部中断产生，单片机 CPU 可以全力以赴处理其他工作。

当键盘中有任意按键被按下时，被按下按键将所在的行线和列线联通，由于 4 条列线全部是低电平状态，被按下按键所在的行线将呈现低电平，74LS21 与门的输出端就会输出低电平，进而产生相应的外部中断，单片机 CPU 就可及时感知有按键被按下了，并启动键盘扫描程序扫描键盘，判断到底是哪一个按键被按下。

相对编程扫描和定时扫描方式，对键盘采用中断扫描方式既能大大提高单片机 CPU 的工作效率，又不会遗漏对按键状态变化的感知和处理。因此，对按键状态的检测，应尽量采用中断扫描方式。

当然，相对编程扫描和定时扫描方式，键盘的中断扫描方式需要增加产生中断信号的硬件电路，因此，会在一定程度上增加系统的硬件制作成本。

拓展知识 2

单片机应用系统中数字输入按键的实现方式

在单片机应用系统中，为了设定系统的工作参数，常常需要操作人员通过按键输入数字信息。比如空调控制器，需要通过遥控器按键设定预设的控制温度，智能电视需要通过遥控器按键设定要观看的电视台频道编号。

那么又该如何设计单片机应用系统中的数字信息输入按键呢？常见的有 2 种实现方法。

(1) 默认中间值＋"增""减"按键法

采用这种方法的基本思路是：在系统硬件电路板上设置两个按键，分别为"加 1"按键和"减 1"按键，在系统控制程序中取要输入数字范围的中间值，作为设定参数的默认值，系统进入参数设定模式后，操作人员第一次按下"加 1"或者"减 1"按键时，就在默认值的基础上对设定数字加 1 或者减 1，并以加 1 或减 1 后的新数值作为当前值。而后，操作人员每按下一次"加 1"按键，参数值就在当前值基础上加 1，并以新的数值作为当前值；操作人员每按下一次"减 1"按键，参数值就在当前值的基础上减 1，并以新的数值作为当前值。

采用这种方法的优点在于：占用单片机引脚资源少，控制程序相对简单。但需要操作人员多次按压按键。因此，一般用于设定参数数字变化范围不大的场合，并需要和系统显示接口相配合，以便操作人员对设定的数字进行确认。

(2) 全数字键盘法

全数字键盘法就是在硬件电路上设置 0～9 共 10 个按键，操作人员设置参数时，直接按对应数字的按键即可的方法。

采用全数字键盘法，可以不用限制设定数字范围，并且对于操作人员来说，每个按键按一次就可以完成数字信息输入。不足之处在于：系统硬件电路上需要设置 10 个数字按键，占用空间大、硬件制作成本高，且由于按键较多，需要占用较多的单片机引脚资源，控制程序中键盘扫描程序也相对复杂。

项目八
硬件电路设计参考方案

具体采用哪种方法可以根据系统的实际情况选定,也可以两种方法同时采用(比如电视遥控器)。

二、系统硬件电路设计

在学习并理解上述相关知识的基础上,请自行完成本项目的硬件电路设计,并编写系统的硬件设计说明书。

本项目一种硬件设计参考方案可扫描左侧二维码获取。

任务三　系统控制程序编写

在系统硬件设计方案初步确定后,就可以根据硬件设计方案中单片机引脚的使用情况和系统的总体设计方案,编写系统的控制程序了。

一、系统控制程序的编写分析

仔细分析本项目控制程序的功能需求,对于前述硬件设计参考方案,本项目程序实现的关键在于:

(1) 按键状态的判断

相对本书前述项目七已经实现的功能,本项目控制程序需要通过对按键状态的判断确定哪一个按键被按下,并对按键按下的次数进行计数。因此,按键状态的判断是本项目控制程序编写的一个关键。

(2) 复杂汇编语言程序的编写

相对本书以前的教学项目,本项目控制程序更为复杂,需要使用的寄存器数量会较多,程序结构也会更复杂,如何更好地完成复杂汇编语言程序的编写,是本项目程序编写的又一个关键。

二、系统控制程序实现的关键知识学习

(一) 按键状态的判断

根据本项目硬件设计参考方案,设定通行时间的两个按键分别连接在单片机 P1.6 和 P1.7 引脚上,并且在通行时间设定模式下,系统控制程序不需要进行其他的控制工作。因此,本项目控制程序可以通过编程扫描的方式,判断哪一个按键被按下,而按键状态则通过和按键相连的单片机引脚的输入状态进行判断,具体判断方法在本书项目五中已有详细讲解,此处不再重复,但须注意去除按键抖动的影响。

(二) 按键按下次数的计数

按键按下次数的计数,仍然通过对和按键相连的单片机引脚输入状态的判断实现,但须注意两点:

① 要注意去除按键抖动的影响。

② 要及时显示计数结果,以便让操作人员了解所设定的数字是否正确。

以本项目硬件设计参考方案对应的通过按键调整通行时间为例,控制程序流程如图 8-11 所示。

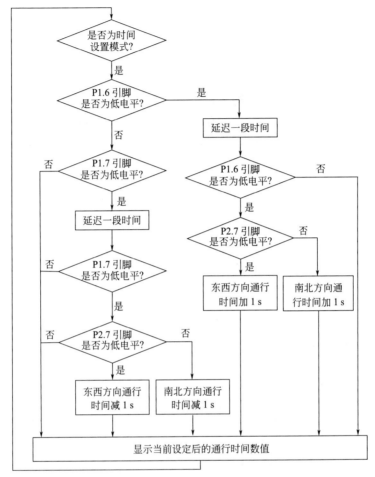

图 8-11　通过对按键按下次数计数设置通行时间流程图

(三) 复杂汇编语言程序模块的划分

当汇编语言程序要实现的功能比较复杂时,可以将程序分成多个功能模块分别进行编写和调试,以提高程序编写和调试的效率。程序模块的划分没有固定的方法,通常根据程序实现的功能,由程序编写人员根据自己编写程序的能力、喜好自行划分。一般原则是,划分后的每个模块能够实现相对完整的功能,对于初学编程的人员,模块可以划分得相对小一些,而对于编程经验相对丰富的人员,则划分的模块可以大一些。

对于本项目控制程序,一种可参考的方案是将整个控制程序划分成如下模块:

① 定时器的初始化;

② 交通灯的轮流点亮;

③ 剩余通行时间的数码管显示;

④ 数码管显示的定时动态刷新;

⑤ 通行时间的设定。

当然，读者也可以根据对程序功能的理解和自身情况，自行确定不同的程序模块划分方案。并在程序模块划分方案确定后，绘制出各功能模块的程序流程图，理清各程序模块的编程思路。

（四）复杂汇编语言程序中寄存器冲突的避免

当单片机应用系统要实现的功能比较复杂时，尤其是子程序数量比较多时，用汇编语言编写程序可能会遇到工作寄存器数量不够用的情况。对于使用 MCS-51 单片机，这个问题可以采用如下几种思路予以解决：

1. 发挥堆栈的作用，实现寄存器的重复使用

通过使用堆栈进行程序运行现场的保存和恢复，MCS-51 单片机应用系统程序中，主程序和子程序之间以及不同子程序之间，是可以重复使用相同的工作寄存器的。

例如：某 MCS-51 单片机系统主程序和其他子程序中，已经使用了 R0~R7 共 8 个工作寄存器，现要实现一个延时子程序，并需要在延时子程序中也使用 R0、R1 两个工作寄存器，延时子程序代码可以编写如下：

```
Delay: push 00h        ;将工作寄存器 R0 内容压入堆栈保存起来
       push 01h        ;将工作寄存器 R1 内容压入堆栈保存起来
       mov r0,#100
loop:  mov r1,#200
       djnz r1,$
       djnz r0,loop
       pop 01h         ;从堆栈中恢复工作寄存器 R1 的值
       pop 00h         ;从堆栈中恢复工作寄存器 R0 的值
       ret
```

在上述程序段中，在子程序中使用 R0、R1 工作寄存器之前，先用 push 指令将该子程序开始执行之前的 R0、R1 的值保存到堆栈中，而后在子程序中也使用 R0、R1 工作寄存器，并在子程序结束返回调用程序之前，再用 pop 指令恢复保存在堆栈中的 R0、R1 的值。这样，在主程序中和子程序中就可以重复使用工作寄存器，而又不会造成主程序和子程序之间的寄存器使用冲突，这就是程序运行现场的保存和恢复。

需要注意的是：

① 当多个寄存器的值需要使用堆栈保存和恢复时，保存和恢复的顺序一定是相反的：先保存的寄存器一定要后恢复，后保存的寄存器必须先回复！绝对不能出现顺序错误。

② 需要使用堆栈保存和恢复工作寄存器 R0~R7 的值时，不能直接在 push 和 pop 指令中出现 R0~R7 这 8 个寄存器的名称，而是要用每一个工作寄存器所对应的内存地址代替。如上面示例程序段所示。

③ 如果需要在主程序和子程序之间使用工作寄存器传递相关数据，则该寄存器的使用不算重复使用，不用实现寄存器在堆栈内的保存和恢复。

2. 在不同程序段中使用不同组的工作寄存器

MCS-51 单片机共定义了 4 组工作寄存器，每一组都包含 R0~R7 这 8 个寄存器，不同组之间的工作寄存器虽然名称相同，但对应的内部存储单元不同，因此使用过程中相互独立，互不相关。比如，第 0 组的 R0 和第 1 组的 R0，虽然寄存器名称都是 R0，但实际上是两个完全没有关系的工作寄存器。因此，可以通过在不同的程序段使用不同组的工作寄存器

来避免工作寄存器的使用冲突。

MCS-51 单片机工作寄存器组的选择，是通过 PSW 寄存器的 RS0 和 RS1 两个寄存器位的不同取值组合来实现的。具体如表 8-1 所示。

表 8-1　MCS-51 单片机工作寄存器组选择一览表

RS0、RS1 寄存器位的取值		对应的工作寄存器组
RS1	RS0	
0	0	第 0 组工作寄存器
0	1	第 1 组工作寄存器
1	0	第 2 组工作寄存器
1	1	第 3 组工作寄存器

MCS-51 上电复位后，默认使用第 0 组工作寄存器。

例如，下述示例程序中就通过使用不同的工作寄存器组，避免了主程序和子程序之间的工作寄存器使用冲突。

主程序：

```
            …              ;默认使用第 0 组工作寄存器
            MOV R0,#100    ;给第 0 组工作寄存器 R0 赋值 100
            MOV R1,#200    ;给第 0 组工作寄存器 R1 赋值 200
            LCALL MY_SUB
            SJMP $
            …
MY_SUB:
            SETB RS0       ;将当前工作寄存器组设置为第 1 组工作寄存器
            CLR RS1
            MOV R0,#50     ;给第 1 组工作寄存器 R0 赋值 50
            MOV R1,#60     ;给第 1 组工作寄存器 R1 赋值 60
            CLR RS1        ;重新将当前工作寄存器组恢复为第 0 组
            CLR RS0
            RET
```

在上述示例程序中，主程序中使用的第 0 组工作寄存器，子程序中使用的是第 1 组工作寄存器，因此，主程序中使用的 R0 和子程序中使用的 R0 虽然名称相同，但实际上是不同的寄存器。同样的道理，主程序中使用的 R1 和子程序中使用的 R1，也是两个不同的寄存器，使用过程中不会产生冲突。

3. 利用单片机内部 RAM 区定义并使用自己的变量

在较为复杂的 MCS-51 单片机应用程序中，使用工作寄存器较多时，在程序中往往难以辨别每一个工作寄存器所代表的实际含义，从而给程序的编写和阅读带来一定的困难。实际上，在 MCS-51 单片机的汇编程序中，也可以定义自己的变量，既可以增加程序的可读性，也同时解决了工作寄存器数量不足的问题。

MCS-51 系列单片机汇编语言中定义用户变量的方法如下：

变量名 EQU 内存单元地址

其中：

变量名：即用户所要定义的变量的名称。一般是变量用途的简写字符串，可以是英文名称的简写，也可以用汉语拼音。比如，要定义一个代表城市道口南北方向通行时间的变量，变量名可以定义为 SN_TIME，也可以定义为 NB_SHIJIAN，当然，也可以取为其他的变量名。

EQU：MCS-51 定义的等值伪指令，其功能是将伪指令后面的内存单元地址赋值给指令前的变量。

内存单元地址：指单片机内部数据存储器中供用户自由使用的某个内存单元的地址。对于 MCS-51 单片机，对应的地址范围是 30H～7FH。

例如，可以在 MCS-51 单片机的汇编程序中定义如下变量：

    SN_TIME EQU 45H

该语句的功能是：在程序中定义一个名称为 SN_TIME 的变量，该变量对应的存储单元地址是 45H。

有了上述定义后，程序中就可以将 SN_TIME 作为一个类似于工作寄存器的变量使用，由于变量名称可以自主定义为反映变量含义的名称，使用自定义变量编写程序比使用工作寄存器编写的程序更易读懂。

一个变量自定义和使用的示例程序如下：

```
/************************************************/
/*自定义变量使用演示程序                          */
/*程序中共用一个显示子程序,显示两种不同工作模式的状态数据,范围 0～9  */
/*工作模式切换开关连接于单片机 P2.7 引脚,         */
/*P2.7 引脚输入高电平,代表工作模式 1,P2.7 引脚输入低电平,代表工作模式 2 */
/*数码管采用共阴极数码管,连接于 P0 并行端口       */
/*显示子程序中使用工作寄存器 R0 存储要显示的数据   */
/************************************************/
MODE1_DATA EQU 50H       ;自定义变量 MODE1_DATA,存储工作模式 1 状态数据
MODE2_DATA EQU 51H       ;自定义变量 MODE2_DATA,存储工作模式 2 状态数据


        ORG 0000H
        LJMP MAIN


        ORG 0100H
   MAIN: MOV SP,#60H
        MOV MODE1_DATA,#5    ;工作模式 1 状态数据初始化
        MOV MODE2_DATA,#6    ;工作模式 2 状态数据初始化
        MOV DPTR,#1000H      ;初始化数码管软件译码数据表基地址
   LOOP: JB P2.7,MODE1        ;判断系统工作模式
        MOV R0,MODE2_DATA    ;工作模式 2 下:将工作模式 2 的状态数据赋值给 R0
        LCALL DISPLAY        ;调用显示子程序显示工作模式 2 的数据
        SJMP EXIT            ;跳过不应执行的程序分支
  MODE1: MOV R0,MODE1_DATA   ;工作模式 1 下:将工作模式 1 的状态数据赋值给 R0
        LCALL DISPLAY        ;调用显示子程序显示工作模式 1 的数据
   EXIT: SJMP LOOP
        ;状态数据显示子程序
```

```
DISPLAY: MOV A,R0
         MOVC A,@A+DPTR
         MOV P0,A
         RET
         ;数码管软件译码数据表
         ORG 1000h
         DB   0x3f,0x06,0x5b,0x4f,0x66,0x6d,0x7d,0x07,0x7f,0x6f
         END
```

在上述示例程序中，自定义了 2 个变量：MODE1_DATA 和 MODE2_DATA，变量的自定义通常放在汇编语言程序的开头。在汇编语言程序中，自定义变量可以像工作寄存器一样使用：可以给自定义变量赋初值，也可以将自定义变量的值赋值给工作寄存器。和使用工作寄存器（R0~R7）相比，显然自定义变量更容易表达变量所代表的含义，因而可以增加程序的可读性。

相对于本书前面的教学项目，本项目的 C51 语言程序编写没有需要学习的新知识。

三、系统控制程序的编写

根据本项目控制程序要实现的功能和所学习的相关知识，分别用汇编语言和 C51 语言编写本项目的控制程序，并在仿真开发平台上编译通过。

也可以扫描下面的二维码，参阅本项目的汇编语言和 C51 语言参考程序。

项目八
汇编语言参考程序

项目八
C51 语言参考程序

任务四　系统控制程序的调试

控制程序编写完毕后，可以先在 Keil 或者 Protues 平台上进行初步的仿真调试，仿真调试无误后，再利用购买的或制作的单片机开发板进行软、硬件联合调试，直至达到项目设计目标。

任务五　通行时间设置的矩阵式键盘实现（教学拓展任务）

对于本学习项目，请根据所学知识为系统设置 0~9 共 10 个数字按键，以实现对通行时间的设定。试确定系统硬件设计方案，编写系统的硬件设计说明书，画出系统控制程序流程图，编写系统控制程序并调试通过。

项目总结

本项目主要是在以前项目的基础上,为系统增加了通行时间设定功能,需要学习的是单片机应用系统中传统触点式按键的使用方法。需要掌握的重点包括:

① 单片机应用系统中常常通过外接按键实现工作模式的切换和系统运行参数的确定。

② 现在电子产品中的按键有传统机械按键、硅胶按键、薄膜按键等多种形式,不同形式的按键适合不同的应用场合,应该根据实际产品的应用需求选用合适的按键形式。

③ 传统触点式按键由于有弹性元件的存在,所以在按键按下和抬起的过程中会产生抖动现象。

④ 触点式按键的抖动现象会引起系统控制程序对按键动作的误判断,因此必须在系统中采取去除按键抖动的措施。

⑤ 常用的按键去抖动方法包括硬件去抖动和软件去抖动。

⑥ 硬件去抖动是指采用触发器或者其他形式的硬件电路去除按键抖动影响的方法。采用硬件方式去除抖动的特点是:去除抖动可靠,系统控制程序相对简单,但需要增加系统的硬件电路成本。

⑦ 软件去抖动是指通过在系统控制程序中采取一定的措施去除按键抖动影响的方法。单片机系统控制程序中常常采用"延时再读"的方法,去除按键抖动的影响。具体方法是:在初次检测到按键输出信号电平有变化时,延时一段时间再次读取按键输出信号的电平状态,只有前、后两次读取的电平状态一致时,才会认为按键真实地"按下"或者"抬起"了。至于"延时再读"的延时时间长短,则和所使用按键的具体情况有关。

⑧ 在单片机应用系统中,按键和单片机的连接方式主要有独立式按键连接方式和矩阵式键盘连接方式两种。

⑨ 采用独立式按键方式,系统控制程序简单,但占用单片机引脚资源较多,一般多用于按键数量较少的情况。采用矩阵式键盘方式的系统控制程序相对复杂,但在按键数量较多时,可以节省较多的单片机引脚资源,因此,当单片机应用系统中按键较多时,常常采用矩阵式键盘形式。

自测练习

一、填空题

(1) 在单片机应用系统中常常通过_____实现系统工作模式和运行参数的设置。

(2) 传统触点式按键在按键被按下和按键抬起的过程中,会存在_____现象,如果不采取一定的去除措施,容易引起对按键动作的误判断。

(3) 在单片机应用系统中,去除按键抖动影响的常用方法有_____去抖动和_____去抖动。

(4) 在单片机应用系统中,按键和单片机的连接方式常见的有_____按键方式_____和_____按键方式。

(5) 当按键数量较少时,单片机应用系统中一般使用_____式按键连接方式。

参考答案

二、综合练习

假定某单片机应用系统使用 MCS-51 单片机,单片机 P0 口连接一位共阳极数码管,单片机 P1.5 引脚连接一个传统触点式按键,试编写该系统控制程序,对按键的按下次数进行计数,并将计数结果显示在数码管上,计数范围:0~9。

多想一步

本项目实现了交通灯通行时间的本地化设定,而现在可以允许交通管理人员在交通监控中心,根据道口不同通行方向等待通行车辆的排队长度,通过相应的通信手段远程调整交通灯不同方向的通行时间。试想一下,如何能够为本项目实现的交通灯增加通行时间的远程设置。

项目九 交通灯控制器通行时间的远程设置

项目描述

现有一个南北方向和东西方向交叉的十字道口，欲设置交通信号灯 1 组，请设计交通灯控制器 1 套，具体要求如下：

① 每个方向设置红、黄、绿 3 种颜色的交通灯。

② 交通灯共设置两种控制模式：正常通行模式和紧急通行模式。

③ 正常通行模式下：南北方向、东西方向的交通灯亮灯状态应能按照图 9-1 所示进行工作状态转换。

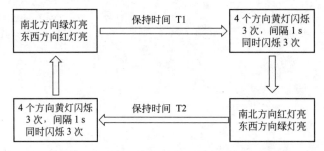

图 9-1 交通灯正常工作模式状态转换示意图

要求图 9-1 中南北方向的通行时间 T1 和东西方向的通行时间 T2，可以根据道口现场车辆排队的长短，进行**远程**设置和调整。T1 和 T2 的默认时间分别是 20s 和 15s，调整范围是 10～30s。

④ 向通行车辆和行人倒计时显示剩余的通行时间（以秒为单位），每秒更新一次时间显示。

请根据上述要求确定系统的硬件设计方案，撰写系统硬件设计说明书，并绘制系统控制程序流程图、编写系统控制程序并调试通过。

学习目标

① 进一步熟悉单片机中断和定时器的使用。

② 熟悉串行通信的相关概念和基础知识。

③ 熟悉并掌握 MCS-51 单片机串行通信口的使用方法。
④ 进一步锻炼探索和创新精神。
⑤ 进一步锻炼并提高自主学习能力。

任务一　系统总体方案设计

一、项目需求分析

仔细阅读和分析本项目的描述，可以发现：

（1）本项目需要对时间进行精确控制

功能需求中多处对时间提出了明确要求，包括：南北方向通行时间为 T1，东西方向通行时间为 T2；黄灯每秒闪烁一次；数码管显示时间每秒更新一次。

（2）剩余通行时间要以秒为单位倒计时显示

项目描述中明确提出，剩余的通行时间要以秒为单位倒计时显示。

（3）通行时间能根据现场情况远程调整

项目中明确要求，道口南北和东西方向的通行时间要能根据道口车辆通行情况进行远程调整，这就要求交通灯控制器必须提供和远程调整设备连接的**通信接口**，以便通过通信网络接收远程设置命令。

通过对本书前一个项目相关知识的学习，我们知道，对时间的精确控制可以使用单片机内部的硬件定时器实现。而对于通行时间的倒计时显示，可以通过数码管提供信息显示接口，并通过定时器对数码管的显示进行动态刷新。这些功能的实现方法通过前一个项目的完成，应该都已经掌握。

显然，本项目完成的关键在于：如何通过相应的通信接口和通信网络，接收远程传送过来的设置命令和参数，并向远程的操作人员反馈相应的状态信息。

二、单片机应用系统中远程通信接口的实现

（一）单片机应用系统中常常需要提供通信接口

在单片机应用系统中，经常需要通过通信接口，和其他电子设备或应用系统进行信息交互，以便和其他电子设备相互配合，共同满足实际应用的需要。

例如，在比较复杂的自动化工业生产线中，常常组建集散控制系统（DCS）：整条生产线需要控制的节点可能有数十个甚至更多，通常采用单片机完成状态收集和状态控制；采用信息处理能力更强的计算机进行汇总和处理所有从底层收集的相关信息，并提供更为丰富的信息显示界面，同时根据需求向生产线的底层节点传送相关控制命令。集散控制系统中的底层单片机控制系统常常被称为下位机，负责信息汇总和处理的计算机则称为上位机，如图 9-2 所示。

比如：现在有些城市的交通管理部门，可以在交通控制中心通过道口监控视频观察不同通行方向车辆排队的长短，通过相关通信网络远程遥控调整交通灯通行时间。

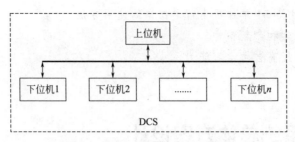

图 9-2 集散控制系统组成示意图

（二）单片机和外围器件设备的通信

单片机由于自身体积和性能的限制，通常需要和其他外围器件或设备配合才能完成所需要的系统控制功能。因此，在单片机应用系统中，常常需要单片机和外围器件或设备相互通信。根据单片机和外界交换信息场合的不同，单片机和外围设备通信的具体方式也有多种，主要包括：

1. 并行通信方式

并行通信是指同时采用多根数据传输线，在两个电子器件之间并行传输数据的一种通信方式。并行通信具有通信速率快、需要数据线数量较多的特点，多用于通信距离较近、通信速率要求较高的场合。比如，较早的计算机和打印机之间的数据通信，通常采用并行通信方式。

在单片机应用系统中，单片机和同一块电路板上的外围器件之间的信息交换，由于通信距离较短，通常采用并行通信方式，以便加快通信速率。

2. 串行通信方式

当需要和单片机通信的外围器件或设备距离较远时，考虑到通信线路成本等方面的原因，通常采用串行通行的形式。串行通信是指使用一条数据线，将数据一位一位地依次传输，每一位数据占据一个固定的时间长度，只需要少数几条线就可以在系统间交换信息。串行通信特别适用于计算机与计算机、计算机与外设之间的远距离通信。

串行通信应用广泛，具体实现形式也多种多样，两台电子设备之间的点到点串行通信通常采用 RS-232-C，通信距离可达 50m。也可以构建串行通信总线，实现一点和多点之间的串行通信。常用的串行通信总线有 RS-485 总线、I^2C 总线、SPI 总线、USB 通用串行总线等，简单介绍如下：

（1）RS-485 总线

RS-485 是一个定义平衡数字多点系统中的驱动器和接收器电气特性的标准，该标准由美国电信行业协会和美国电子工业协会定义。使用该标准的数字通信网络能在远距离条件下以及电子噪声大的环境下有效传输信号，主要应运用于智能仪表行业，通常采用主从通信方式实现点对多点之间的通信。RS-485 总线的信息传输距离理论上可达 1200m。

（2）I^2C 总线

I^2C 总线是由 Philips 公司开发的一种简单、双向二线制同步串行总线，使用 2 根线即可实现多个电子芯片之间的串行通信。I^2C 总线适合的信息传输距离一般小于 200mm，因此多用于电路板内不同芯片之间的串行通信。

I^2C 总线采用 2 根线，即串行数据线（SDA）和串行时钟线（SCL）完成信息传输，因此只能实现半双工的串行通信。

（3）SPI 总线

SPI 是英文"serial peripheral interface"的缩写，中文名称为串行外围接口，是美国 Motorola 公司定义的一种串行通信协议。SPI 接口主要应用在单片机与 EEPROM、flash、实时时钟、A/D 转换器等外围器件之间的信息传输。

SPI 总线采用 4 根线（SCK、CS、MOSI、MISO）进行数据传输，可以实现全双工的串行数据通信。

（4）USB 总线

USB 是英文 universal serial bus 的缩写，中文名称为通用串行总线，是由 Intel、Compaq、Digital、IBM、Microsoft、NEC 及 Northern Telecom 等公司于 1995 年联合制定的一个外部总线标准。具有传输速度快、使用方便、支持热插拔、连接灵活、独立供电等优点。通用串行总线（universal serial bus，USB）自推出以来，现已发展到 USB 4.0 版本。

使用 USB 方式，传输距离一般为 3~5m，最大可达 15m 左右。

3. 网络通信方式

有些用于通信行业的专用单片机会自带以太网络接口，可以直接支持以以太网协议的数据传输。

4. 其他通信方式

单片机和相应通信协议芯片、接口驱动芯片配合，也可以实现无线局域网（WLAN）和 GSM 短信等形式的通信。

例如：MCS-51 单片机通过自带的串行通信口，并配合 WLAN、GSM 等外围芯片，即可实现远距离的通信。

几个通信的基础概念

1. 并行通信和串行通信

并行通信通常是将数据字节的各位用多条数据线同时进行传送。如图 9-3 所示。

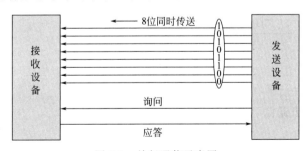

图 9-3 并行通信示意图

串行通信则是将数据字节以一位一位的形式在一条传输线上逐个传送。如图 9-4 所示。

串行通信中，在信息发送端需要将并行数据进行并/串转换，转换为串行数据发送。如图 9-5 所示。

在串行通信的数据接收端需要将串行到达的数据进行串/并转换，转换为并行数据，以便通过数据的并行处理加快信息处理的速度。如图 9-6 所示。

串行通信的特点：传输线少，长距离传送时成本低，且可以利用电话网等现成的设备，

图 9-4　串行通信示意图

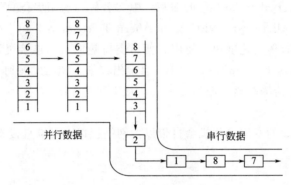

图 9-5　串行通信的数据发送过程

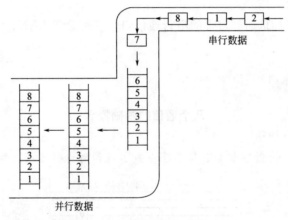

图 9-6　串行通信的数据接收过程

但数据的传送控制比并行通信复杂。

2. 同步通信和异步通信

(1) 同步通信

同步通信要求发收双方具有同频同相的同步时钟信号,只需在传送报文的最前面附加特定的同步字符,使发收双方建立同步,此后便在同步时钟的控制下逐位发送/接收。

进行数据传输时,发送和接收双方要保持完全的同步,因此,要求接收和发送设备必须使用同一时钟。

优点是:可以实现高速度、大容量的数据传送。

缺点在于:要求发送时钟和接收时钟保持严格同步,并且硬件复杂。

(2) 异步通信

异步通信是指通信的发送与接收设备使用各自的时钟控制数据的发送和接收过程。异步通信过程中，不要求信息收、发两端时钟完全同步，但要求信息收发两端信息传输的波特率要一致。异步通信过程如图9-7所示。

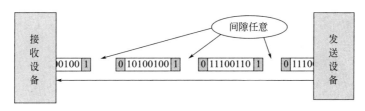

图9-7　异步通信过程示意图

如图9-7所示，在异步通信过程中，由于相邻字符之间传输的时间间隔不确定，为了使字符的接收端能够正确区分所接收到的字符边界，必须为每个字符设定起始位和停止位。信息传输过程中的开始位和停止位作为信息传输过程中的开销，降低了串行通信的通信效率。

在串行通信过程中，每一个字符的数据码流称为一个数据帧，一个数据帧的组成结构通常如图9-8所示。

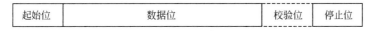

图9-8　异步串行通信数据帧组成结构示意图

其中：

起始位：用来标记一个新的数据帧的开始。通信线上没有数据被传送时处于逻辑"1"状态，当发送设备要发送一个字符数据时，首先发出一个逻辑"0"信号，这个逻辑低电平就是起始位。起始位通过通信线传向接收设备，接收设备检测到这个逻辑低电平后，就开始准备接收数据位信号。

数据位：紧跟在起始位的后面，用于传输需要传输的字节数据。不同设备或器件在串行通信过程中数据位的个数可以不同，可以是5、6、7、8或者9。比如：MCS-51系列单片机的串行通信口，在串行通信过程中的数据位的位数可以设定为8位或者9位。

校验位：紧跟在数据位的后面，用于校验数据在通信过程中是否出现差错。串行通信过程中常用的数据校验方式是奇偶校验。数据校验位在串行通信过程中不是必须的，可以在数据帧中加入奇偶校验位，也可以不加入奇偶校验位。

停止位：用于标记一个数据帧的结束。停止位放在一个数据帧的最后，用来指示或标记一个数据帧的结束。在串行通信过程中，数据发送设备发送完数据帧的停止位后，会使通信线路恢复逻辑"1"状态，直至需要发送一个新的数据帧的起始位。串行通信的接收端接收到数据的停止位后，认为正在接收的数据帧接收完毕，直至接收到新数据帧的起始位，则认为一个新的数据帧到来。

异步串行通信的数据停止位，可以是1位、1.5位或者2位。

3. 单工通信、半双工通信、全双工通信

按照通信过程中能够同时实现的数据传输方向不同，通常将通信分为单工通信、半双工通信、全双工通信，具体如图9-9所示。

4. 串行通信的波特率

在串行通信过程中，信息传输的快慢常用波特率或者比特率来表示。两者有一定的联系，也有区别，具体如下：

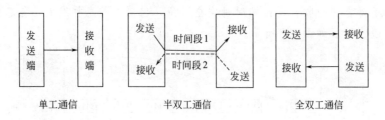

图 9-9　不同通信方式下的通信方向示意图

（1）波特率

波特率（baud rate），模拟线路信号的速率，也称调制速率，以波形每秒的振荡数来衡量，表示了通信线路中每秒传输 0 或 1 的个数。

波特率的单位是波特（baud）/秒。

（2）比特率

比特率是数字通信过程中信息传输速率的一种表示方式，具体含义是每秒所传输的二进制位的个数。

比特率的单位是比特/秒（bit per second，bps）。

比特率的计算举例如下。

假定某串行通信系统每秒能够传输 240 个字符，每个字符用 10 位二进制位表示（1 位起始位、8 位数据位、无校验位、1 位停止位），则该通信系统的信息传输速率可计算如下：

$$比特率 = 240 \times 10 = 2400 \text{bps}$$

（3）波特率和比特率的比较

二者都用来表示通信过程中信息传输的速率大小，但是二者又有不同：

① 二者的具体含义不同：波特率用来表示通信过程中线路上波形状态的变化快慢，而比特率则用来表示数字通信线路上信息传输的速率。

② 二者的单位不同：波特率的单位是波特（baud）/秒，而比特率的单位是比特/秒（bps）。

在数据没有压缩的情况下，数字通信线路中的波特率在数值上和比特率相同。

三、系统总体方案设计

根据前面所学知识，自行完成本项目的总体方案设计。参考设计方案如下：

整个系统以 MCS-51 单片机为核心，单片机相应引脚通过继电器驱动交通灯，用单片机内部的定时器实现时间的控制，2 位数码管实现通行时间的倒计时显示，数码管采用软件译码形式进行译码。通过单片机的串行通信口，和交通灯远程控制终端连接，实现对交通灯通行时间的远程设置。

任务二　系统硬件电路设计

在完成系统的总体方案设计以后，就可以开始系统的硬件电路设计了。如同前面所分析的，本项目系统硬件设计的关键在于：如何通过单片机的串行通信口实现和交通灯远程控制终端的连接并实现和远程控制终端的串行通信。

由于系统总体方案中设定以 MCS-51 单片机为系统核心，因此，该系统的硬件设计需要深入熟悉 MCS-51 单片机的串行通信口及其使用。

一、MCS-51 单片机串行通信口的深入了解

（一）MCS-51 单片机串行通信口的外部引脚

为了实现和其他系统设备的远距离通信，MCS-51 单片机在提供 4 个并行通信口（P0、P1、P2、P3）的同时，还提供了专门的串行通信口。

MCS-51 单片机的串行通信口外部包括两个引脚，分别是第 10 引脚和第 11 引脚，其中第 10 引脚（即 P3.0 引脚）作为信息的接收引脚，称为 RXD，第 11 引脚（即 P3.1 引脚）作为信息发送引脚，称为 TXD，即串行通信口的引脚定义为 MCS-51 单片机 P3 口引脚的第二功能。在硬件设计时，信号连接如图 9-10 所示，不可出现错误。

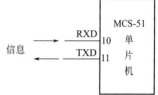

图 9-10　MCS-51 单片机串行通信口外部引脚连接示意图

（二）MCS-51 单片机串行通信口使用

MCS-51 单片机串行通信口在实际应用过程中主要有两种应用方式。

1. 采用 RS-232 接口形式

RS-232 是由美国电子工业协会（EIA）联合贝尔系统、调制解调器厂家及计算机终端生产厂家，于 20 世纪 70 年代共同制定的用于串行通信的标准。该标准经过不断完善，现在使用较多的是 RS-232-C 标准，硬件连线采用 9 针的 DB9 接口，PC 上的 com 口通常就是 RS-232 接口。RS-232 标准的通信距离通常在 20m 以内。

需要注意的是：

RS-232 标准采用的是负逻辑，具体是：通信线路上用 $-3V\sim15V$ 电平状态表示逻辑"1"，用 $+3\sim+15V$ 电平状态表示逻辑"0"。

而 MCS-51 单片机使用 $+5V$ 供电，采用 TTL 标准的正逻辑，即 $0V\sim0.2V$ 看作逻辑"0"，而把高于 $+3.5V$ 的电平状态看作逻辑"1"。

因此，MCS-51 单片机的串行通信口是不能直接输出或接收 RS-232 标准的串行通信信号的，而必须进行相应的信号电平和逻辑转换。通常采用专门的信号接口电平转换芯片 MAX232。

MAX232 芯片是 Maxim 公司开发生产的一种低功耗、单电源、双通道 RS-232 接收/发送器，可以实现 TTL 电平和 RS-232 电平之间的转换。MCS-51 单片机和 MAX232 之间的硬件连线方式如图 9-11 所示。

2. 采用 USB 接口形式

RS-232 标准主要用于工业场合的串行通信，以及以前的 PC 与外围设备的串行通信。现在的商用 PC 已经基本不再提供 RS-232 接口，而是更多地采用 USB 接口。有关 USB 接口的相关基础知识，可参阅下面的【拓展知识 2】。

MCS-51 单片机也可以通过其自带的串行通信接口，并和相应的外围芯片配合，实现基于 USB 接口的串行通信。考虑到 MCS-51 单片机作为 8 位单片机的数据处理能力，MCS-51 单片机应用较多的是基于 USB 2.0 标准的 USB 通信。

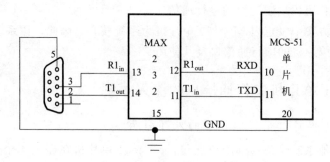

图 9-11　MCS-51 单片机 RS-232 接口连线示意图

在 MCS-51 单片机应用系统中，通常使用 CH340 协议转换芯片，实现对外的 USB 通信接口。CH340 和 MCS-51 单片机连接关系通常如图 9-12 所示。

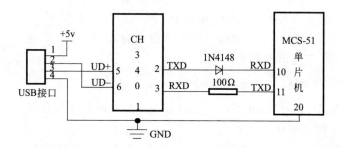

图 9-12　MCS-51 单片机和 CH340 连接关系示意图

拓展知识 2

USB 接口的相关基础知识

USB 是英文 universal serial bus 缩写，中文名称为通用串行总线。USB 标准自推出，先后发展出了 USB 1.0、USB 2.0、USB 3.0、USB 4.0 等不同版本。现在应用较多的是 USB 2.0 和 USB 3.0 版本，其中：

（一）USB 2.0 标准

1. USB 2.0 标准的引脚定义

USB 2.0 标准使用半双工串行通信方式，最高传输速率可达 480Mbps，实际传输速率在 50Mbps 上下，有效通信距离 3～5m。USB 2.0 标准采用 4 根连接线完成设备之间的连接，如表 9-1 所示。

表 9-1　USB 2.0 引脚定义一览表

引脚序号	引脚名称	功能说明	接线颜色
1	$V_{CC}+$	+5V 电源	红色
2	DATA−	数据线负极	白色
3	DATA+	数据线正极	绿色
4	GND	接地线	黑色

USB 2.0 标准采用主从通信方式，主设备可以通过 USB 接口向 USB 线连接的从设备提供 5V 电压、500mA 电流。

2. 常见的 USB 2.0 接口形式

(1) 4 针 mini B 型接口

4 针 mini B 型接口是常用的 USB 接口之一，早期的打印机、扫描仪等计算机外围设备多采用这种接口形式，其外形如图 9-12 所示。

图 9-12 4 针 mini B 型 USB 接口

图 9-13 5 针 mini B 型 USB 接口

(2) 5 针 mini B 型接口

5 针 mini B 型接口是使用较多的一种 USB 接口，比如很多的移动硬盘、早期的手机充电接口等均采用这种形式的 USB 接口。其外形如图 9-13 所示。

5 针 mini B 型 USB 接口，遵循 USB 2.0 标准，但在 USB 2.0 标准连线的基础上增加了一个新的 ID 引脚和连线，其引脚定义如表 9-2 所示。

表 9-2 5 针 mini B 型接口引脚定义一览表

引脚序号	引脚名称	功能说明	接线颜色
1	$V_{CC}+$	+5V 电源	红色
2	DATA−	数据线负极	白色
3	DATA+	数据线正极	绿色
4	ID	主、从设备识别	
5	GND	接地线	黑色

其中，增加的第 4 引脚 (ID)，用来实现 USB 设备的 on-the-go(OTG) 功能，用于在没有电脑等设备的情况下，不同 USB 接口设备之间的数据传输，比如手机和打印机之间通过 USB 数据线直接相连，将手机中的照片不通过电脑在打印机上直接打印。具体来说，在没有电脑的情况下，5 针 mini B 型接口的第 4 引脚 ID 接地（相当于 ID=0），表示该设备在系统中充当的是主设备，5 针 mini B 型接口的第 4 引脚 ID 悬空（相当于 ID=1），表示该设备在系统中充当的是从设备。

(3) micro USB 型接口

micro USB 型 USB 接口是 miniB 型 USB 接口的一个便携版本，厚度更薄、体积更小，micro USB 支持 OTG，和 Mini-USB 一样，也是 5 针的，并采用了不锈钢外壳，以支持更多的插拔次数。由于大多数的安卓手机都是用这种类型的 USB 口作为充电接口和数据传输接口，micro USB 型 USB2.0 接口也被称作安卓接口。micro USB 型 USB2.0 接口的外形如图 9-14 所示。

(4) type-C 型 USB 接口

上述 USB 接口的 B 型接口具有防错插功能，接口具有方向性，这给用户的使用带来了一定不便。于是一种两面通插的 USB 接口类型——type C 应运而生，大大方便了用户的使用，同时 type-C 接口基于 USB3.1 标准进行数据传输，并兼容 USB2.0 标准，数据传输速度最高可达到 10Gbps，供电能力最高能达到 100W。type-C 接口的外观如图 9-15 所示。

图 9-14　micro USB 型 USB 接口外形图　　　图 9-15　type-C 型 USB 接口外观示意图

type-C 口共定义了 4 对 TX/RX 分线，2 对 D+/D-，一对 SBU，2 个 CC，另外还有 4 个 VBUS 和 4 个地线，总共 24 个引脚。

(二) USB3.0 标准

1. USB 3.0 标准概述

USB 3.0 在 USB 2.0 标准的基础上做了增强，也被称为 super speed USB，相对于 USB 2.0 标准，USB 3.0 标准提供了如下几项功能。

① 更高的传输速率——高达 5Gbps 全双工（USB 2.0 为 480Mbps 半双工）。

② 更好的电源管理。

③ 主机能够通过 USB 口提供更大功率的驱动力，能够驱动较大功耗的充电电池、LED 照明和 "迷你" 风扇等外围设备。

④ 更快的器件识别能力。主机能够更快识别 USB 口连接的外围器件。

⑤ 更高的数据处理效率。

2. USB 3.0 标准的引脚定义

为了增强 USB 2.0 的功能，USB 3.0 标准扩展了 USB 2.0 标准的引脚定义，将引脚数量从 USB 2.0 标准的 4 个扩展到了 9 个，具体定义如表 9-3 所示。

表 9-3　9 针 USB 3.0 引脚定义一览表

引脚序号	引脚名称	功能说明	接线颜色
1	$V_{CC}+$	+5V 电源	红色
2	DATA-	数据线负极	白色
3	DATA+	数据线正极	绿色
4	GND	接地线	黑色
5	SSRX-	差分接收数据线负极	蓝色
6	SSRX+	差分接收数据线正极	黄色
7	GND_DRAIN	屏蔽线	
8	SSTX-	差分发送数据线负极	紫色
9	SSTX+	差分发送数据线正极	橙色

从表 9-3 可以看出，USB 3.0 标准的前 4 个引脚完全兼容 USB 2.0 标准的引脚，因此，USB 3.0 标准也可以当作 USB 2.0 标准接口使用。

3. USB 3.0 标准的接口形式

由于 USB 3.0 标准的接口引脚较多，其接口的外观看起来更加扁平，线缆更为粗壮，并且为了和 USB 2.0 标准的接口相区分，USB3.0 接口常采用蓝色塑料接口（USB 2.0 接口常常为黑色或者白色）。USB 3.0 标准的 USB 接口外观如图 9-16 所示。

图 9-16 USB 3.0 标准的接口形式

（三）USB 4.0 标准简介

USB 4.0 是 USB 协议的最新标准，通过对 USB 3.0 标准的改进，USB 4.0 标准具有了如下功能：

① 最高传输速率达 40GbPs，是 USB 3 最新版本的两倍。

② 完全兼容 Intel 公司的 thunderbolt（即常说的"雷电接口"）3，能同时支持高速数据传输和视频/音频传输。

③ 统一采用 type-C 接口，设备和线缆的兼容性更强。

总之，即将开始普及的 USB 4.0 标准，可以使我们更为便利的实现计算机与各种外围设备的相互连接，和更高的数据传输速率。

二、项目硬件电路设计

请在上述单片机串行通信相关知识和以前项目实现的基础上，自行完成本项目硬件电路设计，并撰写本项目的硬件设计说明书。

也可扫码参阅随本教材提供的硬件设计参考方案。

项目九
硬件电路设计参考
方案

任务三 系统控制程序的编写

一、系统控制程序的编写分析

仔细分析本项目控制程序的功能需求，并对比本书前面项目的控制程序可知本项目控制程序实现的关键在于：通过单片机的串行通信口接收远程的控制命令，并对接收到的命令进行分析，进一步根据命令分析结果，调整交通灯的通行时间设置或者当命令格式不正确时，返回错误信息。

二、系统控制程序实现的关键知识学习

（一）MCS-51 单片机串行通信口的内部结构

单片机串行通信控制程序和串行通信口的硬件结构密切相关，因此，编写单片机串行通信的控制程序必须了解单片机串行通信口的硬件结构。

以 MCS-51 单片机为例，其串行通信口的内部硬件结构如图 9-17 所示。

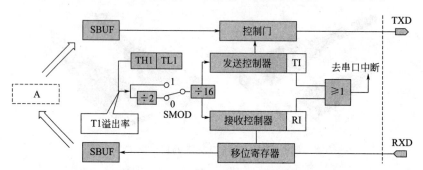

图 9-17 MCS-51 单片机串行通信口内部结构示意图

从图 9-17 可以看出：

① MCS-51 单片机串行通信口发送的数据来源于单片机的累加器 A，串行通信口接收到的数据也会传送到累加器 A 中处理。

② 在 MCS-51 单片机串行通信口的信息接收端和发送端各有一个缓冲器，并且两个缓冲器名称相同，均为 SBUF，实际上这两个缓冲器使用的内存地址也是相同的。但由于一个是数据接收的缓冲，一个是数据发送的缓冲，使用过程中并不会冲突。二者的数据传输方向不同：当控制程序写数据到 SBUF 时，使用的就是数据发送缓冲，当控制程序从 SBUF 中读数据到累加器时，使用的是数据接收缓冲。

③ 在数据的接收端设置了两级缓冲，一级是移位寄存器，一级是 SBUF。

④ 在串行通信过程中，通过定时器 T1 控制数据传输的波特率。

⑤ 串行通信口内部的发送控制器和接收控制器，分别会产生发送中断 TI 和接收中断 RI。

（二）MCS-51 单片机串行通信口的控制

MCS-51 单片机串行通信口的工作主要受到以下两个特殊功能寄存器控制。

1. 串行控制寄存器（SCON）

串行控制寄存器（SCON）是 MCS-51 单片机中用来控制串行通信口工作的 8 位寄存器，其每一位的定义如表 9-4 所示。

表 9-4 SCON 寄存器位功能定义

类别	7	6	5	4	3	2	1	0
功能定义	SM0	SM1	SM2	REN	TB8	RB8	TI	RI

上述每一位的功能说明如下。

（1）SM0 位和 SM1 位

SM0 和 SM1 是 MCS-51 单片机串行通信口的工作方式选择位。用于在 4 种不同工作方

式中选择所需的串行通信口工作方式,MCS-51 单片机定义的 4 种串行通信口工作方式如表 9-5 所示。

表 9-5　MCS-51 单片机串行通信口的 4 种工作方式

SM0	SM1	方式	说明	波特率
0	0	0	移位寄存器	$f_{osc}/12$
0	1	1	10 位异步收发器(8 位数据)	可变
1	0	2	11 位异步收发器(9 位数据)	$f_{osc}/64$ 或 $f_{osc}/32$
1	1	3	11 位异步收发器(9 位数据)	可变

(2) SM2 位

SM2 是 MCS-51 单片机串行通信口的多机通信控制位,主要用于串行通信口工作方式 2 和工作方式 3 下的多机通信。具体如下:

当接收机的 SM2=1 时,可以利用收到的 RB8 来控制是否激活 RI:RB8=0 时不激活 RI,收到的信息丢弃;RB8=1 时,收到的数据进入 SBUF,并激活 RI,进而在中断服务中将数据从 SBUF 读走。

当 SM2=0 时,无论收到的 RB8 是 0 还是 1,均可以使收到的数据进入 SBUF,并激活 RI(即此时 RB8 不具有控制 RI 激活的功能)。

也就是说,通过将 SCON 寄存器的"SM2"位的值设置成"1",可以实现多机通信;如果将 SCON 的"SM2"位的值设置成"0",则不能实现多机通信。因此,通过设置 SM2 这一寄存器位,可以控制 MCS-51 单片机的串行通信口是否处于多机通信状态。

多机通信的相关基础知识见下面的【拓展知识 3】

在 MCS-51 单片机的串行通信口工作于方式 0 和方式 1 时,必须将 SCON 寄存器的"SM2"位的值设置成"0"。

(3) REN 位

是串行接收允许位,该位的值为"1",表示允许串行接收;该位的值为"0",表示禁止串行接收。REN 寄存器位主要用于串行通信口在工作方式 0 时,控制串行通信口的数据接收功能。

(4) TB8 位

在方式 2 或方式 3 中,是发送数据的第 9 位,可以用软件规定其作用:可以用作数据的奇偶校验位,或在多机通信中作为地址帧/数据帧的标志位。

在方式 0 和方式 1 中,该位未用。

(5) RB8 位

在方式 2 或方式 3 中,是接收到数据的第 9 位,作为奇偶校验位或地址帧/数据帧的标志位。在方式 1 时,若 SM2=0,则 RB8 是接收到的停止位。

(6) TI 位

发送中断标志位。在方式 0 时,当串行发送第 8 位数据结束时或在其他方式串行发送停止位的开始时,由内部硬件置 T1 为"1",向 CPU 发中断申请。在中断服务程序中,必须用软件将其清 0,取消此中断申请。

(7) RI 位

在方式 0 时,当串行接收第 8 位数据结束时或在其他方式串行接收停止位的中间时,由内部硬件置 RI 为 "1",向 CPU 发中断申请。也必须在中断服务程序中,用软件将其清 0,取消此中断申请。

2. 电源管理寄存器(PCON)

电源管理寄存器在特殊功能寄存器(SFR)中,字节地址为 87H。PCON 用来管理单片机的电源部分,包括上电复位检测、掉电模式等。PCON 寄存器的每位定义如表 9-6 所示。

表 9-6 PCON 寄存器位功能定义

类别	7	6	5	4	3	2	1	0
功能定义	SMOD	SMOD0	LVDF	POF	GF1	GF0	PD	IDL

下面详细了解上述寄存器每一位的使用方法。

(1) SMOD 位

该位也称为波特率倍增位,主要用于 MCS-51 单片机串行通信口工作方式 1、工作方式 2、工作方式 3,具体是:SMOD=0 时,波特率正常;SMOD=1 时,波特率加倍。

(2) GF1 位、GF0 位

这是两个通用工作标志位,用户可以自由使用。类似于 MCS-51 单片机 PSW 寄存器的用户标志位 F0。

(3) PD 位

这是 MCS-51 单片机的掉电模式设定位。具体含义是:

PD=0 单片机处于正常工作状态;

PD=1 单片机进入掉电(power down)模式,可由外部中断或硬件复位唤醒。进入掉电模式后,外部晶振停振,CPU、定时器、串行通信口全部停止工作,只有外部中断工作。

(4) IDL 位

这是 MCS-51 单片机的空闲模式设定位。具体使用方法是:

IDL=0 单片机处于正常工作状态;

IDL=1 单片机进入空闲(idle)模式,除 CPU 不工作外,其余仍继续工作,在空闲模式下可由任意一个中断或硬件复位唤醒。

电源管理寄存器(PCON)不能位寻址,单片机复位时 PCON 各位全部被清 0。

(三)MCS-51 单片机串行通信口的 4 种工作方式

(1) 工作方式 0

方式 0 为同步移位寄存器输入/输出方式,常用于扩展 I/O 口。串行通信口工作于方式 0 时,SCON 寄存器的 SM2 位(即 SCON 寄存器的第 5 位)必须为 0。

串行数据通过 RXD 输入或输出,而 TXD 用于输出移位时钟,作为外接部件的同步信号,此时 TXD 所输出时钟的频率为单片机时钟频率的 1/12。

MCS-51 单片机串行通信口的工作方式 0 不适用于两单片机之间的直接通信,但可以通过外接移位寄存器来实现单片机的接口扩展,电路连接如图 9-18 所示。

图 9-18 中:74LS164 是同步移位寄存器芯片,图示电路在单片机 TXD 所输出时钟节拍控制下,74LS164 移位寄存器可以将单片机 RXD 引脚串行输出的 8 位数据,通过移位转换为从移位寄存器 $Q_0 \sim Q_7$ 共 8 个引脚并行输出的数据,相当于为单片机扩展了一个 8 位的并行输出端口。

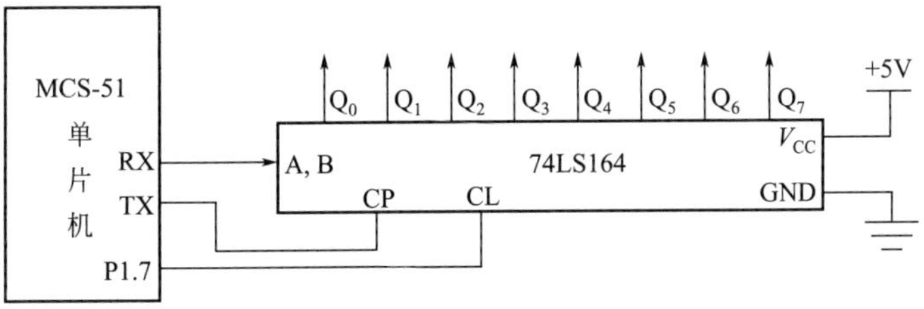

图 9-18 单片机串行通信口扩展并行接口示意图

也可以使用 MCS-51 单片机串行通信口的工作方式 0 和移位寄存器芯片 74LS165 配合的方式，为单片机扩展一个 8 位的并行输入端口，电路连接如图 9-19 所示。

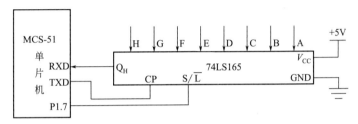

图 9-19 MCS-51 单片机串行扩展并行输入口示意图

图 9-19 中的 74LS165 为并行输入、串行输出的移位寄存器，在时钟脉冲的控制下，可以将 A、B、C、D、E、F、G、H 共 8 个引脚并行输入的 8 位二进制数据，通过 Q_H 引脚串行输出。MCS-51 单片机的串行通信口在工作方式 0 模式下，当 SCON 寄存器的"REN"位为"1"时，与 74LS165 移位寄存器配合，就可以将 8 位并行输入到移位寄存器的数据串行输入到单片机中，相当于通过单片机的串行通信端口为单片机扩展了一个 8 位的并行输入端口。

在用 MCS-51 单片机串行通信口的工作方式 0 扩展并行输入口时，每当 RXD 引脚串行输入 8 位二进制数据时，会自动产生串行输入口接收中断，从而通知单片机 CPU 8 位数据输入完毕。

（2）工作方式 1

当 MCS-51 单片机的 SCON 寄存器"SM0"和"SM1"两位的值分别被设置成"0"和"1"时，MCS-51 单片机的串行通信口将工作于方式 1。工作方式 1 为真正的串行通信工作方式，在此工作方式下，单片机的 RXD 引脚（即 P3.0 引脚）用于数据的串行接收，TXD 引脚（即 P3.1）引脚用于数据的串行发送。

在工作方式 1 下，MCS-51 单片机串行通信口的通信模式为异步、全双工串行通信模式，一个数据帧由 10 位二进制数据位组成，包括 1 位起始位，8 位数据位，1 位停止位，如图 9-20 所示

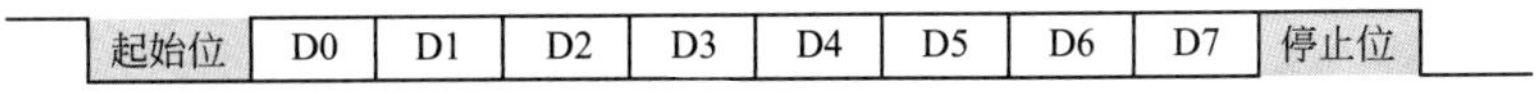

| 起始位 | D0 | D1 | D2 | D3 | D4 | D5 | D6 | D7 | 停止位 |

图 9-20 MCS-51 单片机串行通信口工作方式 1 数据帧格式组成示意图

需要注意的是：如图 9-20 所示，在 MCS-51 单片机的串行通信过程中，数据的传输是低位在前，高位在后，即一个字节的 D0 位先传输，再从低到高依次传输其他位，直到一个字节的最高位 D7 传输完毕。

在工作模式 1 下，MCS-51 单片机串行通信的波特率由定时器 T1 设定，计算方法见式 (9-1)：

$$波特率 = \frac{2^{\text{SMOD}}}{32} \times \frac{f_{\text{osc}}}{12} \times \frac{1}{256 - 计数初值} \qquad (9\text{-}1)$$

式中，SMOD 是特殊功能寄存器 PCON 中的最高位，SMOD 的值可以设定为"0"或者"1"；f_{osc} 是单片机系统所使用的晶体振荡器的频率。在串行通信过程中，为了得到准确的串行通信波特率，通常使用频率为 11.0592MHz 的晶体振荡器。即式（9-1）中 f_{osc} 的值通常为 11.0592MHz。

串行通信口工作在方式 1 时，应该让定时器 T1 工作在定时器工作模式 2，以便实现计数初值的自动重装。

（3）工作方式 2 和工作方式 3

MCS-51 单片机的串行通信口工作方式 2 和工作方式 3 以 11 位为 1 帧进行数据传输，包括 1 个起始位（0），8 个数据位，1 个附加第 9 位和 1 个停止位（1）。其帧格式见图 9-21。

| 起始 | D0 | D1 | D2 | D3 | D4 | D5 | D6 | D7 | D8 | 停止 |

图 9-21　MCS-51 单片机串行通信方式 2 和方式 3 数据帧格式示意图

数据发送时，附加第 9 位（D8）的值来自在 SCON 寄存器的 TB8 寄存器位，由控制程序根据需要置 1 或清 0。接收数据时，附加第 9 位（D8）的值送入接收端单片机 SCON 寄存器的 RB8 寄存器位中。

当 MCS-51 单片机串行通信口工作方式 2 和工作方式 3 用于双单片机点到点通信时，SCON 寄存器的 TB8 位通常用作通信过程中的奇偶校验位。在数据发送过程中，要发送的数据写入发送端 SBUF 后，SCON 寄存器的 TB8 位会被自动取出，放入 11 位数据帧的附加第 9 位（也就是 D8）发送出去。

MCS-51 单片机串行通信口工作方式 2 和工作方式 3 更多地用于单片机多机通信。此时，SCON 寄存器的 TB8 位通常用作通信过程中的地址/数据标志位：该位的值为"1"，表示发送的是地址；该位的值为"0"，表示发送的是数据。

MCS-51 单片机串行通信口工作方式 2 和工作方式 3 的主要区别在于，串行通信波特率的设定方式不同。具体如下：

工作方式 2 的波特率取决于 PCON 寄存器中 SMOD 位的值和单片机系统使用的晶振频率：SMOD=0 时，波特率为 f_{osc} 的 1/64；SMOD=1 时，波特率为 f_{osc} 的 1/32。在晶振频率和 PCON 寄存器中 SMOD 位的值都确定的情况下，工作方式 2 的通信波特率是固定不变的。

工作方式 3 的波特率则可通过定时器 T1 灵活设定。

拓展知识 3 ▶▶

单片机之间的多机通信

较为复杂的单片机应用系统中，常需在系统的不同位置使用不止一个单片机，并且不同位置的单片机之间需要交换信息，以便实现整个系统中不同控制节点之间的相互协调。在此情况下，就需要实现单片机之间的相互通信。

(一) 单片机之间的常见通信方式

根据通信过程中参与的单片机数量不同，单片机之间的通信方式可以分为点对点通信方式和多机通信方式。

(1) 点对点通信方式

单片机的点对点通信方式是指只有2个单片机参与的通信方式。如图9-22所示。

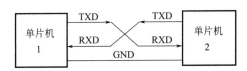

图9-22　单片机点对点通信示意图

如图9-22所示，2个单片机点对点通信时，只要把2个单片机的串行通信口收、发端口交叉相连，即可实现全双工的串行通信。

(2) 多机通信方式

多机通信是指数量多于2个的单片机之间的相互通信。单片机的多机通信常常采用总线连接的主、从通信方式，如图9-23所示。

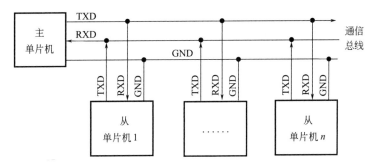

图9-23　多单片机主从通信方式示意图

如图9-23所示，在多单片机通信系统中，通常将其中的一个单片机作为通信过程中的主机，而将其余的单片机作为通信过程中的从机，并为每一个作为通信从机的单片机分配一个编号，称为从机的通信地址。

在主、从通信系统中，单片机之间的相互通信只能由主机发起，通信只能在主机和某个从机之间进行，从机和从机之间不能直接相互通信。如果两台从机之间需要交换信息，可以通过主机中转。比如图9-23中，从单片机1如果需要传输信息给从单片机2，则在主单片机和从单片机1通信过程中，从单片机1将要发送给从单片机2的信息发送给主单片机，而后主单片机发起和从单片机2的通信，将以前接收到的从单片机1的信息发送给从单片机2。

(二) 单片机之间多机通信的实现

MCS-51单片机之间的多机通信流程通常如下：

① 在参与通信的多个单片机中选定一个作为通信主机，其他单片机作为通信从机，并为每个从机设定串行通信口地址，以便实现单片机之间的主、从通信。

② 将各MCS-51单片机串行通信口的工作方式设定为工作方式2或者工作方式3，以便实现多机通信。

③ 对于各从机，先设置 SCON 寄存器 SM2 位的值为"1"，处于只接收 11 位数据帧的附加第 9 数据位（D8）为"1"的状态。

④ 指定为主机的单片机，以附加第 9 数据位（D8）为"1"的形式发送一个字节到全部的从机。此时发送的字节数据为接下来要与主机通信的从机单片机串行通信口地址。

⑤ 各从机把收到的字节数据与本机预先设定的串行通信口地址对比，应该只有一台从机的串行通信口地址和接收到的地址相同。

⑥ 串行通信口预先设定地址和接收到的通信地址相同的从机，即主机指定的通信从机，此时可以把 SCON 寄存器的 SM2 位的值设为"0"，此后，它就可以和主机进行双机通信。

⑦ 在主机和该从机双机通信时，应该把 11 位数据帧的附加第 9 位（D8）设置为"0"的形式，以免被其他从机窃听。

⑧ 当通信从机收到主机发来的表示结束通信的字节时，再把 SCON 寄存器的 SM2 位设置为"1"，通信结束。

（四）程序编写前的准备工作

在具体编写 MCS-51 单片机串行通信口控制程序之前，需要先做一些准备工作，主要包括：

① 如果是多机通信，要首先确定通信过程中的主机和从机，并为从机分配串行通信口地址。

② 在使用 MCS-51 单片机串行通信口的工作方式 1 和工作方式 3 时，要根据确定的通信波特率，计算好定时器 T1 的计数初值。由式（9-1）可得

$$计数初值 = 256 - \frac{2^{\text{SMOD}} f_{\text{soc}}}{32 \times 12 \times 波特率} \tag{9-2}$$

由于按照式（9-2）计算定时器 T1 的计数初值比较复杂，对应常用晶振频率和串行通信波特率的计数初值可以直接查询表 9-7 和表 9-8。

表 9-7 MCS-51 单片机串行通信常用计数初值一览表（SMOD=1）

波特率	晶振频率/MHz	计数初值	波特率	晶振频率/MHz	计数初值
1200	6	E6H	1200	11.0592	D0H
2400	6	F3H	2400	11.0592	E8H
4800	6	F9H	4800	11.0592	F4H
9600	6	FDH	9600	11.0592	FAH
19200	6	FEH	19200	11.0592	FDH
1200	12	CCH	62500	11.0592	FFH
2400	12	E6H			
4800	12	F3H			
9600	12	F9H			
19200	12	FDH			
62500	12	FFH			

表 9-8 MCS-51 单片机串行通信常用计数初值一览表（SMOD=0）

波特率	晶振频率/MHz	计数初值	波特率	晶振频率/MHz	计数初值
1200	6	F3H	1200	11.0592	E8H
2400	6	F9H	2400	11.0592	F4H
4800	6	FDH	4800	11.0592	FAH
9600	6	FEH	9600	11.0592	FDH
19200	6	FEH	19200	11.0592	FFH
1200	12	E6H			
2400	12	F3H			
4800	12	F9H			
9600	12	FDH			
19200	12	FEH			

为了保证得到的定时器计数初值尽量精确，尽可能减少串行通信过程中波特率的误差积累，MCS-51 单片机在串行通信过程中通常都是用频率为 11.0592MHz 的晶体振荡器，因此，大家重点关注表 9-7 和表 9-8 中晶振频率为 11.0592MHz 的计数初值即可。

（3）要约定好串行通信的具体命令

单片机系统之间的串行通信，通常都是不同单片机之间通过不同的命令交换所需要的信息，在此过程中，通信双方必须约定好命令的具体名称、命令格式、参数含义，这样，通信双方才能正确地交换信息。

在实际的单片机应用系统控制程序中，需要严格按照约定好的命令，发送相应的信息，信息接收端则需要根据约定好的命令格式，对串行通信口接收到的信息进行分析。

（五）MCS-51 单片机串行通信中断信息处理流程

MCS-51 单片机的串行通信口中断实际包含了两个中断：数据发送中断 TI 和数据接收中断 RI。因此，MCS-51 单片机串行通信口中断的处理，首先需要判断是数据发送中断还是数据接收中断，并根据判断结果进行不同的处理。处理流程如图 9-24 所示。

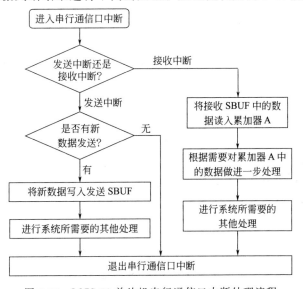

图 9-24 MCS-51 单片机串行通信口中断处理流程

三、系统控制程序的编写

根据所学习的相关知识，可将项目控制程序划分成多个模块，根据图 9-24 所示 MCS-51 单片机串行通信口中断的处理流程图，画出每个模块的流程图，以便提高程序编写的效率。

在理清每个模块的程序编写思路后，可以采用汇编语言也可以采用 C51 语言编写本项目的控制程序。

（一）系统控制程序的汇编语言实现

与本项目硬件电路设计参考方案相对应的一种汇编语言参考程序，可以扫描左边的二维码获取。

项目九
汇编语言参考程序

摘录参考程序中"串行通信""命令分析""发送命令出错信息"功能模块的参考程序，注释讲解如下：

(1) "串行通信"功能模块汇编语言程序参考

```
/****************************************************/
/*接收串行口数据子程序                                 */
/*约定命令长度为3个字节                                */
/*单片机作为下位机,不主动发送数据,此处只处理接收中断   */
/****************************************************/
Serial_comm:
        JB RI,RECEIVE        ;如果是串行通信接收中断,转去处理
        SJMP L6
RECEIVE: CLR RI              ;清除接收中断标志
        MOV A,SBUF           ;从接收 SBUF 读取接收到数据到累加器 A
        MOV @R1,A            ;将接收到的数据存入接收命令存储区
        DJNZ R2,L5           ;如果一条命令没有接收完整,则转移到 L5 语句
        LCALL CMD_PROCESS    ;一条命令接收完整,调用命令分析程序模块
        MOV R2,#3            ;重置命令字节计数器
        MOV R1,#50H          ;重置命令存储器首地址,为接收下一条命令做准备
        SJMP L6
    L5: INC R1               ;一条命令没有接收完整时
                             ;每接收一个字节,将接收命令字节数计数器+1
    L6: RETI                 ;退出串行接收中断处理子程序
```

(2) "命令分析"功能模块汇编语言程序参考

```
/****************************************************/
/*串行口接收到命令分析处理子程序                       */
/*约定命令两条,命令长度3个字节,                        */
/*两条命令分别为:SN+秒数和 EW+秒数                     */
/****************************************************/
CMD_PROCESS:
        MOV R1,#50H          ;指向命令存储区首地址
        MOV A,@R1            ;取出命令的第一个字节
        CJNE A,#'E',L10      ;判断第一个字节是否字符'E',若不是转 L10 语句
```

```
            INC R1
            MOV A,@R1              ;取出命令的第二个字节
            CJNE A,#'W',L11        ;判断第二个字节是否字符'W',若不是则命令出错
            INC R1
            MOV A,@R1              ;取出命令的第三个字节,为设定的时间秒数
            MOV EW_TIME,A          ;更新东西方向的通行时间设定
            MOV EW_TIME_BACK,A
            SJMP L12
      L10:  CJNE A,#'S',L11        ;判断第一个字节是否字符'S',若不是,则命令出错
            INC R1
            MOV A,@R1              ;取出命令的第二个字节
            CJNE A,#'N',L11        ;判断第二个字节是否字符'N',若不是,则命令出错
            INC R1
            MOV A,@R1              ;取出命令的第三个字节,为设定的时间秒数
            MOV SN_TIME,A          ;更新南北方向的通行时间设定.
            MOV SN_TIME_BACK,A
            SJMP L12
      L11:  LCALL send_error_message  ;如果命令出错,则返送命令出错信息
      L12:  RET
```

（3）"发送命令出错信息"功能模块汇编语言程序参考

```
/******************************************/
/*发送命令错误信息子程序                    */
/*用于当串口接收到命令格式错误时,返回错误提示信息 */
/*返送信息为:The Command Error              */
/******************************************/
send_error_message:
            MOV DPTR,#1600H        ;指向错误信息数据表首地址
            MOV R0,#0
LOOP1:      MOV A,R0
            MOVC A,@A+DPTR         ;查表得到要发送的字符
            MOV SBUF,A             ;将要发送的字符写入串行口发送 SBUF
            jnb ti,$               ;等待一个字符发送完毕产生发送中断
            clr ti                 ;清除发送中断标志
            INC R0                 ;指向要发送的下一个字符
            CJNE R0,#17,LOOP1      ;判断命令出错信息字符是否发送完毕,
                                   ;没有全部发送完毕,则发送下一个字符
                                   ;如果全部发送完毕,则退出子程序
            Ret
;命令错误信息数据表定义
      ORG 1600H
      DB "T','h','e',' ','C','o','m','a','n','d',' ','E','r','r','o','r'
```

对于上述汇编语言参考程序，要注意体会单片机串行通信口接收信息的存储和使用方法，也要注意 MCS-51 单片机串行通信口发送字节信息的方法。

（二）系统控制程序的 C51 语言实现

当然，本项目的控制程序也可以用 C51 语言编写，对应本项目硬件设计参考方案，相应的 C51 语言参考程序请扫描左侧二维码获取。

项目九
C51 语言参考程序

仔细阅读本项目 C51 语言参考程序可以发现，相对本书项目八的 C51 语言程序，本项目参考控制程序中主要增加了 2 点新知识：

1. C51 语言结构类型数据的定义和使用

同标准 C 语言类似，C51 语言也支持构造数据类型的定义和使用，常用的构造数据类型包括数组类型和结构类型，二者的主要区别在于：

数组类型的各元素成员必须是同一种数据类型，比如定义一个包含 10 个成员元素的整型数组 int test_array[10]，则该数组的 10 个成员元素的数据类型必须同为整型。而结构数据类型的成员元素则可以属于不同的数据类型，从而更加方便对自然界不同事物的描述。

（1）C51 语言中结构数据类型的定义方法

C51 语言中以关键字 struct 定义结构类型，并可在结构体内根据需要定义多个不同数据类型的成员。比如本项目参考程序中定义的结构数据类型：

```
struct direction_time {
    unsigned char direction[2];
    int time_value;
};
```

上述定义的含义是：定义了一个名为 direction_time 结构的数据类型，该数据类型含两个成员变量，分别是 unsigned char 类型的数组成员变量 direction 和 int 类型的成员变量 time_value。

（2）C51 语言中结构数据类型的使用

定义好的结构数据类型，可以像其他数据类型一样使用。具体使用步骤是：

首先，定义该结构数据类型的变量；

而后，通过圆点标点符号引用结构数据变量的成员变量。

比如，按照上述方法定义好结构数据类型 direction_time 后，就可定义该数据类型的变量，方法如下：

```
direction_time sn_time,ew_time;
```

上述语句就定义了 2 个 direction_time 结构数据类型的变量，变量名称分别为 sn_time 和 ew_time。

如果要给 sn_time 变量的成员赋值，方法如下：

```
sn_time.direction[0] = 'S';
sn_time.time_value = 35;
```

也可以引用结构数据类型变量的成员变量，并赋值给其他同类型的变量，比如：

```
int num;
num = ew_time.time_value;
```

注意上述语句中对结构成员变量的引用方法：通过变量名和其成员变量之间的圆点引用结构类型变量的成员变量。

2. C51 语言中多分支程序的实现

在单片机应用系统的控制程序中，有时会遇到多个并行分支，此时可以使用 C51 语言提供的 switch-case 语句，以同时实现程序的多个分支。具体可参阅扫码获取的 C51 参考程序。

任务四　项目控制程序的调试

串行通信收、发程序的调试需要串行通信口数据发送和接收过程配合。Keil 程序开发平台作为一个纯软件的程序开发平台，并不能直接模拟串行通信的数据发送和接收过程，因此，串行通信程序的仿真调试，必须有串行通信口模拟程序和 Keil 平台相互配合才能完成，而串行通信程序的最终调试和功能验证，则需要有实际的硬件电路板配合。下面，我们就来具体学习串行通信程序的调试过程。

（一）串行通信程序的常用模拟调试工具

在专门的工具软件的配合下，可以进行串行通信数据发送和接收程序的仿真模拟调试。常用工具软件主要包括：

（1）串口模拟软件

现在的商用电脑，尤其是笔记本大都不再配置传统的串行通信口，所以无法完成传统串行通信口的数据收、发过程。而专门的串口模拟软件则可以用来模拟数据通过串行通信口的发送和接收过程，再配合其他工具软件，就可以用于串行通信程序的模拟调试。

一种典型的常用串口模拟软件（Virtual Serial Port Driver，VSPD）是由软件开发公司 Eltima 开发的一款串口通信模拟软件。该软件能够在普通电脑上模拟出多对串行通信口，并仿真串行通信口的数据收发过程。

VSPD 软件先后发展出了多个版本，由于应用较广，国内也有中文的软件版本。某版本 VSPD 的运行界面如图 9-25 所示。

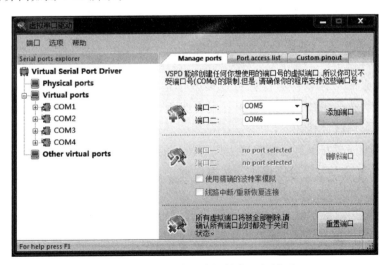

图 9-25　VSPD 串口虚拟软件运行界面

当然，也可以选用其他的串口虚拟软件进行串行通信程序的仿真调试。

（2）程序编辑和运行平台

串行通信程序需要在相应的程序开发平台上运行和调试。因此，串行通信口的调试需要有相应的程序编写、修改、运行和调试平台。对于 MCS-51 系列单片机串行通信口的调试，常用的软件开发平台包括 Keil 和 Proteus。

(3) 发送数据输入和接收数据显示软件

为了提高程序调试的直观性和调试效率，单片机串行通信程序的调试，通常还需要相应的串口调试助手程序，以便直观地完成发送数据的输入和接收数据的显示。串口调试助手程序很多，普中科技公司开发的某版本串口调试助手程序运行界面如图 9-26 所示。

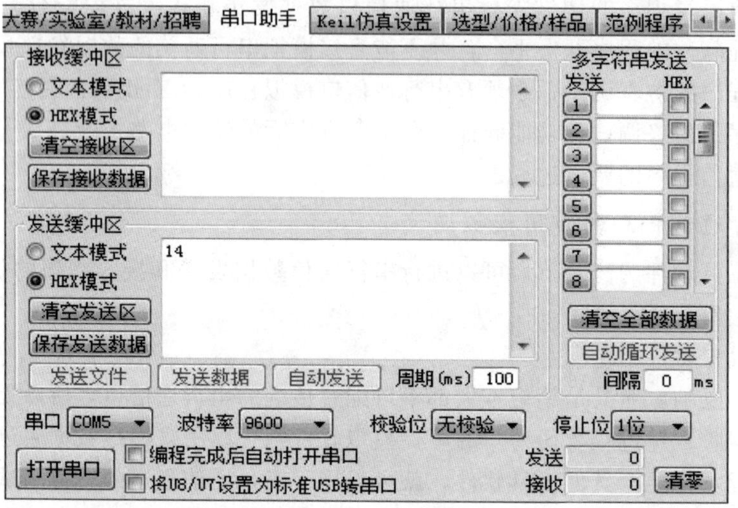

图 9-26　某版本串口助手程序运行界面

通过上述串口助手程序，可以方便地设置串口的工作参数（比如帧格式、通信波特率等）、输入要发送的数据，并可直观地显示串行通信口收到的信息，可以为串口的仿真调试带来很大的方便。

当然，也可以选择其他串口调试助手程序，甚至自己动手编写所需要的串口调试助手程序。

(二) 串行通信程序的模拟调试过程

有了上述相应的工具软件后，就可以高效率地进行串行通信程序的调试。以 VSPD、Keil 和上述普中科技的串口调试助手相互配合为例，在没有对应硬件电路板的情况下，串行通信程序的仿真调试过程如下：

第一步：初步编写好串行通信程序生成可执行的串行通信程序。

利用 Keil 平台输入串行通信程序，并编译通过，生成可供仿真执行的程序。如图 9-27 所示。

第二步：运行串口虚拟软件，虚拟出程序调试用的串口。

运行串口虚拟软件 VSPD，虚拟出一对虚拟的串行通信口，以便仿真调试串行通信程序使用。如图 9-28 所示。

需要注意的是：串行通信需要在一对端口间完成，因此利用 VSPD 软件创建虚拟端口时，是一对端口一对端口地创建，同时选择好图 9-28 中的"端口一"和"端口二"后，再点击"添加端口"按钮，创建一对虚拟串行通信端口。

创建完成后的端口对如图 9-29 所示。

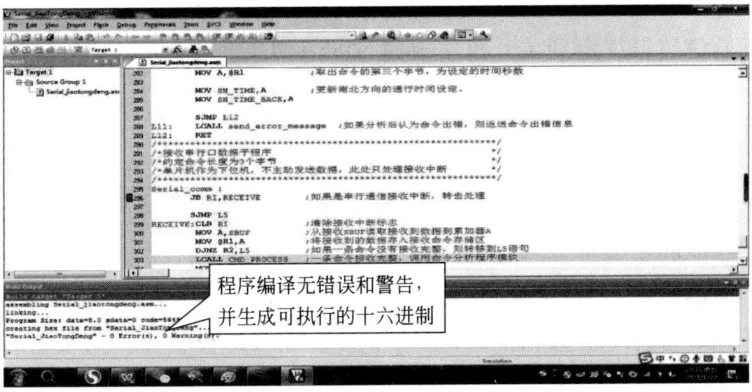

图 9-27 利用 Keil 平台生成可执行串行通信程序

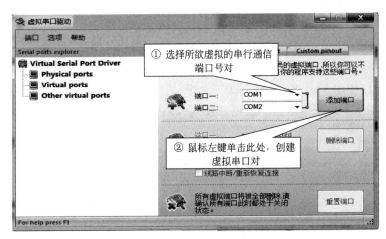

图 9-28 利用 VSPD 创建虚拟端口

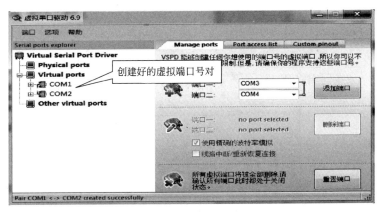

图 9-29 创建好的虚拟串行通信端口

第三步：将虚拟出的串行通信端口绑定到单片机上。

创建虚拟串行通信端口的目的在于模拟单片机和调试计算机之间的串行通信过程，以便验证所编写的单片机串行通信程序功能是否正常。因此，必须将创建好的虚拟端口对中，一个端口绑定到单片机上，一个端口绑定到调试计算机上，并设置好相应的串行通信参数，从而仿真模拟调试计算机和单片机之间的串行通信过程。

将虚拟串行通信端口绑定到单片机主要通过如下两条命令：

MODE 端口号,波特率,校验位长度,数据位长度,停止位长度

ASSIGN 端口号 <SIN> SOUT

其中，第一条命令 MODE 用来设定单片机串行通信口的通信参数，第二条命令 ASSIGN 用来将相应虚拟端口绑定到单片机上。串行通信口通信参数的设置，要和所编写的单片机串行通信程序中的参数设置相一致。

比如，想将虚拟的串行通信口 COM1 绑定到单片机上，并将通信参数设置为波特率 9600，数据帧格式设置为 8 位数据位、1 位停止位、无数据校验位，则相应的命令如下：

MODE COM1,9600,0,8,1

ASSIGN COM1 <SIN> SOUT

设置好参数的虚拟串口，绑定到单片机的具体过程和所用的程序开发平台有关，以 MCS-51 单片机程序开发常用的 Keil 平台为例，具体绑定过程为：

① 编写工程对应的 DEBUG.ini 文件，并保存到工程文件中。

DEBUG.ini 文件内容就是前述的两条指令，文件的编辑可以用 Windows 系统自带的记事本完成，也可以使用 Keil 平台编写完成。如图 9-30 所示。

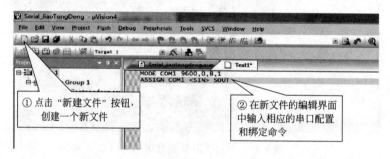

图 9-30　利用 Keil 平台编辑 DEBUG.ini 文件

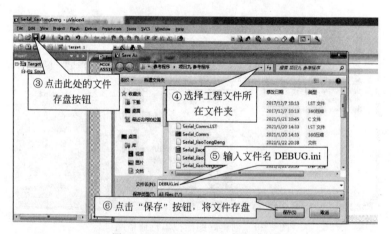

图 9-31　DEBUG.ini 文件的存盘

如图 9-31 所示，将编辑后的 DEBUG.ini 文件正确存盘后，应能在相应的 Keil 工程文件下找到刚编辑后存盘的 DEBUG.ini 文件，如图 9-32 所示。

② 设置工程对应的调试参数，具体方法如下：

项目九 交通灯控制器通行时间的远程设置 **207**

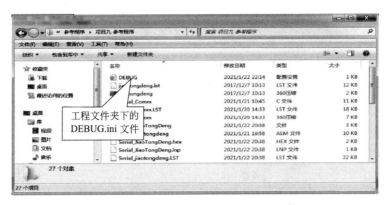

图 9-32 正确存盘后的 DEBUG.ini 文件

有了正确的 DEBUG.ini 文件后，就可以将虚拟的串口绑定到欲调试程序的单片机上，具体过程如图 9-33 所示。

图 9-33 虚拟串口参数绑定过程示意图

而后在弹出的操作界面中首先设定单片机系统所使用的晶体振荡器的振荡频率，如图 9-34 所示。

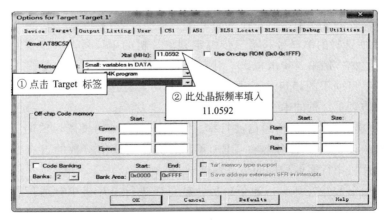

图 9-34 设定单片机应用系统的晶振频率

再选择 "Debug" 标签，设定工程的调试配置文件，如图 9-35 所示。

经过上述相关步骤后，就将虚拟的串行通信口 COM1 绑定在单片机上，并设置好相应的调试参数。

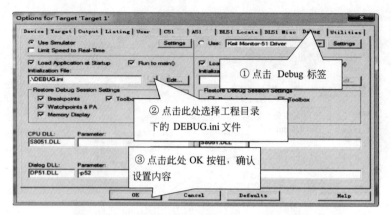

图 9-35　单片机应用系统调试初始化设置示意图

第四步：运行串口助手程序，验证单片机串口通信功能是否正常。

做好前述各项准备工作后，就可以打开串口助手程序，首先设置好相应的通信参数，如图 9-36 所示。

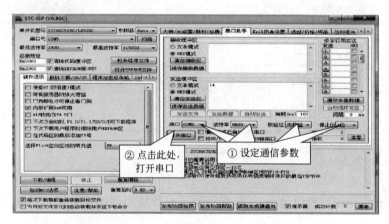

图 9-36　设置通信参数并打开串口示意图

在设置串口参数的过程中，需要注意的是：

① 串口助手所选择的串口号和第三步绑定到单片机的串口号，一定要同属于第二步虚拟出的串口对。比如本例第二步虚拟出一对串口 COM1 和 COM2，并在第二步将 COM1 绑定给单片机，则串口助手的串口号必须选择 COM2，只有这样，在仿真调试过程中，串口助手才能实现和仿真单片机的串行通信。

② 串口助手通信参数（包括通信波特率、数据帧格式）的设置，欲调试的单片机控制程序中通信参数的设置以及 Keil 软件 DEBUG.ini 文件中通信参数的设置三者必须完全一致，才能实现单片机串行通信程序的仿真调试。

在设置好通信参数并打开串行通信口后，就可以进行单片机串行通信程序的仿真调试了：打开 Keil 平台的程序调试功能，让编写的单片机控制程序全速运行，使用串口助手的数据发送功能，通过虚拟串口发送数据给单片机，查看单片机串行通信口能否正确接收数据。也可以在单片机控制程序中，使用串行通信口发送信息给串口助手，在串口助手中查看发送的信息是否正确。

如果经上述验证后，所编写的单片机串行通信程序工作正常，说明所编写的程序基本正确，可等有相应的硬件电路板后，进行最后的软、硬件联合调试，进行最终验证。如果通过上述初步验证，发现所编写程序工作情况和预想的不一致，则可在程序中相应位置设置运行断点，逐步排查程序中的错误。

第五步：在单片机控制程序中设置断点，逐步查找并排除程序错误。

以单片机串行通信口数据接收程序的错误排查为例，通过设置断点逐步排除程序错误的主要过程如下：

第一、打开 Keil 平台的 Debug 功能，并在串行通信口（串行口）中断处理程序入口处设置程序执行断点，然后让程序全速运行。如图 9-37 所示。

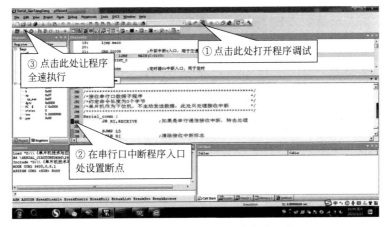

图 9-37　设置 Keil 平台下程序断点运行

第二、打开串口助手程序，向单片机发送一定的数据，如图 9-38 所示。

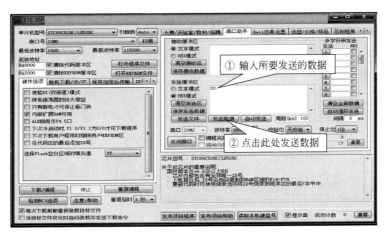

图 9-38　利用串口助手程序向单片机程序发送数据

再回到 Keil 平台，查看程序能否正常进入串行口中断处理程序，如不能正常进入说明程序中关于串行口的中断设置存在错误，重点检查单片机串行口工作模式设置、中断初始化、中断有无正确打开、中断处理程序和中断入口关联是否正确等。

如果程序执行能够停留在所设置的断点处，则说明串行口中断运行正常，可以继续通过单步执行功能，跟踪程序对串行口接收数据的处理过程，以进一步排除程序中存在的错误。

（三）串行通信口的软、硬件联合调试

在有相应的硬件电路板的情况下，系统控制程序经初步仿真调试无误后，则可通过软、硬件联合调试，最后验证系统的硬件设计和控制程序能否相互配合达到项目开发目标。如不能满足系统开发要求，则需要查找原因并作出相应修改，直至满足项目开发要求为止。

项目总结

本项目主要在项目八的基础上，为单片机应用系统增加串行通信的功能，要学习和掌握的重点包括：

① 通信的相关基础概念（串行通信、并行通信、异步通信和同步通信等）。
② 单片机应用系统远距离通信的主要实现方式。
③ 常用的串行通信接口形式。
④ MCS-51 单片机串行通信口的硬件结构和主要寄存器。
⑤ MCS-51 单片机串行通信口的 4 种工作方式。
⑥ MCS-51 单片机串行通信程序的编写。
⑦ 单片机串行通信程序的仿真调试方法。
⑧ 单片机串行通信程序仿真调试过程中常用工具软件的使用。

自测练习

参考答案

一、填空题

（1）按照能够同时传输的二进制位数的不同，单片机和外围器件、设备相互交换信息的方式主要有_____通信和_____通信两种不同的通信方式。其中适合远距离信息传输的是_____通信方式。

（2）在串行通信过程中，MCS-51 单片机通常使用定时器_____的工作方式_____作为波特率发生器。

（3）MCS-51 单片机的 PCON 寄存器中，和串行通信有关的寄存器位是_____位，该位的值为"1"时，串行通信口的通信波特率增加一倍，因此被称为波特率倍增位。

（4）若串口传送速率是每秒 120 个字符，每个字符 10 位，则波特率是_____。

（5）MCS-51 单片机的串行通信口共有_____种不同的工作方式，其中双机之间串行通信时，应使用工作方式_____。

（6）MCS-51 单片机串行通信口工作方式 2 常用于多机通信，此时接收到的第 9 位数据送_____寄存器的_____位中保存。

（7）MCS-51 单片机串行通信口工作于方式 1 时，一帧数据包含_____个二进制位，包括_____位起始位，_____位数据位，_____位停止位，_____位校验位。

（8）为了保证较为精确的通信波特率，MCS-51 单片机进行串行通信时，常使用频率为_____MHz 的晶体振荡器。

（9）单片机的 CPU 对数据是_____（填写并行/串行）处理的，而单片机串行通信口数据的收、发则是_____（填写并行/串行）的，因此，在单片机串行通信口进行数据发送时，需要完成数据的_____（填写串并/并串）转换，而在单片机串行通信口接收数据的过程中，则需要进行数据的_____（填写串并/并串）转换。

（10）在异步通信过程中，通过数据帧的_____位来标记一个新的数据帧的开始，通过_____位来标记一个数据帧的结束。

（11）单片机多机通信过程中，通常采用_____通信方式，即选定其中的一个单片机作为通信的主机，其他单片机作为通信的从机。通信过程只能由_____（填写主机还是从机）发起。

（12）MCS-51单片机多机通信过程中，从机通过 SCON 寄存器的_____寄存器位的值区分接收到的地址帧和数据帧。

二、选择题

（1）并行通信的主要特点包括_____。（本题可多选）
A. 通信速率较快   B. 需要线缆较多
C. 远距离通信时成本较高   D. 通信过程和控制程序相对简单

（2）能够同时进行双向信息传输的是_____通信方式。
A. 单工   B. 半双工   C. 全双工   D. 以上选项都可以

（3）串行通信口每一次传送_____字符。
A. 1 个   B. 1 串   C. 1 帧   D. 1 波特

（4）MCS-51单片机在串行通信过程中，接收到的数据保存在_____寄存器中。
A. TMOD   B. SBUF   C. SCON   D. DPTR

（5）数字串行通信过程中，所设定波特率的具体单位是_____。
A. 字符/秒   B. 位/秒   C. 帧/秒   D. 字节/秒

（6）MCS-51单片机串行通信口的工作方式是通过_____特殊功能寄存器设定的。
A. TMOD   B. SBUF   C. SCON   D. PCON

（7）MCS-51单片机串行通信口的4种工作方式中，常用于双机通信的是_____。
A. 工作方式 0   B. 工作方式 1
C. 工作方式 2   D. 工作方式 3

（8）在异步通信的数据帧中，可以不包含_____。
A. 起始位   B. 数据位   C. 校验位   D. 停止位

三、综合练习

假定某单片机应用系统使用 MCS-51 单片机，单片机 P2.5 引脚连接 1 个红色发光二极管，P2.6 引脚连接 1 个绿色发光二极管，均为单片机引脚输出低电平时点亮，单片机串行通信口连接笔记本电脑。请编写系统控制程序实现如下功能：当单片机串行通信口收到的数据为大写字符 R 时，点亮红色发光二极管，当单片机串行通信口收到的数据为大写字符 G 时，点亮绿色发光二极管，当单片机串行通信口收到数据为其他信息时，则向对端返送"the command must be R or G"。

多想一步

本项目完成后，我们实现的交通灯已经可以手动或者通过单片机串行通信口远程设置不同方向的通行时间。在智慧交通快速发展的今天，能否让我们实现的交通灯更智慧一些，根据道口不同方向等待通行车辆排队长度自动调整通行时间呢？

项目十　交通灯控制器通行时间的自动设置

项目描述

现有一个南北方向和东西方向交叉的十字道口，欲设置交通信号灯 1 组，请设计交通灯控制器 1 套，具体要求如下：

① 每个方向为机动车道设置红、黄、绿 3 种颜色的交通灯，为人行横道设置红、绿两种颜色交通灯。道口总计有机动车道交通灯 12 盏，人行横道交通灯 16 盏，共计有交通灯 28 盏。

② 交通灯共设置两种控制模式：正常通行模式和紧急通行模式。正常通行模式供社会车辆和行人交替通过道口，紧急通行模式用于保障特种车辆快速通过道口。

③ 正常通行模式下：南北方向、东西方向的机动车道交通灯亮灯状态应能按照图 10-1 所示进行工作状态转换。

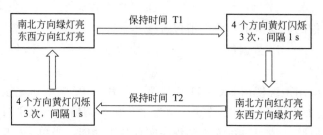

图 10-1　交通灯状态转换示意图

④ 图 10-1 中南北方向的通行时间 T1 和东西方向的通行时间 T2，可以根据道口现场车辆排队的长短自动调整。T1 和 T2 的默认时间分别是 20s 和 15s，调整范围是 10～30s，并能向通行车辆和行人倒计时显示剩余的通行时间（以秒为单位），每秒更新一次时间显示。

⑤ 正常通行模式下，人行横道交通灯的绿灯跟同方向的机动车道交通灯绿灯同步亮、灭，其他时间全部点亮红灯。

⑥ 交通灯进入紧急通行模式后，机动车道和人行横道的交通灯红灯立即全部点亮，其他颜色的交通灯立即全部熄灭。

试分析项目需求，查阅并学习相关知识后完成如下任务：

① 完成项目总体实现方案设计。

② 完成项目硬件实现方案设计。
③ 编写项目控制程序。
④ 对系统软、硬件进行调试，直至满足项目要求。

学习目标

① 了解 A/D 转换的基础概念。
② 掌握单片机应用系统中模拟信号的输入方法。
③ 熟悉和掌握单片机应用系统中常用的 A/D 器件。
④ 熟悉和掌握单片机并行接口的扩展方法。
⑤ 掌握 MCS-51 单片机汇编语言程序中数值大小的比较方法。
⑥ 锻炼和加强通过网络等途径查找、收集所需资料的能力。
⑦ 能够通过自主学习和团队合作，完成基本的单片机模拟数据采集系统开发。
⑧ 加强精益求精的工匠精神和团队合作职业素养的培养。

任务一　系统总体方案设计

一、项目需求分析

仔细阅读并梳理对本项目的描述，我们可以知道，本项目的功能需求主要包括：
① 本项目要实现的是 1 个交通灯控制器。
② 本交通灯控制器的控制对象是 28 盏交通灯：东、西、南、北 4 个方向，每个方向分别有红、黄、绿 3 个颜色的机动车道交通灯各 1 盏，以及人行横道绿色交通灯 2 盏、红色交通灯 2 盏。
③ 本交通灯控制器在正常模式下，需要自动测量不同方向道口车辆排队的长度，并根据车辆排队长度的不同，自动调整通行时间。
④ 交通灯控制器需要提供紧急通行模式，并需要对紧急通行需求做出快速的响应。

根据上述的功能需求分析，我们可以知道，本项目和前述项目相比，主要是在前述项目的基础上增加了对人行横道交通灯的控制，以及根据车辆排队长度对通行时间的自动调整。

通过上述项目需求分析，并对比以前已经完成的项目可以发现，本项目实现的关键在于 2 点：
① 传感器测量的车辆排队长度通常是模拟信号，而单片机只能输入数字信号，如何将传感器输出的模拟信号转换为数字信号输入到单片机？
② 本项目的被控对象数量较多，包括 28 盏交通灯和通行时间倒计时显示器件，而单片机的 I/O 引脚数量有限，如何扩展单片机 I/O 口数量，以满足系统的控制信号数量需求？

解决上述 2 项关键问题，首先需要了解和熟悉单片机应用系统中输入信号的模拟/数字转换以及 I/O 口扩展的相关知识。

二、单片机应用系统中输入信号的 A/D 转换

在单片机应用系统中，常常需要根据外界的输入信息决定系统的下一步操作。而现实中

的外界信息（如温度、压力、高度、电压、电流等），通过相应的传感器采集后通常都是一定形式的模拟信号，现在的单片机都是数字计算机；虽然有少数型号的单片机内部自带信号的 A/D 转换电路，但是大多数单片机只能直接接收数字信号。因此，当应用系统中外界信息传感器输出的模拟信号需要输入到单片机时，通常必须外接器件将模拟信号转变为数字信号，这一过程就称为信号模拟/数字（模/数）转换，简称信号的 A/D 转换。通常采用外接的 A/D 转换芯片比采用单片机自带的 A/D 转换电路更加灵活。

信号的 A/D 转换通常要经过采样、量化、编码等一系列过程，具体实现转换的方法多样，厂家采用不同的实现方法制成了不同型号的 A/D 转换器件，供我们在设计开发单片机应用系统时选用。不同实现方法的 A/D 转换器件在转换速度、转换精度、实现成本等方面也存在较大差别，在选用过程中要综合考虑转换指标、与单片机接口的方便程度、市场价格、供货稳定性等多方面因素。

在 MCS-51 单片机应用系统中，常用的 A/D 转换器件包括采用数据并行输出接口的 ADC0809，采用 I^2C 数据串行输出接口的 PCF8591 等。其中 ADC0809 是专为 MCS-51 单片机开发的一款 A/D 转换器件，具有和单片机引脚信号连接方便、性能和价格适中等特点，因此在 MCS-51 单片机应用系统中得到了十分广泛的应用。

ADC0809 芯片的详细资料（数据手册），请自行利用网络下载阅读。计算机网络是资源宝库，应学会充分利用。

三、单片机应用系统中的 I/O 口扩展

单片机由于体积的限制，能够提供的引脚数量有限。对于较为复杂的单片机应用系统，由于需要输入和输出的信号较多，常常需要扩展单片机的引脚数量，以满足系统的应用需求。

不同的单片机内部结构和外部引脚不同，I/O 口扩展的具体方法也可能不同，具体需要参阅所使用单片机的详细资料，也可通过网络搜寻和参阅相应单片机的使用案例。

对于 MCS-51 系列单片机，常用的 I/O 口扩展方法主要由 2 种：

（1）通过单片机串行通信口扩展并行 I/O 口

MCS-51 单片机的串行通信口在不需要串行通信时，可以工作在方式 0，和相应的移位寄存器芯片配合，可以把串行通信口扩展为并行通信口使用。具体扩展方法可以参见本书项目九的相关内容。

（2）通过相应的并行口扩展芯片扩展并行 I/O 口

由于 MCS-51 单片机应用十分广泛，相关厂家针对 MCS-51 单片机的应用，研制开发了许多相应的外围配套芯片。比如针对 MCS-51 单片机并行口的扩展，Intel 公司就专门开发了 8155 和 8255 并行口扩展芯片，可以方便地对 MCS-51 单片机的并行口进行扩展。

8155 和 8255 并行口扩展芯片的详细资料可自行从网络上查找、下载和参阅。

四、总体方案设计

根据项目系统功能需求和前述芯片知识，本项目一种可供参考的系统总体设计方案如下：

硬件方面：以 MCS-51 单片机为核心，以 5 个单片机引脚控制 4 个方向机动车道交通灯，

通过并行口扩展芯片 8255 驱动 2 位数码管显示和人行横道交通灯显示,数码管显示采用软件译码和静态驱动方式。通过模/数转换芯片 ADC0809 实现 4 个通行方向车辆排队长度的信息输入,采用中断方式读取模/数转换结果。同时保留现场手动调整各方向通行时间的功能。

软件方面:使用 MCS-51 单片机内部定时器实现交通灯通行状态转换过程中时间的精确控制;通过软件译码驱动数码管的显示;通过中断处理程序读取车辆排队长度的数/模转换结果;并根据不同通行方向车辆排队长度的对比情况,自动调整不同通行方向的通行时间。

任务二　系统硬件电路设计

由于本项目需要将车辆排队长度这一模拟(量)信号输入到单片机,因此需要使用 A/D 转换芯片完成模拟信号量的数字转换,并且被控对象数量众多,需要扩展单片机的并行通信口,因此,进行系统硬件电路设计时,必须首先选择并熟悉所要使用的 A/D 转换芯片和并行口扩展芯片。

一、常用的 A/D 转换芯片及其和单片机的硬件连接

现在电子器件市场上能够获得的 A/D 转换芯片型号较多、性能各异,不同的 A/D 转换芯片外部引脚和使用方法也有差别,具体可以通过网络或销售厂家获取相关芯片的详细资料。下面对 MCS-51 单片机应用系统中常用的 ADC0809 芯片和 PCF8591 芯片为例,学习 A/D 转换芯片和单片机的硬件连接方法。

(一) ADC0809 芯片及其和 MCS-51 单片机的硬件连接

1. ADC0809 芯片及其外部引脚定义

ADC0809 芯片是美国国家半导体公司开发的一款的 CMOS 工艺、8 通道 A/D 转换芯片。其外部引脚定义如图 10-2 所示。ADC0809 芯片通常采用 28 脚双列直插分装,主要引脚包括:

图 10-2　ADC0809 芯片外部引脚示意图

① IN0~IN7,模拟信号输入引脚。是 A/D 转换过程中模拟信号的输入引脚,每个引脚可实现一路模拟信号的输入,共支持 8 路模拟信号的输入和转换。

② ADDA、ADDB、ADDC，模拟通道选择地址引脚。ADC0809 芯片在一个具体时刻只能选择 8 路模拟信号中的 1 路进行数字信号的转换，在 A/D 转换前，通过这 3 个地址引脚选择要完成的模拟通道。具体选择方法如表 10-1 所示。

表 10-1　ADC0809 芯片模拟通道选择一览表

通道地址取值情况			所选择的模拟通道
ADDC	ADDB	ADDA	
0	0	0	IN0
0	0	1	IN1
0	1	0	IN2
0	1	1	IN3
1	0	0	IN4
1	0	1	IN5
1	1	0	IN6
1	1	1	IN7

③ D0～D7，8 个数字信号输出引脚。这是模拟信号转换成的数字信号的输出引脚，可以直接和单片机的数据接口相连接。

④ START：A/D 转换启动信号输入端。当 START 上跳沿时，所有内部寄存器清 0；下跳沿时，开始进行 A/D 转换；在转换期间，START 应保持低电平。

⑤ ALE：地址锁存允许信号输入端。用于锁存输入的地址信号，即 ADDA、ADDB 和 ADDC，保证在信号 A/D 转换期间地址信号状态保持不变。

⑥ EOC：转换结束信号输出引脚。ADC0809 芯片内部开始对指定通道的模拟信号进行转换时 EOC 引脚输出低电平，当 A/D 转换结束时 EOC 引脚输出高电平。

⑦ OE：输出允许控制信号输入引脚。当该引脚输入高电平时，ADC0809 芯片内部由指定模拟通道转换完成的对应数字信号将通过 D0～D7 引脚输出。

⑧ CLK：时钟信号输入引脚。ADC0809 芯片内部对信号的 A/D 转换需要在一定的时钟节拍下完成，因此，需要外部提供时钟信号，CLK 即为外部时钟信号的输入引脚。在使用时，一般输入频率为 500kHz 的时钟信号。

⑨ REF(＋) 和 REF(－)：参考电压输入引脚，REF (＋) 为参考电压正极，REF(－) 为参考电压负极。ADC0809 芯片内部采用逐次逼近的方法，实现信号的 A/D 转换，在转换过程中外部提供参考电压。在应用系统中使用 ADC0809 芯片时，可将 REF(＋) 引脚接＋5V 电源，将 REF(－) 引脚接地。

2．ADC0809 芯片在单片机系统中的应用

ADC0809 芯片作为常用的 A/D 转换芯片，一片就可以分时完成多达 8 路模拟信号的 A/D 转换，其外部引脚也和相应的单片机引脚对应，因此在 8 位单片机应用系统中使用广泛。尤其是在 MCS-51 单片机应用系统中，ADC0809 芯片常被用作实现模拟信号输入的单片机外围电路。

ADC0809 芯片完成模拟信号的 A/D 转换需要一定的时间，具体时间长短和所提供的参考时钟频率有关。A/D 转换过程什么时间结束，外界只能通过判断 ADC0809 芯片的 EOC 引脚的输出状态才能知道。

因此，使用 ADC0809 芯片的关键在于什么时候判断 EOC 引脚的输出状态，然后读取转换后的数据。常用的方法主要有 2 种：

(1) 采用定时查询的数据读取方式

采用查询方式时，将 ADC0809 芯片的 EOC 引脚连接单片机的某个通用的信号输入引脚，每间隔一段时间读取并判断一次引脚的状态，当查询发现 EOC 引脚的输出状态为高电平时，表明芯片内部的 A/D 转换过程已经完成，可以马上读取转换后的数据。

但采用定时查询方式读取转换后的数据时，两次判断读取数据之间的间隔较难精确确定：间隔时间太短，A/D 转换过程还没有完成，无法有效读取转换后的数据；间隔时间太长，不能及时读取转换后的结果，则会导致整个单片机应用系统对外界信息的变化不能及时处理。

(2) 采用中断的数据读取方式

采用中断方式时，将 ADC0809 芯片的 EOC 引脚连接到单片机的外部中断信号输入引脚上，当 ADC0809 芯片内部 A/D 转换过程结束时，通过单片机的中断处理，可以及时高效地读取转换后的数据，因此，中断方式使用较多。

采用中断数据读取方式时，一种常用的 MCS-51 单片机与 ADC0809 芯片硬件连接方式如图 10-3 所示。

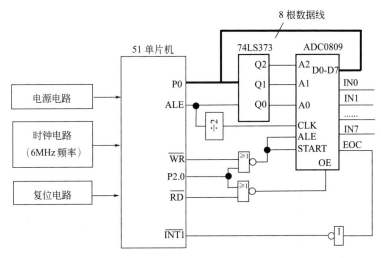

图 10-3　中断方式下 ADC0809 与 MCS-51 单片机连接关系示意图

关于图 10-3 的几点说明：

① ADC0809 芯片内部 A/D 转换过程结束后，EOC 引脚输出高电平，而 MCS-51 单片机的外部中断是输入低电平有效，因此在 ADC0809 芯片的 EOC 引脚和 MCS-51 单片机的外部中断信号输入引脚之间增加了反相器。

② 图中将单片机的 ALE 信号接到了 ADC0809 芯片的时钟输入引脚。MCS-51 单片机的 ALE 引脚会以 1/6 的单片机时钟频率输出脉冲信号，当单片机使用 6MHz 的晶振时，ALE 引脚输出脉冲信号的频率为 1MHz，为满足 ADC0809 芯片 500kHz 的时钟频率要求，在单片机 ALE 引脚和 ADC0809 芯片的 CLK 引脚之间加入二分频器，对 ALE 引脚输出的时钟脉冲信号进行分频处理。如果单片机系统使用 12MHz 时钟信号，则需要将图中的二分频器替换为四分频器。

③ 图中将单片机对外围芯片的写信号和 P2.0 引脚输出信号进行或非处理后，接于

ADC0809 芯片的 ALE 引脚和 START 引脚，当需要选择要转换的模拟通道时，使 P2.0 引脚输出低电平，此时单片机写信号输出低电平，二者或非处理后输出高电平，启动所选择模拟通道的 A/D 转换。

④ 图中将单片机对外围芯片的读信号和 P2.0 引脚输出信号进行或非处理后，接于 ADC0809 芯片的 OE 引脚，当需要读取 ADC0809 芯片 A/D 转换完成后的结果时，使 P2.0 引脚输出低电平，此时单片机读信号输出低电平，二者或非处理后输出高电平，使 ADC0809 芯片的 OE 信号有效，A/D 转换结果从芯片的 D0～D7 引脚输出，并通过和单片机相连的数据总线被单片机读入到单片机中。

⑤ 图中所示连接方法仅供参考，也可以根据需要采用其他的硬件连接方案，只要满足系统功能要求均可。

（二）PCF8591 芯片及其和 MCS-51 单片机的硬件连接

PCF8591 芯片是 Philips 半导体公司研发生产的一款具有 I^2C 总线接口，能够提供 4 路 A/D 转换输入、1 路 D/A 模拟输出的 8 位 A/D 和 D/A 转换芯片。PCF8591 芯片既可以作为 A/D 转换器，完成 4 路模拟信号到数字信号的转换，也可以作为 D/A 转换器，将所输入的数字信号转换成 1 路模拟信号输出，并采用了连接简单的 I^2C 总线接口（I^2C 总线的简单介绍可参见本书的项目九，详细资料可查阅相关的网络资料或书籍），因此在单片机应用系统中得到了广泛应用。

1. PCF8591 芯片的外部引脚及其功能

PCF8591 芯片通常采用 16 脚双列直插或者双列贴片封装，其引脚排列如图 10-4 所示。

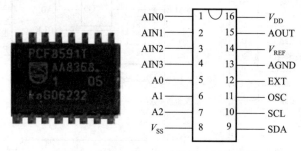

图 10-4 PCF8591 芯片外部引脚示意图

各外部引脚的名称及功能如下：

① AIN0～AIN3：模拟信号输入引脚。4 路模拟信号的输入引脚，用于连接外部的模拟信号。

② A0～A2：地址引脚。用于确定该 PCF8591 芯片在 I^2C 总线通信时的从机地址。Philips 公司规定 A/D 器件基地址为 1001，三位地址信号 A2、A1、A0，可用于最多区分 I^2C 总线上 8 个具有 I^2C 总线接口的 A/D 器件。

③ V_{DD}、V_{SS}：芯片电源引脚。V_{DD} 用于接电源的正极，在 MCS-51 单片机应用系统中，V_{DD} 引脚通常接 +5V，V_{SS} 用于接地。

④ SDA：I^2C 总线的数据线引脚。用于单片机和 PCF8591 芯片之间串行传输数据。

⑤ SCL：I^2C 总线的时钟线引脚。用于单片机和 PCF8591 芯片之间串行传输时钟信号。

⑥ OSC：外部时钟输入引脚/内部时钟输出引脚。用于从外部输入时钟信号或者从芯片向外部输出时钟信号。

⑦ EXT：内部、外部时钟选择引脚。该引脚接地，表示选择使用内部时钟，该引脚接高电平，表示使用外部时钟。

⑧ AGND：模拟信号地输入引脚。用于连接外部模拟信号的地。

⑨ AOUT：D/A 转换输出引脚。当 PCF8591 芯片用作 D/A 转换芯片时，由该引脚输出转换后的模拟信号。

⑩ VREF：基准电源输入引脚。用于输入数据转换时的参考电源。

2. PCF8591 芯片与单片机的连接

PCF8591 芯片采用 I^{2}C 总线接口和单片机进行连接，连接较为简单，选择单片机的两个通用 I/O 引脚，分别作为 I^{2}C 总线的 SCL 和 SDA 信号引脚。

MCS-51 单片机应用系统中，使用 PCF8591 芯片的一种参考连接方案如图 10-5 所示。

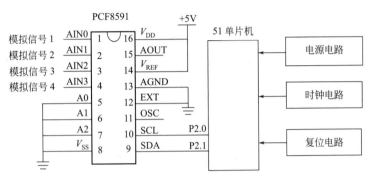

图 10-5　PCF8591 芯片与 MCS-51 单片机连接示意图

（三）ADC0809 芯片与 PCF8591 芯片的简单比较

简单比较 ADC0809 与 PCF8591 两种芯片可以发现：

① 两种芯片都能提供信号的 A/D 转换功能，从而可以在单片机应用系统中提供多路模拟信号的输入接口，便于构建基于单片机的数据采集或者巡检系统。

② ADC0809 芯片能够提供多达 8 路模拟信号的输入接口，而 PCF8591 芯片则只能提供 4 路模拟信号输入接口。

③ ADC0809 芯片是相对传统的 A/D 转换芯片，所定义的相关引脚和 MCS-51 单片机可以很好地配合，但需要占用较多的单片机引脚。PCF8591 芯片采用 I^{2}C 总线和单片机相连，最大的优势在于可以节省单片机引脚的占用。

二、常用的并行口扩展芯片及其和单片机的硬件连接

单片机由于体积的限制，所能定义和使用的 I/O 引脚有限，在较为复杂的单片机应用系统中，常需对单片机并行端口进行扩展。不同型号的单片机扩展并行 I/O 口的具体方法可能不同，具体参阅相关单片机的使用手册和相关并行口扩展芯片的资料。

以常用的 MCS-51 单片机为例，常常采用 8155 芯片或者 8255 芯片扩展其并行 I/O 口。

（一）8155 芯片及其使用

8155 是 Intel 公司开发的一种多功能可编程通用 I/O 扩展芯片。8155 芯片内部含有 3 个可编程并行 I/O 接口、256B SRAM 和一个 14 位定时/计数器，常被用作单片机应用系统中

的 I/O 口扩展芯片。

1. 8155 芯片外部引脚及其定义

8155 芯片常采用双列直插 40 脚封装或贴片封装。其外部引脚定义如图 10-6 所示。

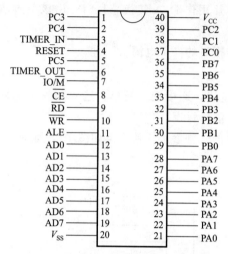

图 10-6 芯片 8155 外部引脚定义示意图

主要引脚功能如下：

① PA0～PA7、PB0～PB7：并行端口信号 I/O 引脚，可编程定义为信号输入引脚或信号输出引脚。

② PC0～PC5：有两个作用，既可作为通用的 I/O 口，也可作为 PA 口和 PB 口的控制信号线，这些可通过程序控制。

③ AD0～AD7：地址/数据信号复用引脚。可与单片机的低 8 位地址/数据总线直接相连。单片机与 8155 芯片的地址、数据、命令与状态信息均通过这个总线口传送。

④ $\overline{RD}$：读选通信号引脚，控制对 8155 芯片的读操作，低电平有效。

⑤ $\overline{WR}$：写选通信号引脚，控制对 8155 芯片的写操作，低电平有效。

⑥ $\overline{CE}$：片选信号线，低电平有效。

⑦ IO/$\overline{M}$：8155 芯片的 RAM 存储器或 I/O 口选择引脚。当 IO/$\overline{M}$ =0 时，则选择 8155 芯片的片内 RAM，AD0～AD7 上地址为 8155 芯片中 RAM 单元的地址（00H～FFH）；当 IO/$\overline{M}$ =1 时，选择 8155 芯片的 I/O 口，AD0～AD7 上的地址为 8155 I/O 口的地址。

⑧ ALE：地址锁存信号引脚。8155 芯片内部设有地址锁存器，在 ALE 的下降沿将单片机输出的低 8 位地址信息及 I/O 的状态都锁存到 8155 芯片内部锁存器。因此，单片机输出的低 8 位地址信号不需要外接锁存器。

⑨ TIMER IN：定时/计数器的外部计数脉冲输入引脚。

⑩ TIMER OUT：定时/计数器输出引脚。

⑪ V_{CC}：+5V 电源。

2. 单片机与 8155 芯片的硬件连接

根据上述 8155 芯片相关引脚的功能，以及 8155 芯片在单片机应用系统中的使用需求，可以确定 8155 芯片和单片机的硬件连接方式。

以 8155 芯片用于扩展 MCS-51 单片机的并行 I/O 口为例，假定用一片 8155 芯片为 MCS-51 单片机扩展 2 个 8 位的并行 I/O 口，参考连接方式如图 10-7 所示。

由图 10-7 可见，8155 芯片非常方便和 MCS-51 单片机连接，且由于 8155 芯片内部自带地址锁存器，在 MCS-51 单片机和 8155 芯片连接时，不再需要另接地址锁存器。

图 10-7 中 8155 芯片的片选信号 $\overline{CS}$ 直接连接单片机的 P2.7 引脚，当然也可以根据单片机引脚的实际使用情况，将 8155 芯片的 $\overline{CS}$ 引脚连接到单片机的其他空闲 I/O 引脚上，需要注意的是：8155 芯片的片选信号所连接的单片机引脚不同，其读写地址就会不同。

（二）8255 芯片及其使用

8255 并行口扩展芯片是 Intel 公司开发的又一种通用 I/O 口扩展芯片，内含 3 个 8 位的通用 I/O 端口。

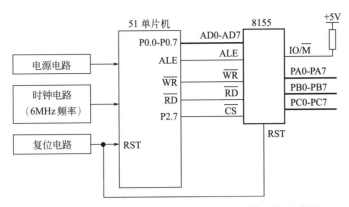

图 10-7　8155 芯片与 MCS-51 单片机的硬件连接示意图

1. 8255 芯片的外部引脚定义

同 8155 芯片类似，8255 芯片也常采用 40 脚双列直插封装。其外部引脚定义如图 10-8 所示。

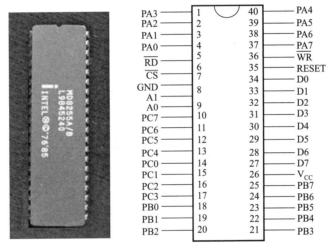

图 10-8　8255 芯片外部引脚定义示意图

各引脚功能定义如下：

① RESET：复位信号输入引脚。当该输入端处于高电平时，所有内部寄存器（包括控制寄存器）均被清除，所有 I/O 口均被置成输入方式。

② $\overline{CS}$：芯片选择信号输入引脚。当这个输入引脚为低电平时，表示芯片被选中，允许 8255 芯片与 CPU 进行通信；$\overline{CS}=1$ 时，8255 芯片无法与 CPU 进行数据传输。

③ $\overline{RD}$：读信号输入引脚。当这个输入引脚为低跳变沿时，即 $\overline{RD}$ 产生一个低脉冲如果 $\overline{CS}=0$，则允许 8255 芯片通过数据总线向 CPU 发送数据或状态信息，即 CPU 从 8255 芯片读取信息或数据。

④ $\overline{WR}$：写信号输入引脚。当这个输入引脚为低跳变沿时，即 $\overline{WR}$ 产生一个低脉冲，如果此时 $\overline{CS}=0$，则允许 CPU 将数据或控制字写入 8255 芯片。

⑤ D0~D7：三态双向数据总线，8255 芯片与 CPU 数据传送的通道。当 CPU 执行输入/输出指令时，通过它实现 8 位数据的读/写操作，控制字和状态信息也通过数据总线传送。

8255 芯片具有 3 个相互独立的输入/输出通道端口，用+5V 单电源供电，能在以下 3

种方式下工作。

方式 0——基本输入/输出方式；

方式 1——选通输入/出方式；

方式 2——双向选通输入/输出方式。

⑥ PA0~PA7：端口 A 输入/输出线，一个 8 位的数据输出锁存器/缓冲器，一个 8 位的数据输入锁存器。

⑦ PB0~PB7：端口 B 输入/输出线，一个 8 位的输入/输出锁存器，一个 8 位的输入/输出缓冲器。

⑧ PC0~PC7：端口 C 输入/输出线，一个 8 位的数据输出锁存器/缓冲器，一个 8 位的数据输入缓冲器。端口 C 可以通过设定工作方式分成 2 个 4 位的端口，每个 4 位的端口包含一个 4 位的锁存器，分别与端口 A 和端口 B 配合使用，可作为控制信号输出或状态信号输入端口。

⑨ A1，A0：地址选择线，用来选择 8255 芯片的 PA 口、PB 口、PC 口和控制寄存器。

当 A1=0，A0=0 时，选择 PA 口；

当 A1=0，A0=1 时，选择 PB 口；

当 A1=1，A0=0 时，选择 PC 口；

当 A1=1，A0=1 时，选择控制寄存器。

2. 8255 芯片和单片机的硬件连接

根据上述 8255 芯片各引脚功能定义，并结合 MCS-51 单片机引脚功能，8255 芯片和 MCS-51 单片机的连接通常如图 10-9 所示。

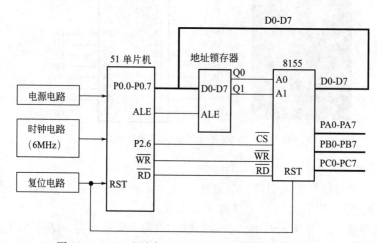

图 10-9　8255 芯片与 MCS-51 单片机硬件连接示意图

需要注意的是：由于 8255 芯片内部没有地址锁存器，MCS-51 单片机应用系统使用 8255 芯片时，必须外接地址锁存器，以便区分 MCS-51 单片机 P0 口输出的数据和低 8 位地址。其他方面的硬件连接和 8155 芯片的连接类似。

三、单片机 I/O 引脚数量的确定

对于本项目控制器来说，除了读、写等控制信号外，需要单片机提供 I/O 引脚的被控对象主要包括 28 盏交通灯、紧急模式的外部中断输入信号、通行时间手动设置的输入信号、

A/D 转换芯片和并行口扩展芯片所需的数据输入/输出信号，分别分析如下。

(1) 机动车道交通灯

根据本书项目三的分析结果，12 盏机动车道交通灯可以用 12、5、3 不同数量的单片机引脚控制。

(2) 人行横道交通灯

项目交通灯控制器要控制的人行横道交通灯共有 16 盏，可以用 16 个单片机信号输出引脚控制。但仔细分析人行横道交通灯的工作状况可知：通常情况下，同一条人行横道两端的 2 盏红灯是同时亮灭的，2 盏绿灯也是同时亮灭的，因此同一条人行横道两端的 2 盏绿灯可以用同一个单片机信号输出引脚控制，2 盏红灯也可以用同一个单片机信号输出引脚控制。这样，每一条人行横道的交通灯需要 2 个单片机信号输出引脚控制，十字道口共 4 条人行横道线，共需 8 个单片机信号输出引脚控制。

进一步分析人行横道交通灯的工作情况可知，通常情况下，南北方向 2 条人行横道的 4 盏绿灯是同时亮、灭的，4 盏红灯也是同时亮、灭的，因此，两条人行横道线的 4 盏绿灯可用同一个单片机引脚控制，4 盏红灯可用同一个单片机引脚控制。东西方向 2 条人行横道交通灯的工作情况与此类似。这样，人行横道的 16 盏交通灯可用 4 个单片机引脚控制。

再进一步分析还会发现，通常情况下南北方向人行横道 4 盏绿灯点亮时，东西方向人行横道的 4 盏红灯会同时点亮，因此这 8 盏交通灯可用 1 个控制信号控制。同样的道理，剩余的 8 盏人行横道交通灯也可用同一个信号控制。这样，用 2 个控制信号就可以控制 16 盏人行横道交通灯的工作。

经过上述的逻辑抽象分析可知，人行横道的 16 盏交通灯，分别可以用 16 个、8 个、4 个、2 个信号进行控制，并且所需要的控制信号类型为开关（量）控制信号。相应地，所需要的单片机输出引脚数量分别为 16 个、8 个、4 个、2 个。

在最终确定所需单片机引脚数量时，不仅要考虑控制被控对象工作状态的转换，还要考虑单片机引脚的驱动能力，以及系统工作的可靠性等问题。单个单片机引脚的驱动能力是有限的，如果一个单片机引脚需要驱动的负载过多，一方面会导致单片机引脚的高电平状态不能正常输出，另一方面，当该引脚输出信号出现问题时，会导致多个被控对象无法正常工作，使系统整体的可靠性降低。

(3) 紧急模式中断信号输入

紧急通行模式的中断信号需要一个外部中断引脚。

(4) 工作模式切换

工作模式切换用于在正常工作模式和通行时间手动设置模式之间进行切换，需要输入的是一个开关（量）信号，需要 1 个单片机信号输入引脚即可。

(5) 通行时间的手动设置

通行时间的手动设置需要区分所设置的通行方向，可以通过 1 个开关信号的 2 种状态加以区分，因此，需要 1 个单片机引脚区分不同的通行方向。同时需要设置按键，以便输入时间数值，按键可以采用矩阵式键盘，设置 0~9 共 10 个按键，相应地需要 10 个单片机引脚；也可以采用缺省值和加、减按键配合的形式，此时需要设置"＋1"和"－1"两个按键，相应地需要 2 个单片机引脚。

(6) A/D 转换芯片

如果采用 ADC0809 数据并行输出的 A/D 转换芯片，则需要 8 个单片机引脚作为转换后数值的输入引脚,同时还需要一个引脚作为 A/D 转换芯片的片选引脚。如果采用转换结果串行输出的 A/D 转换芯片,所需要的单片机引脚数量则根据所选用的具体芯片而定。

(7) 并行口扩展芯片

并行口扩展所需要的单片机 I/O 引脚数量和所采用的 I/O 口扩展形式有关。对于 MCS-51 单片机,采用串行口的工作方式 0 扩展并行口时,不需要占用较多的单片机 I/O 引脚。但是采用 8155 芯片或者 8255 芯片扩展单片机并行 I/O 口时,则需要占用 8 个单片机 I/O 引脚,并且需要一个单片机 I/O 引脚作为 8155 芯片或者 8255 芯片的片选引脚。

项目十
硬件设计参考方案

四、系统硬件电路设计

请根据本教学项目的功能需求和前面所了解的知识,完成本项目的硬件电路设计,并编写本项目的硬件设计说明书。

也可扫描左侧二维码,获取硬件设计参考方案。

任务三 系统控制程序的编写

在单片机应用系统硬件设计方案确定后,就可以着手编写单片机应用系统的控制程序。对于比较复杂的单片机应用系统控制程序的编写,在编写代码之前,一般首先需要画出控制程序的流程图。

一、项目控制程序流程图的绘制

(一) 系统应用程序的模块划分

考虑到本项目要实现的功能比较复杂,可以采用模块划分编写控制程序,以提高程序编写和调试的效率。本系统程序可供参考的一种模块划分方案如下:

① 主程序模块:主要通过其他模块程序完成初始化以及控制交通灯通行状态按照确定的过程进行转换。

② 定时器初始化模块:完成定时器的初始化。

③ 8255 芯片初始化模块:完成 8255 芯片的初始化。

④ 南北方向通行控制模块:完成南北方向通行时的交通灯控制及时间显示。

⑤ 东西方向通行控制模块:完成东西方向通行时的交通灯控制及时间显示。

⑥ 黄灯闪烁控制模块:完成黄灯闪烁的控制。

⑦ 数码管显示驱动模块:完成 2 位数码管的显示驱动。

⑧ 通行时间手动设置模块:完成通行时间的手动设置。

⑨ 定时器中断处理模块:完成定时器的中断处理。

⑩ 通行时间自动调整模块:根据 ADC0809 芯片采集和转换后的车辆排队长度,自动调整南北和东西方向的通行时间设置。

(二) 交通灯控制器控制程序流程图的绘制

根据项目功能需求和上述工作状态转换图,确定自己的编程思路。利用前面学习的流程图绘制相关知识，绘制控制程序的流程图，以便梳理编程思路，提高编程效率。

画出程序流程图后，应仔细对照项目的控制要求，查看流程图中是否有功能模块的遗漏，各功能模块间的执行过程能否满足产品功能的相关要求。流程图经初步检查无误后，就可以着手编写单片机应用系统的控制程序了。

二、交通灯控制器控制程序的编写分析

仔细分析项目要实现的功能，并结合前述参考硬件实现方案可以发现，相对前面已经完成的交通灯控制器项目，本项目控制程序新增功能和实现的关键在于：

① 并行口扩展芯片 8255 的初始化。
② 8255 芯片并行口的编程使用。
③ ADC0809 芯片的编程使用。

三、项目控制程序实现的关键知识学习

（一）并行口扩展芯片 8255 的初始化

8255 芯片在使用扩展的并行口之前，必须进行初始化。8255 芯片初始化要做的主要工作就是初始化 PA、PB、PC 3 个扩展并行口的工作方式，具体方法如下：

1. 8255 芯片扩展 I/O 口的工作方式

8255 芯片为扩展出的 3 个并行 I/O 口 PA、PB、PC 指定了 3 种不同的工作方式，方式 0、方式 1、方式 2，供用户选择。

（1）方式 0

方式 0 称为基本输入/输出方式。在方式 0 下，扩展出的 PA、PB、PC 口作为 3 个 8 位简单接口使用，各端口既可设置为输入口，也可设置为输出口，但不能同时实现输入和输出。PC 口可以是一个 8 位的简单接口，也可以分为两个独立的 4 位端口。方式 0 常用于连接简单外设（适于无条件或查询方式），常用 PA 口和 PB 口作为 8 位数据的输入或输出接口，PC 口的某些位用作状态输入。

（2）方式 1

方式 1 称为选通工作方式。在此方式下，可利用一组选通控制信号控制 PA 口和 PB 口的数据输入/输出，其中 PA 口、PB 口作为输入/输出口，PC 口的部分位用作选通信号。需要注意的是：PA 口、PB 口在作为输入和输出口时选通信号是不同的。

方式 1 主要用于中断控制方式下的输入/输出，PC 口的 8 位除用作选通信号外，其余位可工作于方式 0 下作为输入/输出口。

（3）方式 2

方式 2 称为双向传送工作方式，只有扩展出的 PA 口可工作在方式 2 下。在此方式下，PA 口既可以作为输入口，又可以作为输出口。

此种工作方式可使 PA 口作为双向端口使用，并且主要用于中断控制方式，当 PA 口工作于方式 2 时，PB 口可工作于方式 1（此时 PC 口的所有位都用作选通控制信号的输入/输出），也可工作于方式 0（此时 PC 口的剩余位也可工作于方式 0）。

在上述 3 种工作方式中，使用最多的是工作方式 0。

2. 8255 芯片扩展 I/O 口工作方式的初始化方法

8255 芯片的初始化通过设置 8255 芯片的控制字完成。8255 芯片的控制字是 8255 内部所定义的一个 8 位寄存器，每位定义如图 10-10 所示。

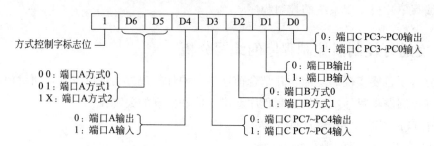

图 10-10　8255 芯片控制字各位定义

比如：如果在使用过程中想将 8255 芯片的 PA 口定义为 8 位输出口、PB 口定义为 8 位输入口、PC 口也定义为 8 位输出口，并且 3 个扩展口都工作在工作方式 0，则需要设置 8255 芯片控制字的值为 10000010，从而完成 8255 芯片的初始化。

（二）并行口扩展芯片 8255 的使用编程

1. 8255 芯片编程总体思路

8255 芯片的使用编程思路如下：首先根据系统功能需求，确定 8255 芯片每一个扩展 I/O 口的功能（输入还是输出）和工作方式，而后设置芯片控制字的值，完成芯片的初始化，8255 芯片的各个扩展 I/O 口就可以按照确定的功能使用了。

具体到 MCS-51 单片机应用系统中 8255 芯片的使用，MCS-51 单片机把所有外部扩展的接口芯片都看作外部数据存储器，并使用外部数据存储器的操作命令完成读/写操作，扩展的 8255 芯片也是如此。

2. 8255 芯片汇编语言程序编写

（1）MCS-51 单片机汇编语言程序中对外部存储空间的读/写

MCS-51 单片机将外部扩展的 8255 芯片看作外部数据存储器，进行读/写操作，因此，对 8255 芯片编程时，需要使用外部数据存储器操作指令 MOVX。

MCS-51 单片机共定义了 4 条外部程序存储器的数据传输指令，用于累加器 A 与片外 RAM 间的数据传送：

MOVX @DPTR, A：　　功能是将累加器 A 中的内容传送到数据指针指向的片外 RAM 地址中，相当于外部数据的输出，或者对扩展芯片的"写"操作。

MOVX A, @DPTR：　　功能是将数据指针指向的片外 RAM 地址中的内容传送到累加器 A 中，相当于外部数据的输入，或者对扩展芯片的"读"操作。

MOVX A, @Ri：　　功能是将寄存器 Ri 指向的片外 RAM 地址中的内容传送到累加器 A 中，相当于外部数据的输入，或者对扩展芯片的"读"操作。指令中的 Ri 可以是 R0 或者 R1。

MOVX @Ri, A：　　功能是将累加器 A 中的内容传送到寄存器 Ri 指向的片外 RAM 地址中，相当于外部数据的输出或者对扩展芯片的

"写"操作。指令中的 Ri 可以是 R0 或者 R1。

上述 4 条指令使用的都是变址寻址方式。使用数据指针 DPTR 可寻址的地址范围是 64KB，使用寄存器 Ri 可寻址的地址范围是 256B。实际使用过程中，通常使用数据指针 DPTR 作为 MOVX 变址寻址的寄存器。

由上可见，在使用 MOVX 指令对外部扩展接口芯片进行读/写操作时，必须首先确定所要操作的扩展接口芯片内部寄存器的地址。

拓展知识

MCS-51 单片机外部扩展芯片地址的确定

在 MCS-51 单片机应用系统汇编语言控制程序中，单片机是通过存储单元的地址来完成对扩展芯片内部寄存器的"读""写"操作的，因此，正确确定扩展芯片内部寄存器的存储地址，是编程过程中必须首先要做的一项准备工作。

在单片机应用系统中，外围扩展接口芯片的地址确定通常有两种不同的方法：

（1）线选法

"线选法"是指直接将所扩展接口芯片的片选信号连接到单片机的输出引脚上的方法。一般连接在单片机高位地址引脚上，由所连接的单片机引脚确定扩展接口芯片的芯片基本地址（也称为扩展芯片的基地址），而扩展接口芯片内部的寄存器地址则采用扩展芯片的基本地址＋寄存器在扩展芯片内部的偏移地址共同确定。考虑到扩展接口芯片的片选信号通常是低电平有效，在确定扩展接口芯片的地址时，一般将不用的单片机地址引脚对应的地址位取值为"1"。

假定 MCS-51 单片机应用系统中通过一片 8255 芯片扩展并行 I/O 接口，8255 芯片的片选信号直接连接在 MCS-51 单片机的 P2.5 引脚上，如果不用的地址引脚对应位取值为"1"，则此 8255 芯片的基地址就是 1101111111111111B，换算成十六进制为 DFFF H。

假定 MCS-51 单片机应用系统中通过一片 8255 芯片扩展并行 I/O 接口，8255 芯片的片选信号直接连接在 MCS-51 单片机的 P2.7 引脚上，如果不用的地址引脚对应位取值为"1"则此 8255 芯片的基地址就是 0111111111111111B，换算成十六进制则为 7FFFH。

线选法的优点在于：单片机应用系统硬件连线简单，扩展芯片的基地址确定方便。缺点是：当需要扩展的外围芯片较多时，需要占用宝贵的单片机外部引脚资源，并且地址不连续，会浪费一定的存储地址空间。

（2）译码法

"译码法"是指采用译码电路和单片机高位地址线引脚相配合，可以用较少的单片机地址线引脚，提供较多的扩展芯片片选信号的方法。比如：使用一片 74LS138 三八译码器，就可以用 3 根单片机的高位地址线提供 8 路扩展芯片的片选信号，如图 10-11 所示。

图 10-11 中，单片机通过一片 74LS138 译码器连接各扩展接口芯片的片选端，从而使用 P2.5、P2.6、P2.7 三个单片机引脚即可提供多达 8 个片选信号。在此情况下，各扩展接口芯片的基地址则由其片选信号所连接的译码器输出端所决定。按图 10-11 的连接，没用到的地址线对应位取值为"1"，此时扩展芯片 1 的基地址为 1FFFH，扩展芯片 2 的基地址为 3FFFH，扩展芯片 7 的基地址为 FFFFH。

（2）MCS-51 单片机汇编语言程序中数值大小的比较

很多单片机控制系统中都会牵涉到比较两个数的大小，比如空调的控制。MCS-51 单片

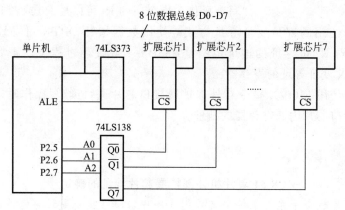

图 10-11 采用译码法扩展外围接口芯片示意图

机汇编语言程序中数值大小比较的基本思路是：

首先比较两个数是否相等，如果不相等，再判断运算过程中是否产生借位，如果运算过程中产生借位，则说明减法运算的被减数小于减数，否则，则说明被减数大于减数。

判断两个数是否相等的汇编指令是 CJNE。

判断减法运算过程是否产生借位的汇编指令是 JC 或者 JNC。其中，CJNE 指令在本书前面教学项目中已经多次使用，本项目重点学习借位判断指令。

判断减法运算过程是否产生借位的汇编指令包括 JC 和 JNC，分别如下：

JC   rel   ；若（Cy）=1，即减法产生借位时，程序执行转移；
JNC   rel   ；若（Cy）=0，即减法不产生借位时，程序执行转移。

假定要比较寄存器 R2 中的值和数值 100 的大小，并将比较结果保存在寄存器 R3 中，MCS-51 单片机汇编语言程序中比较两个数大小的示例程序如下：

```
        MOV R3,#0
        MOV R2,#90
        CJNE R2,#100,L1
        MOV R3,#0          ;R2 = 100
        SJMP L3
L1:     JC L2
        MOV R3,#2          ;R2＞100
        SJMP L3
L2:     MOV R3,#1          ;R2＜100
L3:     SJMP $
```

如果不需要单独考虑要比较的两个数是否相等，也可以对要比较的两个数直接做减法运算，进而通过判断减法运算过程中是否产生借位来判断要比较的两个数的大小。

MCS-51 单片机定义了 4 条减法运算指令，分别为：

```
        SUBB  A,#data    ;(A)←(A)-(CY)-#data
        SUBB  A,direct   ;(A)←(A)-(CY)-(direct)
        SUBB  A,@Ri      ;(A)←(A)-(CY)-((Ri))
        SUBB  A,Rn       ;(A)←(A)-(CY)-(Rn)
```

减法指令在使用过程需要注意的是：

① 4 条减法指令的被减数都是累加器 A，因此在做减法运算时，必须将被减数用 MOV

指令传送到累加器 A 中。

② 4 条减法指令都是带借位的减法，即减法运算过程中，被减数不仅减去减数的值，还会减去进/借位标志 Cy 的值。因此，如果不需要考虑上次加减运算的进/借位情况，在开始减法运算前，应先用 CLR 指令将标志位 Cy 的值清 0。

③ 4 条减法指令运算的结果（即两个数的差）都存放在累加器 A 中，如果减法运算过程中产生了借位，累加器 A 中存放的是结果数据的补码。

(3) 8255 芯片汇编语言程序编写

在学习前述知识的基础上，就可以编写 8255 芯片的控制程序，使用扩展出的 PA、PB、PC 三个并行接口。控制程序中对扩展出的 3 个并行接口的使用，通过 8255 芯片地址输入信号 A0、A1 的状态组合确定，具体如表 10-2 所示：

表 10-2 8255 芯片操作端口选择

	$\overline{CS}$	A1	A0	操作对象	备注
使用 8255 芯片的汇编语言程序可扫描参考本项目的汇编语言参考程序	1	x	x	不能操作 8255 芯片	片选信号无效,不能操作 8255 芯片
	0	0	0	操作 PA 端口	数据输入还是输出由初始化结果确定
	0	0	1	操作 PB 端口	数据输入还是输出由初始化结果确定
	0	1	0	操作 PC 端口	数据输入还是输出由初始化结果确定
	0	1	1	操作控制字	用于 8255 芯片的初始化

3. 8255 芯片 C51 语言程序编写

在 MCS-51 单片机应用系统中扩展的 8255 芯片，当然也可以用 C51 语言进行编程控制。如前所述，由于 MCS-51 单片机把所有的扩展接口芯片看作外部数据存储器，通过相应的存储单元地址扩展接口芯片，使用 C51 语言编程的关键在于：如何在 C51 语言程序中定义相应的变量，使其指向对应的扩展芯片中的寄存器。这可以分成三步来完成。

第一步：确定扩展接口芯片中每个寄存器对应的存储单元地址。如根据图 10-12 中 8255 芯片的片选信号和 MCS-51 单片机引脚的连接关系，确定出扩展的 8255 芯片各内部寄存器的操作地址如表 10-3 所示。

第二步：在 C51 语言程序中定义外部存储类型的指针变量，指向所要操作的扩展芯片的寄存器，而后在程序中就可以通过给所定义的指针变量赋值，操作所用扩展接口芯片的寄存器，进而间接操作扩展芯片的各个信号输入/输出引脚了。

比如，根据表 10-3 所示 8255 芯片内各寄存器的地址，我们就可以在 C51 语言程序中定义如下变量：

```
unsigned char xdata * controller_8255;指向8255芯片的控制字寄存器
unsigned char xdata * PA_8255       ;指向8255芯片的PA端口寄存器
unsigned char xdata * PB_8255       ;指向8255芯片的PB端口寄存器
```

需要注意的是： 上述定义的 3 个变量都是指针变量，并且变量的存储类型必须是 xdata，以表明所定义的变量对应的存储单元在外部数据存储器中。只有这样，单片机才能按照对外部芯片的读/写操作方式，对扩展的接口芯片进行操作。

第三步：对所定义的指针变量初始化，使其指向对应的扩展芯片寄存器地址。比如，根据硬件连线确定的地址，针对上述定义的 3 个指针变量，可分别初始化如下：

```
controller_8255 = 0x7fff;
```

```
PA_8255 = 0x7ffc;
PB_8255 = 0x7ffd;
```

经过上述三步后，就可以使用所定义的指针变量完成对扩展接口芯片的编程控制了。具体见下面的编程示例。

（三）模/数转换芯片 ADC0809 的编程控制

A/D 转换芯片编程的关键在于：一是根据硬件连接关系确定 A/D 转换通道的地址，以便在程序中启动相应通道的 A/D 转换；二是根据所确定的转换结果读取方式，在对应通道 A/D 转换结束后，读取 A/D 转换结果。具体编程可参考如下示例。

（四）编程示例

1. 示例项目功能需求

假定某基于 MCS-51 单片机温度控制系统，要求能够随时监测并显示系统的实际温度，温度范围 0～200℃，并在测得的温度超过设定值时点亮温度报警指示灯。

2. 示例项目硬件电路设计

根据项目功能需求，硬件电路设计可以用 MCS-51 单片机扩展一片 ADC0809 芯片实现温度测量值的信息输入，通过扩展一片 8255 芯片驱动三位数码管实现所采集温度的显示。当温度超出设定值 T1 时，点亮红色告警灯。

系统硬件电路参考设计如图 10-12 所示。

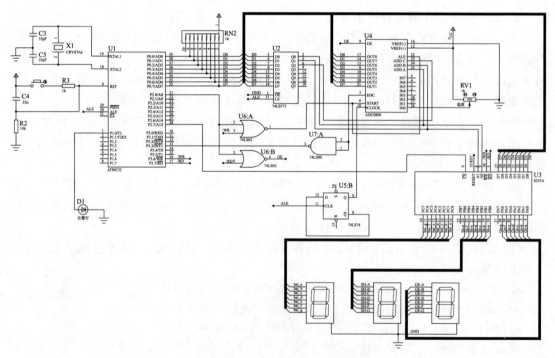

图 10-12　示例项目硬件设计参考方案

图 10-12 中用一致可变电阻器模拟温度传感器所测得的温度值变化。

3. 示例项目汇编语言参考程序

首先，确定 8255 芯片内各寄存器操作地址。由图 10-12 可见，示例系统中 8255 芯片的片选信号和单片机的连接，采用的是线选法，直接将 8255 芯片的片选信号连接在单片机高位地址线引脚 P2.7 上，同时将 8255 芯片的地址信号引脚 A0、A1 通过地址锁存器连接到单片机的低位地址线引脚 P0 口上。因此，8255 芯片的控制字、PA 口、PB 口、PC 口的操作地址如表 10-3 所示。

表 10-3 示例项目 8255 芯片相关操作地址一览表

序号	操作对象	操作地址（十六进制表示）
1	8255 芯片控制字	7FFF
2	8255 芯片 PA 口	7FFC
3	8255 芯片 PB 口	7FFD
4	8255 芯片 PC 口	7FFE

其次，确定 8255 芯片控制字的值。由于 8255 芯片的 PA 口、PB 口和 PC 口都用来驱动数码管显示，都作为输出端口使用，可以都工作在方式 0。由此可知，8255 芯片的控制字值可确定为 80H。

示例的汇编语言控制程序参考代码如下：

```
        ORG 0000H
        JMP MAIN
        ORG 0013H
        LJMP INT_EX1
        ORG 0100H
MAIN:
        ;中断初始化
        MOV SP,#60H
        ;初始化外部中断 0
        SETB IT1
        SETB EA           ;开放中断总体控制
        ;其他相关初始化
        MOV DPTR,#1500H   ;初始化数码管软件译码数据表基地址
        MOV R3,#100       ;R3 存储设定温度,假定设定温度为 100℃
        MOV R6,#0         ;R6 作为转换结束标志,R6=0 表示转换开始,R6=1 表示转换结束
        LCALL INIT_8255   ;初始化 8255 芯片
START:
        MOV A,#100
        MOV DPTR,#0FEF8H  ;指向 IN0 模拟通道
        MOV R6,#0
        SETB EX1
        MOVX @DPTR,A      ;启动 IN0 通道模拟转换
        LCALL DELAY       ;Protues 仿真时模拟实际的 A/D 转换时间,实际控制
                          ;程序中可去除此处的延时调用
        CJNE R6,#1,$      ;等待转换结束
        MOVX A,@DPTR      ;读取 IN0 通道模拟转换结果
        MOV R5,A          ;存储温度采集结果到寄存器 R5 中
```

```
            CLR C              ;清 0 减法借位标志
            SUBB A,R3
            JC   NOT_ALARM
            SETB P1.0
            SJMP L11
NOT_ALARM:
            ;将温度采集结果送数码管显示
            CLR P1.0
      L11:LCALL   ShuMaGuan
            LJMP START
            ;芯片 8255 初始化,PA、PB 均设定为输出口,工作方式 0
INIT_8255:
            MOV DPTR,#7FFFH    ;地址指向控制寄存器
            MOV A,#80H         ;设置 PA、PB 口均为输出端口,工作于方式 0,PC 作为输出端口
            MOVX @DPTR,A
            RET
         ;数码管显示驱动
ShuMaGuan:
            MOV A,R5
            MOV B,#100
            DIV AB
            MOV R7,B
            ;显示百位
            MOV DPTR,#1500H
            MOVC A,@A+DPTR     ;显示数据译码
            MOV DPTR,#7FFEH    ;地址指向 PC 端口
            MOVX @DPTR,A       ;数据写入 8255 芯片
            ;显示十位
            MOV A,R7
            MOV B,#10
            DIV AB
            MOV DPTR,#1500H
            MOVC A,@A+DPTR
            MOV DPTR,#7FFDH    ;地址指向 PB 端口
            MOVX @DPTR,A       ;数据写入 8255 芯片
            ;显示个位数
            MOV DPTR,#1500H
            MOV A,B
            MOVC A,@A+DPTR
            MOV DPTR,#7FFCH    ;地址指向 PA 端口
            MOVX @DPTR,A       ;数据写入 8255 芯片
            RET
         ;延时子程序
      DELAY:
```

```
            MOV R0,#100
    LOOP:MOV R1,#200
            DJNZ R1,$
            DJNZ R0,LOOP
            RET
        ;外部中断 1 中断处理程序,完成 A/D 转换后的处理
    INT_EX1:
            CLR EX1;
            MOV R6,#1
            RETI
        ;数码管软件译码数据表
            org 1500h
            db  3fh,06h,5bh,4fh,66h,6dh,7dh,07h,7fh,6fh
        END
```

4. 示例 C51 语言参考程序

示例项目的控制程序当然也可以采用 C51 程序编写,参考程序代码如下:

```c
#include <reg51.h>
#include <stdio.h>

unsigned char
led_data[] = {0x3f,0x06,0x5b,0x4f,0x66,0x6d,0x7d,0x07,0x7f,0x6f};
unsigned char set_temp;
unsigned char get_temp;
bit convert_end;
sbit alarm_light = P1^0;        //告警灯连接于单片机 P1.0 引脚,高电平点亮
unsigned char xdata * controller_8255;
unsigned char xdata * PA_8255;
unsigned char xdata * PB_8255;
unsigned char xdata * PC_8255;
unsigned char xdata * ADC0809_IN0;
void display_num(unsigned char num);
void init_8255();
void int_ex1();
void delay();
//主程序
void main(void)
    {
    //Write your code here
        SP = 0x60;
    //初始化外部中断 1
        IT1 = 1;                //设置外部中断 1 为下降沿触发中断
        EA = 1;                 //开放中断总控制开关
        init_8255();            //初始化 8255 芯片
        ADC0809_IN0 = 0xFEF8;
```

```c
        set_temp = 100;
        convert_end = 0;              //清除转换结束标志
        alarm_light = 0;              //熄灭告警灯
        display_num(0);
        while(1)
        {
            EX1 = 1;                  //打开外部中断 1
            convert_end = 0;
            * ADC0809_IN0 = 100;      //启动 IN0 通道模拟转换
            delay();                  //Protues 仿真时模拟实际的 A/D 转换时间,
                                      //实际控制程序中可去除此处的延时调用
            while(convert_end = = 0); //等待转换结果
            get_temp = * ADC0809_IN0; //读取 IN0 通道模拟转换结果
            if(get_temp>set_temp)
             {
            alarm_light = 1;          //实际温度超过设定温度,点亮告警灯
             }
            else
             {
            alarm_light = 0;
             }
             display_num(get_temp);

        }

        }
        //短暂延时函数
        void delay()
        {
            int i,j;
            for (i = 0;i<100;i + + )
               for(j = 0;j<500;j + + )
                {
                 ;
                }
        }
        //8255 芯片初始化函数
         void init_8255()
          {
                controller_8255 = 0x7fff;
                PA_8255 = 0x7ffc;
                PB_8255 = 0x7ffd;
                PC_8255 = 0x7ffe;
                 * controller_8255 = 0x80;
```

```
        }
//三位数字的数码管显示驱动函数
 void display_num(unsigned char num)
 {
     unsigned char temp;
     unsigned char BaiWei,GeWei,ShiWei;
     //得到所要显示数字的百位、十位和个位
     BaiWei = num/100;
     temp = num % 100;
     ShiWei = temp/10;
     GeWei = temp % 10;
     //各位数字分别送相应的数码管显示
     * PC_8255 = led_data[BaiWei];
     * PA_8255 = led_data[GeWei];
     * PB_8255 = led_data[ShiWei];
 }
//外部中断响应处理函数
void int_ex1() interrupt 2 using 0
{
    EX1 = 0;                         //关闭外部中断1
    convert_end = 1;
}
```

注意上述示例程序中对所扩展 8255 芯片和 ADC0809 芯片的操作和控制方法。

四、项目汇编语言控制程序编写

在学习和理解上述知识后，请根据项目控制程序的功能需求，自行划分程序功能模块，并画出个模块的程序流程图，使用汇编语言或者 C51 语言编写本项目的控制程序。

也可扫描下面的二维码，获取本项目硬件参考设计方案对应的参考控制程序。

项目十
汇编语言参考程序

项目十
C51 语言参考程序

任务四　系统控制程序的调试

在系统控制程序初步编写完毕后，就可以进行程序调试。系统控制程序的调试可以按照程序模块分别调试，以便降低程序调试的难度，提高程序调试的效率。可以先在 Keil 或者

Protues 仿真平台上进行模拟调试,再使用硬件电路板进行软硬件联合调试,以便最终验证程序和硬件电路的配合情况和系统的真实功能。

项目总结

对于本书以前的学习项目,本项目学习和需要掌握的重点主要包括:

① 在实际的单片机应用过程中,常常需要扩展外围接口芯片,以克服单片机由于本身体积限制所带来的硬件资源不足的情况。如本项目就通过扩展 8255 芯片和 ADC0809 芯片以满足系统较多并行接口和模拟量输入的需求。

② 对于扩展的单片机外围接口芯片,需要仔细查阅相关芯片的资料,进而明确所扩展芯片和单片机之间的信号连接关系,以便完成单片机应用系统的硬件电路设计。

③ 除了扩展的程序存储器外,MCS-51 单片机对于所扩展的外部接口芯片均看作外部数据存储器,进行外部芯片的控制操作。

④ MCS-51 单片机对所扩展的外围接口芯片的控制,是通过对所扩展芯片的寄存器读/写操作实现的。因此,在编写系统控制程序时,必须清楚所扩展的外围芯片都有哪些可以操作的寄存器,以及每一个寄存器的功能及具体操作方式。这些信息都可以从所扩展芯片的使用资料中获取或者通过计算机网络查阅相关资料。

⑤ 对于所扩展芯片的寄存器操作是通过寄存器对应的地址来完成,因此,需要根据系统硬件电路中芯片的片选信号和地址信号与单片机引脚的连接关系确定所扩展芯片中各寄存器的操作地址。根据硬件连接关系的不同,常用的地址确定方法通常有线选法和译码法。

⑥ 在 MCS-51 单片机汇编语言程序中,对所扩展芯片寄存器的操作使用 MOVX 汇编指令。

⑦ 在 MCS-51 单片机 C51 语言控制程序中,对所扩展芯片寄存器的操作,可以通过定义外部存储数据类型的指针变量,并将所定义的指针变量指向寄存器对应的存储地址来完成。

⑧ 在单片机应用程序中,经常需要比较两个数的大小。在 MCS-51 单片机汇编语言程序中,可以通过 CJNE 指令和 JC(或者 JNC)指令配合,比较两个数的大小。

自测练习

一、填空题

(1) 在单片机应用系统中,可以通过_____方式,解决单片机接口数量和接口形式的不足。

(2) 在 MCS-51 单片机应用系统扩展外围接口芯片过程中,单片机通过_____总线、_____总线和_____总线与扩展的外围接口芯片进行信号连接。

(3) 除了扩展的程序存储器外,MCS-51 单片机对于所扩展的外部接口芯片均看作_____,进行外部芯片的控制操作。

(4) 单片机通过对所扩展外围接口芯片的_____读/写操作,完成对所扩展外围接口芯片的控制。

(5) MCS-51 单片机通过_____汇编指令比较两个数是否相等。

（6）常用的确定单片机扩展外围地址芯片的方法有_____法和_____法两种。

二、选择题

（1）在 MCS-51 单片机应用系统中，通过扩展 8255 芯片可以增加单片机的（　　）。

A. 串行接口　　　　　　B. 并行接口　　　　　　C. 程序存储空间

（2）在 MCS-51 单片机系统扩展过程中，单片机的 $\overline{WR}$ 和 $\overline{RD}$ 引脚信号是单片机系统扩展过程中（　　）总线的组成部分。

A. 数据　　　　　　　　B. 地址　　　　　　　　C. 控制

（3）在 MCS-51 单片机汇编语言指令中，用来直接判断进/借位标志位 Cy 是否等于零的指令是（　　）。

A. JC 或者 JNC　　　　　B. JZ 或者 JNZ　　　　　C. JB 或者 JNB

（4）在 MCS-51 单片机 C51 语言控制程序中，操作外部扩展接口芯片寄存器的变量应定义为（　　）数据存储类型。

A. data　　　　　　　　B. xdata　　　　　　　　C. bdata

（5）在 MCS-51 单片机汇编语言控制程序中，操作外部扩展接口芯片寄存器的指令为（　　）。

A. "MOV"　　　　　　　B. "MOVC"　　　　　　　C. "MOVX"

三、综合题

试根据所学单片机相关知识，设计一个简易空调控制器，使其能够完成如下功能：

（1）能够设定并显示需要的室内温度，设定温度范围为 18～30℃。

（2）能够实时测量并显示当前的室内温度，测量温度范围为 0～50℃。

（3）当室内温度大于设定温度时，开启制冷功能，并点亮制冷指示灯。

（4）当室内温度小于设定温度时，开启制热功能，并点亮制热指示灯。

（5）当室内温度等于设定温度时，空调处于待机状态，并点亮待机指示灯。

参考答案

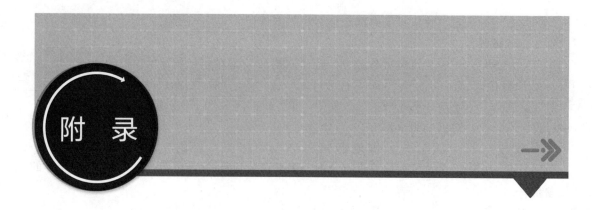

附录1　MCS-51系列单片机汇编指令一览表

序号	助记符		指令说明	字节数	周期数
一			数据传递类指令		
1.1	MOV	A,Rn	寄存器的数值传送到累加器	1	1
1.2	MOV	A,direct	直接地址单元的数值传送到累加器	2	1
1.3	MOV	A,@Ri	间接寻址内部RAM内容传送到累加器	1	1
1.4	MOV	A,#data	立即数传送到累加器	2	1
1.5	MOV	Rn,A	累加器的数值传送到寄存器	1	1
1.6	MOV	Rn,direct	直接地址单元的数值传送到寄存器	2	2
1.7	MOV	Rn,#data	立即数传送到寄存器	2	1
1.8	MOV	direct,Rn	寄存器中的值传送到直接地址存储单元	2	1
1.9	MOV	direct,direct	直接地址单元中的数值传送到直接地址存储单元	3	2
1.10	MOV	direct,A	累加器的值传送到直接地址存储单元中	2	1
1.11	MOV	direct,@Ri	间接寻址内部RAM单元内容传送到直接地址存储单元	2	2
1.12	MOV	direct,#data	立即数传送到直接地址存储单元	3	2
1.13	MOV	@Ri,A	累加器中的值传送到间接寻址内部RAM单元	1	2
1.14	MOV	@Ri,direct	直接地址存储单元中的数值传送到间接寻址内部RAM存储单元	2	1
1.15	MOV	@Ri,#data	立即数传送到间接寻址内部RAM存储单元	2	2
1.16	MOV	DPTR,#data16	16位常数传送到数据指针寄存器	3	1
1.17	MOVC	A,@A+DPTR	代码字节传送到累加器(以DPTR为基地址)	1	2
1.18	MOVC	A,@A+PC	代码字节传送到累加器(以PC为基地址)	1	2
1.19	MOVX	A,@Ri	外部RAM(8位地址寻址)中的内容传送到累加器	1	2

续表

序号	助记符		指令说明	字节数	周期数
一			数据传递类指令		
1.20	MOVX	A,@DPTR	外部 RAM(16 位地址)中的内容传送到累加器	1	2
1.21	MOVX	@Ri,A	累加器中的内容传送到外部 RAM(8 位地址)存储单元	1	2
1.22	MOVX	@DPTR,A	累加器中的内容传送到外部 RAM(16 位地址)存储单元	1	2
1.23	PUSH	direct	直接地址存储单元中内容压入堆栈	2	2
1.24	POP	direct	直接地址存储单元中内容弹出堆栈	2	2
1.25	XCH	A,Rn	寄存器中内容和累加器中内容交换	1	1
1.26	XCH	A,direct	直接地址存储单元中内容和累加器中内容交换	2	1
1.27	XCH	A,@Ri	间接寻址 RAM 单元中内容和累加器中内容交换	1	1
1.28	XCHD	A,@Ri	间接寻址 RAM 单元中内容和累加器中内容交换低 4 位字节	1	1
二			算术运算类指令		
2.1	INC	A	累加器中的数值加 1	1	1
2.2	INC	Rn	寄存器中数值加 1	1	1
2.3	INC	direct	直接地址指向存储单元的数值加 1	2	1
2.4	INC	@Ri	间接寻址 RAM 单元的数值加 1	1	1
2.5	INC	DPTR	数据指针寄存器的数值加 1	1	2
2.6	DEC	A	累加器中的数值减 1	1	1
2.7	DEC	Rn	寄存器中的数值减 1	1	1
2.8	DEC	direct	直接地址指向存储单元的数值减 1	2	2
2.9	DEC	@Ri	间接寻址 RAM 存储单元的数值减 1	1	1
2.10	MUL	AB	累加器的数值和 B 寄存器的数值相乘	1	4
2.11	DIV	AB	累加器的数值除以 B 寄存器的数值	1	4
2.12	DA	A	累加器的数值十进制调整	1	1
2.13	ADD	A,Rn	寄存器的数值与累加器的数值求和	1	1
2.14	ADD	A,direct	直接地址存储单元的数值与累加器的数值求和	2	1
2.15	ADD	A,@Ri	间接 RAM 存储单元的数值与累加器中的数值求和	1	1
2.16	ADD	A,#data	立即数与累加器的数值求和	2	1
2.17	ADDC	A,Rn	寄存器的数值与累加器的数值求和(带进位)	1	1
2.18	ADDC	A,direct	直接地址存储单元的数值与累加器求和(带进位)	2	1
2.19	ADDC	A,@Ri	间接寻址 RAM 单元的数值与累加器的数值求和(带进位)	1	1
2.20	ADDC	A,#data	立即数与累加器的数值求和(带进位)	2	1
2.21	SUBB	A,Rn	累加器的数值减去寄存器的数值(带借位)	1	1
2.22	SUBB	A,direct	累加器的数值减去直接地址内存单元的数值(带借位)	2	1

续表

序号	助记符		指令说明	字节数	周期数
二			算术运算类指令		
2.23	SUBB	A,@Ri	累加器的数值减去间接寻址 RAM 单元的数值（带借位）	1	1
2.24	SUBB	A,#data	累加器中的数值减去立即数（带借位）	2	1
三			逻辑运算类指令		
3.1	ANL	A,Rn	寄存器的数值和累加器的数值相"与"	1	1
3.2	ANL	A,direct	直接地址单元的数值和累加器的数值相"与"	2	1
3.3	ANL	A,@Ri	间接寻址 RAM 单元的数值和累加器的数值相"与"	1	1
3.4	ANL	A,#data	立即数和累加器的数值相"与"	2	1
3.5	ANL	direct,A	直接地址单元的数值和累加器的数值相"与"	2	1
3.6	ANL	direct,#data	直接地址单元的数值和立即数相"或"	3	2
3.7	ORL	A,Rn	寄存器的数值和累加器的数值相"或"	1	2
3.8	ORL	A,direct	累加器中的数值和直接地址单元的数值相"或"	2	1
3.9	ORL	A,@Ri	累加器中的数值和间接寻址 RAM 单元中的数值相"或"	1	1
3.10	ORL	A,#data	累加器中的数值和立即数相"或"	2	1
3.11	ORL	direct,A	直接地址单元中的数值和累加器中的数值相"或"	2	1
3.12	ORL	direct,#data	直接地址内存单元中的数值和立即数相"或"	3	1
3.13	XRL	A,Rn	累加器中的数值和寄存器中的数值相"异或"	1	2
3.14	XRL	A,direct	累加器中的数值和直接地址内存单元中的数值相"异或"	2	1
3.15	XRL	A,@Ri	累加器中的数值和间接寻址 RAM 单元中的数值相"异或"	1	1
3.16	XRL	A,#data	累加器中的数值和立即数相"异或"	2	1
3.17	XRL	direct,A	直接地址内存单元中的数值和累加器中的数值"异或"	2	1
3.18	XRL	direct,#data	直接地址内存单元中的数值和立即数相"异或"	3	1
3.19	CLR	A	将累加器中的数值清零	1	2
3.20	CPL	A	将累加器中的数值按位求反	1	1
3.21	RL	A	将累加器中数值循环左移	1	1
3.22	RLC	A	带进位将累加器中数值循环左移	1	1
3.23	RR	A	将累加器中的数值按位循环右移	1	1
3.24	RRC	A	带进位将累加器中的数值循环右移	1	1
3.25	SWAP	A	将累加器中数值高、低 4 位交换	1	1
四			控制转移类指令		
4.1	JMP	@A+DPTR	相对 DPTR 的无条件间接转移	1	2
4.2	JZ	rel	累加器中数值为 0 则转移	2	2
4.3	JNZ	rel	累加器为中数值为 1 则转移	2	2

续表

序号	助记符		指令说明	字节数	周期数
四			控制转移类指令		
4.4	CJNE	A,direct,rel	比较直接地址和累加器中数值,不相等转移	3	2
4.5	CJNE	A,#data,rel	比较立即数和累加器中数值,不相等转移	3	2
4.6	CJNE	Rn,#data,rel	比较寄存器中数值和立即数,不相等转移	2	2
4.7	CJNE	@Ri,#data,rel	比较立即数和间接寻址RAM单元中数值,不相等转移	3	2
4.8	DJNZ	Rn,rel	寄存器中数值减1,不为0则转移	3	2
4.9	DJNZ	direct,rel	直接地址内存单元中数值减1,不为0则转移	3	2
4.10	NOP		空操作,用于短暂延时	1	1
4.11	ACALL	add11	绝对调用子程序	2	2
4.12	LCALL	add16	长调用子程序	3	2
4.13	RET		从子程序返回	1	2
4.14	RETI		从中断服务子程序返回	1	2
4.15	AJMP	add11	无条件绝对转移	2	2
4.16	LJMP	add16	无条件长转移	3	2
4.17	SJMP	rel	无条件相对转移	2	2
五			布尔指令		
5.1	CLR	C	清布尔累加器(PSW寄存器的C位)	1	1
5.2	CLR	bit	清直接寻址位	2	1
5.3	SETB	C	置位PSW寄存器进位位	1	1
5.4	SETB	bit	置位直接寻址位	2	1
5.5	CPL	C	取反PSW寄存器进位位	1	1
5.6	CPL	bit	取反直接寻址位	2	1
5.7	ANL	C,bit	直接寻址位"与"到PSW寄存器进位位	2	2
5.8	ANL	C,/bit	直接寻址位的反码"与"到PSW寄存器进位位	2	2
5.9	ORL	C,bit	直接寻址位"或"到PSW寄存器进位位	2	2
5.10	ORL	C,/bit	直接寻址位的反码"或"到PSW寄存器进位位	2	2
5.11	MOV	C,bit	直接寻址位传送到PSW寄存器进位位	2	1
5.12	MOV	bit,C	PSW寄存器进位位传送到直接寻址	2	2
5.13	JC	rel	如果PSW寄存器进位位为1,则转移	2	2
5.14	JNC	rel	如果PSW寄存器进位位为0,则转移	2	2
5.15	JB	bit,rel	如果直接寻址位为1,则转移	3	2
5.16	JNB	bit,rel	如果直接寻址位为0,则转移	3	2
5.17	JBC	bit,rel	直接寻址位为1,则转移并清除该位	2	2
六			伪指令		
6.1	ORG		指明程序代码在程序存储器中的开始位置		
6.2	DB		定义数据表		
6.3	DW		定义16位的地址表		
6.4	EQU		给一个表达式或一个字符串起名		
6.5	DATA		给一个8位的内部RAM单元起名		

续表

序号	助记符	指令说明	字节数	周期数
六		伪指令		
6.6	XDATA	给一个8位的外部RAM单元起名		
6.7	BIT	给一个可位寻址的位单元起名		
6.8	END	指出源程序到此为止		

注：上述表格中各符号的含义如下表所示

序号	符号	符号标识含义
1	Rn	工作寄存器 R0~R7
2	Ri	工作寄存器 R0 和 R1
3	@Ri	间接寻址的8位RAM单元地址(00H~FFH)
4	#data8	8位常数
5	#data16	16位常数
6	addr16	16位目标地址，能转移或调用到64KBROM的任何地方
7	addr11	11位目标地址，在下条指令的2KB范围内转移或调用
8	Rel	8位偏移量，用于SJMP和所有条件转移指令，范围-128~+127
9	Bit	片内RAM中的可寻址位和SFR的可寻址位
10	Direct	直接地址，范围片内RAM单元(00H~7FH)和80H~FFH
11	$	指本条指令在程序存储器中的起始位置

附录2　MCS-51单片机引脚定义一览表

序号	引脚名称	引脚功能	第二功能
1	P1.0	信息输入/输出	无
2	P1.1	信息输入/输出	无
3	P1.2	信息输入/输出	无
4	P1.3	信息输入/输出	无
5	P1.4	信息输入/输出	无
6	P1.5	信息输入/输出	无
7	P1.6	信息输入/输出	无
8	P1.7	信息输入/输出	无
9	RST	系统复位信号输入	VPD,备用电源信号输入
10	P3.0	信息输入/输出	RXD,串行通信信息接收
11	P3.1	信息输入/输出	TXD,串行通信信息发送
12	P3.2	信息输入/输出	$\overline{INT0}$,外部中断0信号输入
13	P3.3	信息输入/输出	$\overline{INT1}$,外部中断1信号输入
14	P3.4	信息输入/输出	T0,计数器0的脉冲输入
15	P3.5	信息输入/输出	T1,计数器0的脉冲输入
16	P3.6	信息输入/输出	$\overline{WR}$,外部存储器写信号输出

续表

序号	引脚名称	引脚功能	第二功能
17	P3.7	信息输入/输出	$\overline{RD}$,外部存储器读信号输出
18	XTAL2	时钟信号输入引脚	
19	XTAL1	时钟信号输入引脚	
20	V_{SS}	电源地信号输入引脚	
21	P2.0	信息输入/输出	无
22	P2.1	信息输入/输出	无
23	P2.2	信息输入/输出	无
24	P2.3	信息输入/输出	无
25	P2.4	信息输入/输出	无
26	P2.5	信息输入/输出	无
27	P2.6	信息输入/输出	无
28	P2.7	信息输入/输出	无
29	$\overline{PSEN}$	外部程序存储器读选通信号输出	
30	ALE	地址锁存信号输出	$\overline{PROG}$:编程脉冲输入引脚
31	$\overline{EA}$	访问外部存储器控制信号输入	V_{pp}:编程电源输入引脚
32	P0.0	信息输入/输出	无
33	P0.1	信息输入/输出	无
34	P0.2	信息输入/输出	无
35	P0.3	信息输入/输出	无
36	P0.4	信息输入/输出	无
37	P0.5	信息输入/输出	无
38	P0.6	信息输入/输出	无
39	P0.7	信息输入/输出	无
40	V_{CC}	电源信号输入引脚	无

附录3　MCS-51系列单片机中断资源一览表

序号	中断名称	对应引脚	汇编语言程序对应入口地址	C51语言程序对应中断号	优先级
1	外部中断0	P3.2(第12引脚)	0003H	0	高 ↓ 低
2	定时/计数器T0中断	P3.4(第14引脚)	000BH	1	
3	外部中断1	P3.3(第13引脚)	0013H	2	
4	定时/计数器T1中断	P3.5(第15引脚)	001BH	3	
5	串行通信口中断	P3.0(第10引脚) P3.1(第11引脚)	0023H	4	

附录 4　MCS-51 系列单片机常用特殊功能寄存器功能定义一览表

序号	寄存器	D7	D6	D5	D4	D3	D2	D1	D0
1	PSW	Cy	AC	F0	RS1	RS0	OV	—	P
2	IE	EA	—	—	ES	ET1	EX1	ET0	EX0
3	IP	—	—	—	PS	PT1	PX1	PT0	PX0
4	SCON	SM0	SM1	SM2	REN	TB8	RB8	TI	RI
5	TCON	TF1	TR1	F0	TR0	IE1	IT1	IE0	IT0
6	TMOD	GATE	$C/\overline{T}$	M1	M0	GATE	$C/\overline{T}$	M1	M0

附录 5　Keil 平台下程序编译常见错误信息一览表

序号	出错提示信息	常见出错原因	主要解决措施
1	Warning A41：Missing 'END' statement	汇编语言程序的最后缺少了 END 伪指令	在汇编语言程序的最后添加 END 伪指令
2	Error A45：Undefined symbol	汇编语言语句中符号没有定义。一般是语句标号拼写错误，或者语句标号没有定义	仔细检查语句中的相关语句标号是否忘记定义或者存在拼写错误
3	Error A40：Invalid register	无效的寄存器。一般是寄存器使用不符合语法规范，比如：MOV R1,R2	仔细检查出错语句，按照语法规范书写
4	Error A9：Syntax error	语法错误。通常是汇编指令的操作码拼写出错	仔细检查出错语句，核查指令操作码拼写是否出错
5	Error A38：Number of operands dose not match instruction	指令操作数的数目和指令不匹配	仔细检查出错语句中操作数的数目和指令要求是否一致
6	Error c202：Undefined identifier	C51 程序中变量没有定义通常原因：程序中使用的变量忘记定义，或者变量的定义处和引用处拼写不一致，或者变量名的大小写出错，C51 程序中 51 单片机的特殊功能寄存器名称及其相应的位变量名称必须大写	仔细检查变量的定义和引用，保证一致
7	Error c247：Non-address/-constant initializer	C51 语言程序中变量类型定义有错。比如所有关联单片机引脚的变量应该定义为 sbit 类型，而不能定义为 bit 类型	仔细检查程序中变量的类型定义是否正确
8	Warning c276：Constant in condition expression	C51 程序中条件表达式中出现了常量。一般原因是程序条件表达式的条件判断符号"=="写成了赋值运算符"="	仔细检查程序中条件表达式的书写是否正确

参考文献

[1] 戴娟,倪瑛,张琪.单片机技术与应用[M].2版.北京:高等教育出版社,2017.
[2] 李朝青,卢晋,王志勇,等.单片机原理及接口技术[M].5版.北京:北京航空航天大学出版社,2017.
[3] 张毅刚.单片机原理及接口技术(C51编程)[M].3版.北京:人民邮电出版社,2020.